高等院校经济管理类主干课程教材

上海理工大学一流本科系列教材

机器学习与 Python 应用

主　编　樊重俊
副主编　林子谦　尹　裴　熊红林

立信会计出版社
LIXIN ACCOUNTING PUBLISHING HOUSE

图书在版编目(CIP)数据

机器学习与 Python 应用 / 樊重俊主编. --上海：
立信会计出版社，2024.10. -- ISBN 978-7-5429-7735
-9

Ⅰ. TP181；TP312.8

中国国家版本馆 CIP 数据核字第 20247S315Z 号

策划编辑　　孙　勇
责任编辑　　沈奕冰
美术编辑　　北京任燕飞工作室

机器学习与 **Python** 应用

JIQI XUEXI YU Python YINGYONG

出版发行	立信会计出版社		
地　　址	上海市中山西路 2230 号	邮政编码	200235
电　　话	(021)64411389	传　真	(021)64411325
网　　址	www. lixinaph. com	电子邮箱	lixinaph2019@126. com
网上书店	http://lixin. jd. com		http://lxkjcbs. tmall. com
经　　销	各地新华书店		
印　　刷	常熟市人民印刷有限公司		
开　　本	787 毫米×1092 毫米	1/16	
印　　张	17.25		
字　　数	420 千字		
版　　次	2024 年 10 月第 1 版		
印　　次	2024 年 10 月第 1 次		
书　　号	ISBN 978-7-5429-7735-9/TP		
定　　价	55.00 元		

编　写　组

主　编　樊重俊

副主编　林子谦　尹　裴　熊红林

编　写　师　展　张红柳　李望月　秦小晖
　　　　　纪严杰　董吴烨　郑晓雨　贺远珍
　　　　　吴广硕　张宝明　朱小栋　冉祥来

前　　言

　　机器学习在现代经济社会中的应用越来越广泛,为了帮助经济管理类专业学生和相关从业者深入理解机器学习的核心概念,并通过实际的 Python 应用案例掌握机器学习技术,我们组织编写了这本教材。

　　本教材不但涵盖了机器学习的核心算法和概念,还引导读者完整体验从数据预处理、特征工程到模型训练、评估和优化的整个流程。每个步骤都配有详尽的代码示例和实际应用案例,确保读者能够独立完成机器学习项目。为方便读者动手实践,教材中所有代码和案例均可在 Jupyter Notebook 这一常用的数据分析工具中运行,读者能够轻松实现可视化和交互式分析。本教材包括多个行业级应用案例,如电商推荐系统、金融风险控制、图像识别与分类方面的案例,以及自然语言处理方面的案例,有助于读者将理论知识应用于实际场景。

　　本教材对标社会对人工智能与经济管理交叉领域人才的需求,具备高度系统性、准确性、针对性和前瞻性。它具有如下特点:一是思政与技术教育深度融合;二是全面涵盖机器学习核心内容;三是实践操作指导详细;四是应用案例丰富;五是配套资源和工具完善。它全面而有条理地阐述了机器学习的理论框架,帮助读者掌握机器学习的基本学习方法,使他们能够在特定问题的解决中灵活运用教材中的相关知识。本教材共分为 14 章,涵盖了机器学习基础、Python 基础、关联规则挖掘、K-means 聚类分析、数据降维方法、K 近邻算法、决策树、朴素贝叶斯、支持向量机、回归预测、集成学习、神经网络、机器学习的应用(文本分析和计算机视觉)等多个方面。每一章都以实际案例为例,使用 Jupyter Notebook 进行代码演示,使读者能够更加直观地了解代码的执行过程和结果,进而更好地理解机器学习算法的原理,并将其应用在解决实际问题中。

　　本教材由樊重俊、林子谦、尹裴、熊红林规划与统稿。具体编写人员分工如下:林子谦、李望月、张宝明撰写第 1、第 2 章;李望月、尹裴撰写第 3、第 4 章;张红柳、朱小栋撰写第 5、第 6 章;贺远珍、熊红林撰写第 7 章;纪严杰、林子谦撰写第 8、第 9 章;吴广硕、师展撰写第 10 章;郑晓雨、樊重俊撰写第 11 章;董昊烨、林子谦撰写第 12 章;秦小晖、师展、冉祥来撰写第 13、第 14 章。最后,由樊重俊、林子谦、尹裴、熊红林对全书进行校对修正。熊红林的工作单位为上海健康医学院,冉祥来的工作单位为上海机场集团,其他编写人员的工作单位均为上海理工大学。

　　本教材适合作为高等院校人工智能、信息管理与信息系统、管理科学与工程、电子商务等相关专业的教材,也适合作为管理、财经类专业相关课程的教材,还适合想要了解机器学习和人工智能领域的读者,尤其是初学者,对他们来说是一本非常有价值的参考书。

　　由于笔者的水平有限和人工智能快速发展的特性,本教材如有不尽如人意之处,敬请诸位专家、读者批评指正,欢迎随时与我们交流(fan. chongjun@163. com),以利于今后修改和订正,并欢迎与我们联系获取相关教学资料。

樊重俊

于上海理工大学

目　　录

第 1 章　机器学习基础 ……………………………………………………… 001
　1.1　机器学习的概念 ………………………………………………… 001
　1.2　机器学习方法的分类 …………………………………………… 002
　1.3　机器学习的一般步骤 …………………………………………… 002
　1.4　机器学习方法的评估与选择 …………………………………… 003
　1.5　本章小结 ………………………………………………………… 004

第 2 章　Python 基础 …………………………………………………… 005
　2.1　Python 语言简介 ………………………………………………… 005
　2.2　安装与运行 Python ……………………………………………… 007
　2.3　Python 编程入门 ………………………………………………… 012
　2.4　利用 Python 编写机器学习程序时的常用库 ………………… 019
　2.5　机器学习框架 …………………………………………………… 028
　2.6　本章小结 ………………………………………………………… 032

第 3 章　关联规则挖掘 …………………………………………………… 033
　3.1　Apriori 算法 ……………………………………………………… 033
　3.2　其他关联规则挖掘算法 ………………………………………… 042
　3.3　本章小结 ………………………………………………………… 047

第 4 章　K-means 聚类分析 …………………………………………… 049
　4.1　K-means 聚类算法 ……………………………………………… 049
　4.2　K-means 聚类算法的改进 ……………………………………… 053
　4.3　二分 K-means 聚类算法 ……………………………………… 055
　4.4　本章小结 ………………………………………………………… 058

第 5 章　数据降维方法 …………………………………………………… 059
　5.1　数据降维 ………………………………………………………… 059
　5.2　应用奇异值分解简化数据 ……………………………………… 060
　5.3　应用主成分分析简化数据 ……………………………………… 066

5.4　本章小结 ·· 068

第 6 章　K 近邻算法 ·· 069
6.1　K 近邻算法概述 ·· 069
6.2　K 近邻算法的实现 ··· 070
6.3　本章小结 ·· 074

第 7 章　决策树 ··· 075
7.1　ID3 算法 ·· 075
7.2　CART 树回归算法 ·· 083
7.3　决策树算法的剪枝 ··· 088
7.4　本章小结 ·· 094

第 8 章　朴素贝叶斯 ·· 095
8.1　朴素贝叶斯算法 ·· 095
8.2　基于朴素贝叶斯的文本分类 ·· 097
8.3　基于朴素贝叶斯的垃圾文档过滤 ·· 103
8.4　本章小结 ·· 106

第 9 章　支持向量机 ·· 107
9.1　支持向量机简介 ·· 107
9.2　线性 SVM ·· 109
9.3　非线性 SVM 与核函数 ·· 118
9.4　本章小结 ·· 124

第 10 章　回归预测 ··· 126
10.1　线性回归 ·· 126
10.2　局部加权线性回归 ··· 130
10.3　正则化方法 ··· 134
10.4　本章小结 ·· 140

第 11 章　集成学习 ··· 142
11.1　随机森林算法 ·· 142
11.2　Bagging 模型 ·· 151
11.3　AdaBoost 提升树 ··· 154
11.4　本章小结 ·· 158

第 12 章　神经网络 ·· 159
　12.1　神经网络概述 ·· 159
　12.2　卷积神经网络 ·· 164
　12.3　循环神经网络 ·· 172
　12.4　本章小结 ·· 179

第 13 章　机器学习的应用——文本分析 ···················· 180
　13.1　文本分词 ·· 181
　13.2　去除停用词 ·· 185
　13.3　词干提取 ·· 188
　13.4　词形还原 ·· 191
　13.5　命名实体识别 ·· 193
　13.6　文本向量化——词袋模型 ·································· 195
　13.7　文本向量化——TF-IDF 表示法 ···························· 198
　13.8　文本向量化——one-hot 编码与词嵌入 ····················· 204
　13.9　情感分析 ·· 209
　13.10　用于预训练词嵌入的数据集 ······························ 212
　13.11　本章小结 ··· 219

第 14 章　机器学习的应用——计算机视觉 ···················· 221
　14.1　数据预处理 ·· 221
　14.2　图像识别及分割 ·· 244
　14.3　图像增广及图像增强 ·· 249
　14.4　微调方法 ·· 259
　14.5　本章小结 ·· 264

主要参考文献 ·· 265

第1章　机器学习基础

在当今社会,随着信息技术的高速发展,特别是人工智能和机器学习的突飞猛进,我们见证了一场前所未有的技术革命。从自动化办公到智能决策支持,人工智能和机器学习正在逐步改变传统行业的运作方式。在中国,这一变革尤为显著,它不仅影响了产业布局,更深入了日常生活的每一个角落。正如习近平总书记所指出,"创新是引领发展的第一动力"。科技创新,尤其是在人工智能领域,已经成为国际竞争的新焦点。要全面提升国家创新能力,就要抢抓人工智能等前沿科技的重大机遇,以科技创新推动社会生产力的跃升和产业的升级转型。

随着科技的发展及网络的普及,人们在日常生活之中越来越能感受到社会发展所带来的便捷性,而这在很大程度上归功于作为我们生活之中最重要的工具之一的手机:当我们看短视频的时候它知道我们接下来想要看什么;当我们浏览购物平台的时候它知道我们想要买什么;当我们打字聊天的时候,只需要输入几个字,它就知道我们接下来可能要输入的内容是什么。那么,这些让生活变得智能化的功能是如何实现的呢? 其实,这些场景的出现都是因为有机器学习软件的存在,许多公司利用其提高生产效率、作出预测等。

接下来,我们将正式进入本教材的学习,这一章简单介绍机器学习的概念、机器学习方法的分类、机器学习的一般步骤与机器学习方法的选择,其中还会涉及一些机器学习方法的评估方法。

1.1　机器学习的概念

机器学习其实有很多方面的解释,比如,有人提到机器学习问题事实上是一个优化问题,有人认为机器学习是一个编程概念,也有人认为现阶段的机器学习是统计推断。当然,从不同的角度来解释,都是有一定道理的。

本教材主要呈现机器学习代码实现的过程,因此将机器学习定义为一种致力于研究如何通过计算的手段,它利用经验来改善系统自身的性能。在计算机系统中,经验通常以数据形式存在。因此,机器学习所研究的主要内容是关于在计算机上从数据中产生模型的算法,即学习算法。把经验数据提供给学习算法,它就能基于这些数据产生模型;在面对新的情况时,模型会给我们提供相应的判断。如果说计算机科学是关于算法的学问,那么类似地,可以说机器学习是关于学习算法的学问。

进入 21 世纪后,随着硬件与数据量的发展,性能好的机器学习模型正在变为可能,特别是在机器视觉和自然语言领域已经有了很多突破。即使如此,我们也还是要认识到它不是一个新概念,也不会取代人类,因为机器学习与人类还是有一些差异的,例如,机器可以标准化学习过程,并提取出学习模型,使结果可迁移可复制。而人类知识的迁移成本较高,比如小王高考得到了高分，即使可以培训，但他没法把秘诀直接传授给小张。

机器更加擅长解决准确定义的问题，而人类更擅长解决复杂且模糊的问题。因为现阶段模型的限制，机器学习更擅长解决定义清晰的问题，比如是猫还是狗，是高还是矮，在局部问题上表现出众；而人类更擅长作出复杂情况下的判断，拥有更好的"全局观"。

机器与人类在学习过程中有很多差别，上面只是其中的一小部分。比较显著的差别是现阶段的机器更适合解决简单问题、大量数据的高效且准确的预测，而人类更适合在复杂状况下面临有限数据作出决策。在可预见的未来，我们依然还是需要两条腿走路，让机器和人类做各自擅长的事情，不能单纯地说谁更好。其实，结合人类知识与机器的学习能力是非常自然的想法，例如，现在比较流行的主动学习、让机器学会阅读、从人类知识库中收集知识、人机互动与机器学习的交叉研究等。

1.2　机器学习方法的分类

通过上面的内容，我们已经知道了机器学习的概念。那么机器学习有哪些种类呢？机器学习方法一般分为监督学习、无监督学习、强化学习、半监督学习、主动学习等，本章主要介绍的是监督学习与无监督学习。

监督学习的训练数据是有标签的，训练目标是在测试数据中预测出正确的标签。例如，想让机器知道什么是猫、什么是狗，首先我们应该将一些带猫和狗标签的图片放在一起对机器进行训练，学习模型不断捕捉这些图片与标签间的联系，并进行自我调整和完善，然后我们再给一些不带标签的新图片，让该机器来猜猜这些图片分别是猫还是狗。其中，重要的监督学习算法包括 K 近邻、支持向量机、决策树、随机森林、神经网络等。

无监督学习的训练目标是对观察值进行分类或者区分等。相对于监督学习，无监督学习使用的是没有标签的数据，机器会主动学习数据的特征，并将它们分为若干类别，相当于形成未知的标签。例如，高考的一些模拟试卷，是没有标准答案的，也就是没有参照值判断其是对还是错，但是我们还是可以根据这些问题之间的联系将语文、数学、英语分开。无监督学习和监督学习的区别就是样本数据有没有对应的标签。其中，重要的无监督学习算法包括聚类算法、关联规则学习等。

1.3　机器学习的一般步骤

我们使用机器学习一般应遵循以下步骤进行。

1.3.1　获取数据

在进行机器学习之前我们必须要获得所需要的样本数据，获取样本数据的方法有很多，例如，通过网络爬虫从网站上爬取数据；通过实验仪器测量出需要的数据；更简单一点，直接使用公开的数据源。收集数据的步骤是机器学习过程的基础，选择错误的功能或专注于数据集的有限类型、条目等错误可能会使模型完全失效。这就是为什么我们收集数据时必须考虑必要性的原因,因为在此阶段所犯的错误会随着流程的进行而扩大。

1.3.2　数据预处理

数据清洗是数据预处理的第一步,也是保证后续结果正确的重要一环。若不能保证数据的正确性,我们可能得到错误的结果,比如因小数点错误而造成数据放大十倍、百倍甚至更大等。在数据量较大的项目中,数据清洗时间可达整个数据分析过程的一半或以上。因为人为、软件、业务导致的异常数据,通常分为绝对异常(如人的年龄 200 岁)、统计异常(如某个用户一分钟内登录了 100 次)、上下文异常(如冬天的北京晚上温度为 30 摄氏度)。除此之外,有些项目中还存在数据值缺失的情况,比如性别数据的缺失、年龄数据的缺失等。

1.3.3　特征工程

在机器学习中有这么一种说法,数据和特征决定了机器学习的上限。数据和特征是算法模型的基础,所谓特征工程就是对处理完成后的数据进行特征提取,使其转换成算法模型可以使用的数据。特征工程的目的有以下几个方面:从数据中抽取出对预测结果有用的数据;从数据中构建衍生出对结果有用的信息;寻找更好的特征以提高算法效率;寻找更好的特征以便今后选择简单的模型就能实现更好的拟合效果。

特征工程处理过程包括特征的抽象、特征的评估与选择(同一数据可以抽象出多种特征,对多种特征进行评估和选择)和特征的衍生(将特征与特征进行组合使用)。特征工程是对特征业务定义、算法、数据处理的综合应用。

1.3.4　算法训练

算法训练是指选择合适的算法对模型进行训练。这一步便进入了真正的机器学习,这也是整个流程中的核心步骤,我们根据数据类型的不同和目标的不同选择合适的算法进行机器学习。

1.3.5　模型评估与选择

这一步开始测试前一步进行的机器学习的训练效果。无论我们使用的是何种算法,如果无法得到预期的结果,则回到前一个步骤重新学习并重新评估,如果数据的收集在一开始就出现了问题,那么整个流程甚至会回到第一步,但是,如果得到了预期的结果,那么我们就可以将算法转化为应用程序并执行其任务。

1.4　机器学习方法的评估与选择

选择算法时,我们需要考虑两个核心问题:"是什么"和"干什么",即机器学习算法的目的是什么? 我们所获取的数据用来干什么? 例如,我们希望通过已知数据预测未来数据,根据前文的介绍,可以使用监督学习算法,在确定算法类型之后,我们再观察数据类型,如果数据是连续型的,可以选择回归算法;如果数据是离散型的,可以选择分类算法。当然,如果我们的目标不是预测目标变量,那么就可以选择无监督学习的算法,但同样要对数据进行进一步的分析,并根据我们的目标,分类计算出相应的统计值然后选择聚类算法或者密度估计算法。在大多数情况下,上面给出的选择方法都能帮助读者选择恰当的机器学习算法,但这也并非一成不变。

一般情况下,当手头没有未知样本时,我们需要建立一个测试集去测试模型对新样本的判别能力,以测试集的测试误差作为泛化误差的近似。测试集的选取一般采用以下三种方法:留一法、k 折交叉检验法、自助法。

留一法:每次只留下一个样本作为测试集,将其他的样本作为训练集,如果有 n 个样本,则需要训练 n 次,测试 n 次。留一法计算最为复杂,但是样本的利用率高,适用于样本数量不多的情况。

k 折交叉检验法:将数据集划分成 k 个相同大小的互斥子集;通过分层抽样的方法使 k 个子集保持分布一致性;k 为此评估结果的均值,每次用 $k-1$ 个集合训练,剩下的一个作为模型评估。该方法的目的是得到可靠稳定的模型。

自助法:假将样本集记为 D,D 中共有 m 个样本。对 D 进行有放回抽样 m 次,得到包含 m 个样本的训练集 D',而未被采样到的样本集合(D−D')作为测试集。

 价值塑造与能力提升

本章习题

1.5　本章小结

不论大家承认与否,机器学习已经渗透到了我们的生活的各个方面,我们每天所接触的数据量在不断地增加,需要处理的数据也不断增加。也许现有的算法精确度距离大家的期待还有一些差异,但它的存在的确改善了我们的生活质量。随着算法的愈加成熟,机器学习将会有无限广阔的应用场景。在本教材后续的章节之中,我们将会对这些算法进行更加详细的讲解。

第 2 章 Python 基础

在当今数字化时代,Python 作为一种强大的编程语言,应用范围广泛,从数据分析到人工智能,均展现出了独特的效能。如《孙子兵法》中所说,知彼知己,百战不殆。我们可以利用 Python 的精妙算法,就如同运用兵法中的策略,来深入了解和解决社会问题。通过开发教育类应用程序,我们不仅可以传授编程知识,也可以通过游戏化学习的方式,让更多青少年在接触技术的同时,理解并实践诚信、公正、法治等社会主义核心价值观。此外,借助 Python 强大的数据处理能力,可以精准分析社会数据,监测社会情绪,有效地把握社会主义建设的脉络。

当一门编程语言是开源的时候,它往往会产生一些搞笑和有趣的东西。通常,这意味着社区的贡献者会为该语言添加一些有趣和特别的彩蛋及隐藏的特性(当然,前提是不会增加使用的风险)。

Python 就是一个很好的例子。作为一门开源的语言,它的社区为其贡献了一些十分幽默的内容。

(1) Hello World。

程序员们都熟悉 Hello World 的概念。在大多数情况下,它指的是使用该编程语言编写的最小程序,它会将"Hello World"打印到屏幕。这可能是在学习新的编程语言时首先要做的。Python 有一个隐藏的库,涉及一些有趣的事:

```
In [1]:  import __hello__
Out[1]:  Hello World!
```

(2) April Fool。

April Fool 玩笑是由 Barry Warsaw 提出的,这与他的退休有关。他是一位著名的 Python 开发者,在他宣布正式退休的时候,诞生了下面这个彩蛋:

```
In [2]:  from __future__ import barry_as_FLUFL
         1<>2
Out[2]:  True
```

(3) 由C++转换到 Python。

braces 库也是一个具有浓厚程序员风格的玩笑,其文档中提到,当在编写 Python 代码时使用这个库可提供C++花括号的功能。但当你尝试使用它的时候,你将会看到社区对此的看法:

```
In [3]:  from __future__ import braces
Out[3]:  SyntaxError:not a chance
```

2.1 Python 语言简介

Python 是一种被广泛使用的高级编程语言。相较于C++或 Java,Python 能够让开发者用更少的代码表达想法。不管是小型程序还是大型程序,Python 都能让程序的结构更加清晰明了。作为一种解释型语言,Python 的设计强调代码的可读性和语法的简洁性。

1989 年的圣诞节期间,吉多·范罗苏姆为了在阿姆斯特丹打发时间,决定开发一个新的脚本解释语言。

那个年代流行的是 Pascal,C,Fortran 等编程语言,设计语言的初衷是让机器运行得更快。而为了增加效率,语言也迫使程序员像计算机一样思考,以便能写出符合计算机"口味"的程序。吉多·范罗苏姆知道如何使用 C 语言实现自己想要的功能,但是整个编写过程很烦琐,需要耗费大量的时间,所以,他对这种编程方式感到苦恼。那时候 Unix 的管理员会用 Shell 去编写一些简单的脚本以进行一些重复的系统维护工作,比如数据备份、用户管理等。Shell 只要使用几行代码就可以实现许多 C 语言环境下上百行代码的功能,然而,Shell 只是调用命令,并不能调用计算机的所有功能。

吉多·范罗苏姆希望有一种编程语言能实现像 C 语言那样全面调用计算机的功能接口,同时又可以像 Shell 那样轻松编程。当时他在荷兰国家数学与计算机科学研究中心工作,并参与 ABC 语言的开发。开发 ABC 语言的目的是指导编程初学者学习如何开始写程序,并希望让语言变得容易阅读、容易使用、容易记忆、容易学习,以此来激发人们学习编程的兴趣。在吉多·范罗苏姆本人看来,ABC 语言非常优雅和强大,但是其设计还存在一些致命的问题,比如可扩展性差、不能直接操作文件系统等。最终 ABC 语言并没有成功,究其原因,吉多·范罗苏姆认为是这种语言的非开放性造成的。他决心在 Python 中避免这类错误,并在后来获得了非常好的效果。

1991 年,Python 的第一个版本在吉多·范罗苏姆的 Mac 机上诞生了。它是用 C 语言实现的,并且能够调用 C 语言的库文件,完美结合了 C 语言和 Shell 的特点。

Python 2.0 于 2000 年 10 月 16 日发布,实现了完整的垃圾回收功能,并且支持 Unicode。同时,整个开发过程更加透明,社区对开发进度的影响逐渐扩大。

Python 3.0 于 2008 年 12 月 3 日发布,此版本不完全兼容之前的 Python 源代码。不过,3.0 版的很多新特性后来也被移植到旧的 Python 2.6 和 2.7 版本中。

总的来说,Python 语言具有以下优点。

(1) Python 程序简单易懂,易于操作。

(2) 开发的效率较高:Python 有非常强大的第三方库,Python 官方库基本上包含大部分可以实现计算机功能的程序。直接下载调用后,再进行开发,能大大降低开发周期,避免重复"造轮子"。

(3) 高级语言:在开发中使用 Python 语言编写程序,不需要考虑如何管理程序使用的内存一类的底层细节。

(4) 可移植性:由于它开源的性质,Python 已经被移植到许多平台上。Python 程序几乎可以在市场上大多数的平台上使用。

(5) 可扩展性:如果我们需要一段关键代码运行得更快或者希望某些算法不公开,可以把部分程序用 C 或C++编写,然后在 Python 程序中使用它们。

(6) 可嵌入性:我们可以把 Python 嵌入其他程序中,从而向程序用户提供脚本功能。

同时,Python 语言还具有以下缺点。

(1) 速度慢:相对于其他语言,Python 程序的运行速度比较慢,但是,在一般情况下,用户是感觉不到的,只有在相关的测试工具下才可以测试到。

(2) 代码不能加密:因为 Python 是解释性语言,它的源码都是以明文形式存放的。

(3) 线程不能利用多 CPU:由于全局解释器锁(GIL)的存在,Python 禁止多线程的并行执行。

2.2   安装与运行 Python

在本节中,我们将介绍如何在 Windows 上安装 Python。Python 可以在所有主流的 Windows 操作系统上运行,包括但不限于 Windows XP,Windows Vista,Windows 7, Windows 8,Windows 8.1 和 Windows 10。只要不是太老旧的电脑都是可以顺利运行 Python, 并且 Python 只占用很小的内存,所以并不需要担心电脑硬件不达标而无法运行 Python。

2.2.1   Python 安装

我们需要访问 Python 的官网:https://www.python.org/,在官网找到对应我们电脑 操作系统的安装包(本节以 Windows 系统为例)进行下载,如图 2-1 所示。

图 2-1   Python 官网

下载完成后进行安装操作,双击下载包,进入 Python 安装向导,如图 2-2 所示。

图 2-2   Python 安装向导

切记,这里一定要勾选"Add Python3.10 to PATH"这个选项,这涉及后面的配置环境变量,如图 2-3 所示。

图 2-3 安装界面

同时,我们也可以自定义安装位置,选择"Customize install location"进入后面的界面,点击"next"进入下一页就可以自定义安装位置了,如图 2-4 所示。

图 2-4 自定义安装位置

安装成功的页面如图 2-5 所示。

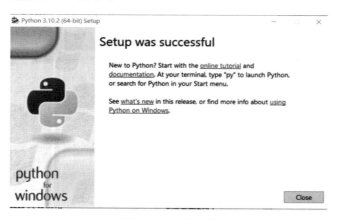

图 2-5 安装成功

到此为止,Python 安装步骤已经全部完成。

接下来需要检查安装是否成功。操作命令:在 cmd. exe 下输入"python",如果出现图 2-6 所示界面说明安装成功,否则需要配置环境变量。

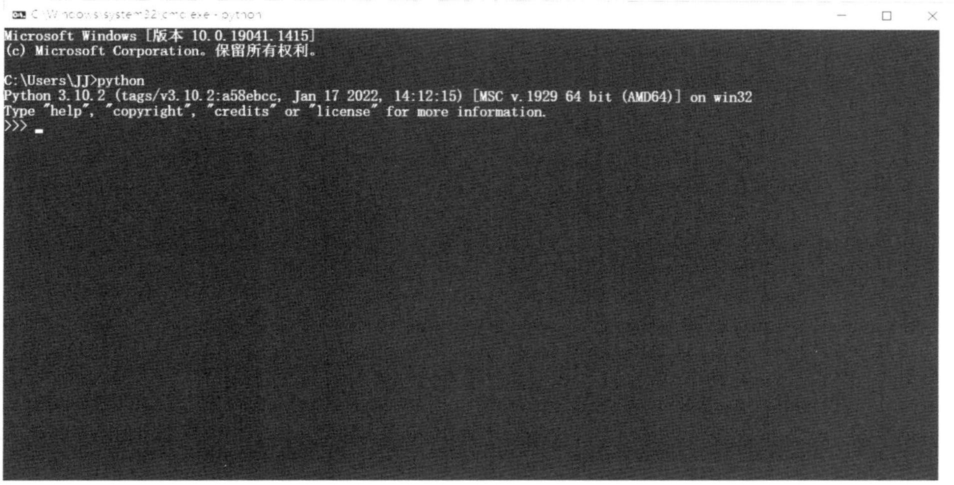

图 2-6　安装成功

配置环境变量主要有以下两种方法。

方法一:使用 cmd 命令添加 path 环境变量。

在 cmd. exe 下输入"path=％path％;D:\Python",接着按"Enter"键。其中:"D:\Python"是 Python 的安装目录。

方法二:在环境变量中添加 Python 目录。

(1) 右键点击"计算机",然后点击"属性",页面如图 2-7 所示。

图 2-7　配置环境变量 1

（2）接着点击左侧"高级系统设置"，页面如图 2-8 所示。

图 2-8　配置环境变量 2

（3）点击"环境变量"，找到"系统变量"中的 Path，如图 2-9 所示。

图 2-9　配置环境变量 3

（4）然后在里面添加 Python 的安装路径即可（我的 D：\Python）。

（5）设置成功以后，在 cmd 命令行，输入命令"python"，就可以有相关显示，如图 2-10 所示。

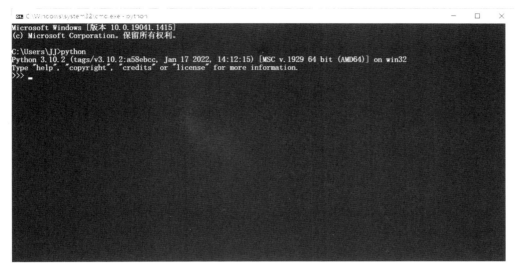

图 2-10　安装成功

2.2.2　常用的 Python 软件

Python 开发工具有许多，集成开发环境（integrated development environment，IDE）的功能比较强大，工程师通过 IDE 进行代码开发时，一般 IDE 都会提供代码提示、文件和目录管理、代码搜索和替换、查找函数等功能。文本编辑器功能比较简单，但是有的编辑器，如 Microsoft Visual Studio Code 和 Sublime 等也可以通过安装插件来实现 IDE 所提供的大部分功能。

（1）Anaconda。Python 的主要用途是数据分析和机器学习，Continuum Analytics 公司的 Anaconda 在这两方面的使用最广泛。像 ActivePython 一样，它捆绑了许多常见的 Python 数据库和统计数据库，并使用了英特尔优化版本的数据库。同时，Anaconda 还提供了自己用于管理的第三方库的安装程序，通过管理其二进制依赖关系，更轻松地将这些软件包保持在最新状态。

（2）PyCharm。它是 JetBrains 公司出品的 IDE 工具，集成了一些系列开发功能，如 Python 包管理、虚拟环境管理、框架整合和 Git 等。PyCharm 主要有以下优点：大大节省了程序开发时间，运行更快速，代码可以自动更新格式，支持多个操作系统等。PyCharm 有免费的开源社区版和收费版两个版本，免费的开源社区版功能要比收费版少一些。

（3）Microsoft Visual Studio Code。它是一个由微软开发的，同时支持 Windows，Linux 和 macOS 操作系统，并且开放源代码的文本编辑器。它支持调试，并内置了 Git 版本控制功能，同时也具有开发环境功能，例如，代码补全、代码片段、代码重构等。该编辑器支持用户自定义配置，例如，改变主题颜色、键盘快捷方式、编辑器属性和其他参数，还支持扩展程序，并在编辑器中内置了扩展程序管理的功能。

2.3　Python 编程入门

本节主要介绍 Python 中数据结构的内容,因为这一部分在机器学习中是比较重要的。数据按照存储的元素是否有序(每个元素有固定的位置),可分为有序数据和无序数据。其中,列表和元组中的元素有序,集合和字典中的元素是无序的。按照元素是否可以修改,可分为可变组合数据和不可变组合数据。列表、集合和字典属于可变组合数据,而元组属于不可变组合数据。本节分别介绍了列表的删除元素、增加元素、查找元素等功能,元组的一些操作及其与列表的区别,以及字典和集合的相关操作。

2.3.1　列表

列表是 Python 中重要的数据结构之一,本小节将介绍和列表相关的操作。列表可以通过索引获取其中单个元素,也可以通过索引更新其中的元素,使用方法就和变量赋值一样。注意:列表索引从 0 开始。

程序清单 2-1　列表

```
In [1]:    a1 = [1, 2, 3, 4, 5]
           print(a1[2])
Out[1]:    3
In [2]:    a1[2] = 'hello'
           print(a1)
Out[2]:    [1, 2, 'hello', 4, 5]
```

我们可以从执行的结果看出,一个列表是可以存储不同类型的数据的,并且修改的新元素也不需要和原来的数据类型一致。但要注意的是,更新列表的索引必须是已经存在的索引,不能对超出列表长度的索引更新元素。例如:

```
In [3]:    a1[10] = 'hello'
Out[3]:    IndexError: list assignment index out of range
```

这是提示我们索引超出了列表的范围。

2.3.1.1　增加元素

列表不能通过索引添加元素,索引只能修改、更新现有的元素。如果我们想要添加新的元素,可以使用 append() 函数在列表的最后添加新元素。例如:

```
In [4]:    a1 = [1, 2, 3, 4, 5]
           a1.append("hello")
           print(a1)
Out[4]:    [1, 2, 3, 4, 5, 'hello']
```

从执行结果来看,append() 函数直接在原来的列表上新增了一个元素。但是要注意,append() 函数每次只能新增一个元素,如果想要增加多个元素就要使用 extend() 函数。例如:

```
In [5]:    a1 = [1, 2, 3, 4, 5]
```

```
           a1.append([6,7])
           print(a1)
Out[5]:    [1,2,3,4,5,[6,7]]
In[6]:     a1 = [1,2,3,4,5]
           a1.extend([6,7])
           print(a1)
Out[6]:    [1,2,3,4,5,6,7]
```

根据执行结果,我们能很容易地看出 append()和 extend()两种函数的不同效果,append()函数无论后面是单个元素还是列表,append()函数都会把它当成一个新的元素追加在原来的列表后面,而 extend()函数则会展开,把新列表拆开追加在原来列表的后面。

append()和 extend()两种函数都是在列表的最后追加元素,那有没有什么函数可以在列表中间插入元素呢? Python 里当然也有相应的函数,就是 insert()函数。例如:

```
In[7]:     a1 = [1,2,3,4,5]
           a1.insert(2,"hello")
           print(a1)
Out[7]:    [1,2,'hello',3,4,5]
```

insert()函数需要输入两个参数,第一个参数表示要插入的新元素的位置,第二个参数表示要插入的新元素。insert()函数和 append()函数一样,一次只能新增一个元素。

2.3.1.2　删除元素

能够添加元素,自然可以删除元素。Python 也提供了好几种删除列表元素的函数。

(1) pop()函数用于一处列表中的一个元素(默认最后一个元素),并且返回该元素的值。例如:

```
In[8]:     a1 = [1,2,3,4,5]
           r1 = a1.pop()
           r2 = a1.pop(2)
In[9]:     print(r1)
Out[9]:    5
In[10]:    print(r2)
Out[10]:   3
```

从执行的结果可以看出,pop()函数可以删除指定位置的元素,并且把这个元素作为返回值返回,如果不指定位置则删除最后一个元素。

(2) remove()函数不但可以根据位置删除元素,还可以根据元素内容来对元素进行删除。它会删除查找到的第一个元素,并且没有返回值。例如:

```
In[11]:    a1 = ["hello","google","baidu","qq"]
           a1.remove('baidu')
           print(a1)
Out[11]:   ['hello','google','qq']
```

(3) 我们不但可以使用列表自带的函数对元素进行删除,也可以使用关键字"del"来删除列表元素。例如：

```
In [12]:  a1 = ["hello", "google", "baidu", "qq"]
          del a1[2]
          print(a1)
Out[12]:  ['hello','google','qq']
```

关键字"del"后是指定的列表元素和索引，从例子来看，"del"删除了其中一个元素，元素数量从 4 个变成了 3 个。"del"不仅可以删除列表的元素，还能删除其他元素，后面再作介绍。

2.3.1.3　查找元素

Python 提供了 index()函数用于查找元素在列表中的索引位置。例如：

```
In [13]:  a1 = ["hello", "google", "baidu", "qq"]
          print(a1.index('baidu'))
Out[13]:  2
```

但要注意的是，如果元素不在列表中，Python 解释器就会报错。例如：

```
In [14]:  a1 = ["hello", "google", "baidu", "qq"]
          print(a1.index('taobao'))
Out[14]:  ValueError: 'taobao' is not in list
```

运行这个例子，Python 解释器就会显示错误提示"ValueError：'taobao' is not in list"，告诉我们这个元素不在列表中。

2.3.2　元组

元组与列表十分相似，但是元组与列表的最大区别就是列表可以修改、读取和删除，而元组创建之后则不能被修改，不能删除单个元素，只能删除整个元组。

2.3.2.1　定义元组

元组定义大体上和列表相似，定义元组时只需要用"("和")"把元素括起，并用","把元素隔开。例如：

程序清单 2-2　元组

```
In [1]:  a1 = (1, 2, 3)
         print(type(a1))
Out[1]:  <class 'tuple'>
```

但我们要注意的是，如果元组只有一个元素，则要在这个元素后面需要加上一个","，否则元素就会还原其原来的类型。例如：

```
In [2]:  a1 = (1)
         print(type(a1))
Out[2]:  <class 'int'>
In [3]:  a2 = (1,)
         print(type(a2))
Out[3]:  <class 'tuple'>
In [4]:  a3 = ("hello")
```

```
              print(type(a3))
Out[4]:  <class'str'>
In [5]:  a4 = ("hello",)
              print(type(a4))
Out[5]:  <class'tuple'>
```

从执行结果可以看出,如果只有一个元素,单单使用"()"是不够的,还需要在最后加上
",",才能定义一个元组。

2.3.2.2　删除元组

由于元组不能被修改,元组也不能单独删除部分元素,要删除只能删除整个元组。
例如:

```
In [6]:  a1 = (1,2,3,4)
              del a1
              print(a1)
Out[6]:  NameError:name'a1' is not defined
```

运行这段代码时,Python 解释器会输出错误提示"NameError:name 'a1' is not
defined",这就说明"a1"这个变量已经被我们成功地删除了。

2.3.2.3　元组的其他操作

元组虽然不能被修改,但是列表所支持的查询方法基本上元组都支持。也正是因为元
组不能被修改,所以元组的查询速度要比列表快。

(1) count()函数用于统计某个元素在元组中出现的次数。例如:

```
In [7]:  a1 = ("google", "hello", "baidu", "qq", "01", "hello")
              print(a1.count('hello'))
Out[7]:  2
In [8]:  print(a1.count('taobao'))
Out[8]:  0
```

(2) index()函数用于查找元素在元组中的索引位置。例如:

```
In [9]:  a1 = ("google", "hello", "baidu", "qq")
              print(a1.index('baidu'))
Out[9]:  2
```

2.3.3　字典

2.3.3.1　定义字典

字典(dict)类型正如它的名字一样,我们可以像查找字典一样去查找它。其他一些
语言里也有类似的类型,如 PHP 中的 Array、Java 中的 HashMap。定义字典非常简单,
例如:

程序清单 2-3　字典

```
In [1]:  english = {"we":"我们", "world":"世界", "company":"公司"}
              print(type(english))
Out[1]:  <class'dict'>
```

从例子中我们可以很容易地看出,字典的元素是成对出现的,每个元素都是由":"和键值对(":"左边的称为 Key,":"右边的称为值或者 Value)构成,元素和元素之间用":"分割,整个字典被花括号"{}"包围。字典的键必须是唯一、不重复的,如果是空字典(一个元素都没有),则可以直接使用"{}"表示。

2.3.3.2 使用字典

在 Python 中,字典其实就是一组键值对。这在赋值字典变量的时候就可以看出,字典元素都是成对出现的,每个元素必须要有键和对应的值。访问字典和查字典一样,需要用键去查找值。例如:

```
In [2]:   english = {"we": "我们", "world": "世界", "company": "公司"}
          print(english['world'])
```

Out[2]:   '世界'

从这个例子可以看出,使用 dict 就像查字典一样,用类似列表索引的语法去查找键所对应的值。但是要注意,这种方法只能获取已经存在的键值对,如果我们尝试访问不存在的键,Python 将会显示错误信息。例如:

```
In [3]:   english = {"we": "我们", "world": "世界", "company": "公司"}
          print(english['city'])
```

Out[3]:   **KeyError**: 'city'

运行这个例子时,Python 解释器将会显示错误信息"KeyError:' city'"来提示我们"city"这个键不存在。

字典和列表一样,都是一种可修改的结构,所以我们也能对字典进行修改。修改的方式和列表有些类似。例如:

```
In [4]:   english = {"we": "我们", "world": "世界", "company": "公司"}
          english['world'] ='城市'
          print(english)
```

Out[4]:   {'we':'我们','world':'城市','company':'公司'}

从这个例子可以看出,我们成功地修改了"world"所对应的值。

字典新增元素和修改元素的语法一样。例如:

```
In [5]:   english = {}
          english['city'] ='城市'
          print(english)
```

Out[5]:   {'city':'城市'}

在这个例子中,我们先定义一个空字典,里面没有任何元素,然后我们使用像修改字典一样的语法去添加新的元素,将元素远程添加到原来的空字典中,十分方便。

由于字典和列表一样,都是可以被修改的类型,字典中的元素也自然能被删除。例如:

```
In [6]:   english = {"we": "我们", "world": "世界", "company": "公司"}
          del english['world']
          print(english)
```

Out[6]:   {'we':'我们','company':'公司'}

从结果可以看出,del 关键字同样也可以删除字典的元素。

2.3.3.3　字典的其他操作

字典和列表一样也有许多函数，这些函数非常有用，本节主要讲解一些针对字典的函数。

（1）clear()函数可以用于清空字典的所有元素，使字典变成空字典，从而我们不需要一个一个地删除元素。例如：

```
In [7]:   english = {"we": "我们", "world": "世界", "company": "公司"}
          english.clear()
          print(english)
Out[7]:   {}
```

（2）使用 copy()函数可返回一个具有相同键值对的新字典。字典和列表一样，如果只是赋值的话则只是引用之前的内容，但如果做修改就会改变原先的字典内容。copy()函数类似于列表的"[:]"语法，相当于完整地复制了一份新的副本。例如，（为了方便展示结果之间的对比，本小段在 PyCharm 中运行）：

```
In [8]:   english1 = {'we':'我们','world':'世界','company':'公司'}
          english2 = english1
          english3 = english1.copy()
          print('english1',english1)
          print('english2',english2)
          print('english3',english3)
          print('change english2')
          english2['city']='城市'
          print('english1',english1)
          print('english2',english2)
          print('english3',english3)
          print('change english3')
          english3['school']='学校'
          print('english1',english1)
          print('english2',english2)
          print('english3',english3)

Out[7]:   english1 {'we':'我们','world':'世界','company':'公司'}
          english2 {'we':'我们','world':'世界','company':'公司'}
          english3 {'we':'我们','world':'世界','company':'公司'}
          change english2
          english1 {'we':'我们','world':'世界','company':'公司','city':'城市'}
          english2 {'we':'我们','world':'世界','company':'公司','city':'城市'}
          english3 {'we':'我们','world':'世界','company':'公司'}
          change english3
          english1 {'we':'我们','world':'世界','company':'公司','city':'城市'}
```

english2 {'we':'我们', 'world':'世界', 'company':'公司', 'city':'城市'}

english3 {'we':'我们', 'world':'世界', 'company':'公司', 'school':'学校'}

从例子的执行结果我们可以发现,使用 copy()函数对获取到的字典作修改,原始的字典不受影响。使用 copy()函数就像重新写了一个新的字典,只是元素恰巧和原来的字典相同。注意,copy()函数进行的拷贝是浅拷贝,如果字典的元素值也是字典,那么 copy()函数只会影响最外层字典,元素内部还是引用。可以用深拷贝解决此类问题,此处不作详解,有兴趣的读者可以自行查阅相关资料了解详细信息。

2.3.4 集合

Python 中有一种内置类型叫作集合(set),它是一个非常有用的数据结构。它与列表(list)的行为类似,唯一的区别就是集合不包含重复的值。

程序清单 2-4　集合

```
In [1]:   empty = set()
          print(empty)
Out[1]:   set()
In [2]:   number = {1, 2, 3}
          print(number)
Out[2]:   {1, 2, 3}
In [3]:   mix = set([1,'您好',1.10])
          print(mix)
Out[3]:   {1, 1.1, '您好'}
```

定义集合的时候需要注意:如果是空集合(不包含任何元素的集合),必须使用 set()函数定义;如果包含其他元素,则可以使用花括号"{}"定义,也可以使用 set()函数加上列表来定义。

在集合添加元素可以使用 add()函数。例如:

```
In [4]:   number = {1,2,3}
          number.add(4)
          print(number)
Out[4]:   {1, 2, 3, 4}
In [5]:   number.add(2)
          print(number)
Out[5]:   {1, 2, 3, 4}
```

从执行结果我们可以看出,使用 add()函数添加新元素时,如果新的元素与原来的元素没有重复,则正常添加元素,如果新的元素与原集合中的元素相同,则不会添加新的元素。这保证了集合元素的唯一性。

在集合中删除元素可以使用 remove()函数。例如:

```
In [6]:   number = {1,2,3,4}
          number.remove(3)
          print(number)
```

Out[6]：{1, 2, 4}

注意：remove()函数并不能用于不存在的元素，如果元素不存在，Python 解释器将会输出错误信息。

2.4　利用 Python 编写机器学习程序时的常用库

利用 Python 编程几乎离不开第三方库。Python 是入门必备，第三方库，特别是科学计算——机器学习库就是入门中的入门。这里只介绍三个常用的第三方库。Matplotlib，它是 Python 编程语言中最常用的数据可视化第三方库。它是绘图领域广泛使用的软件，类似 MATLAB 的绘图工具，而到了机器学习领域，则成了我们观察训练情况、输出数据结果、数据可视化的好帮手。NumPy，它是数据分析必备的库，也是数据计算的基础。NumPy 属于够底层、够灵活、够简单的强大机器学习库，或者叫矩阵计算库，甚至深度学习框架都以它对张量(tensor)进行操作。Pandas，它是数据处理、数据清洗的专用库。我们开展机器学习或者深度学习，就是和数据打交道，那么，就需要导入基本的数据处理库。比如，我们在机器学习中会看到很多数据集格式是 csv，这个就可以用 Pandas 来处理。

2.4.1　Matplotlib

Matplotlib 是将数据进行可视化、更直观地显示的第三方库，它使数据更加客观、更具说服力。它是最流行的 Python 底层绘图库，主要做数据可视化图表，名字取材于 MATLAB，模仿 MATLAB 构建。

Matplotlib 中的基本图表包括以下元素。

（1）x 轴和 y 轴 axis（水平和垂直的轴线）。

（2）x 轴和 y 轴刻度 tick（刻度标示坐标轴的分隔，包括最小刻度和最大刻度）。

（3）x 轴和 y 轴刻度标签 tick label（表示特定坐标轴的值）。

（4）绘图区域（坐标系）axes（实际绘图的区域）。

（5）坐标系标题 title（实际绘图的区域）。

（6）轴标签 xlabel ylabel（实际绘图的区域）。

2.4.1.1　绘制折线图

程序清单 2-5　绘制折线图

```
In [1]:   import matplotlib.pyplot as plt
          x = [1,2,3,4,5]
          y = [2,4,6,8,10]
          plt.plot(x,y)
          plt.show()
Out[1]:
```

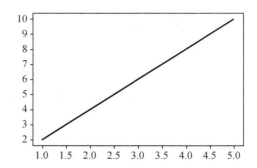

如果想绘制多个折线图,只需多次调用 plot()函数即可。

(1) 使用 axis 方法设置坐标轴界限。

In [2]:
```
import matplotlib.pyplot as plt
import numpy as np
x = np.linspace( - np.pi,np.pi,num = 10)
y = np.sin(x)
plt.plot(x,y)
# plt.axis([xmin,xmax,ymin,ymax])
plt.axis([ - 2,2, - 2,2])
plt.show( )
```

Out[2]:

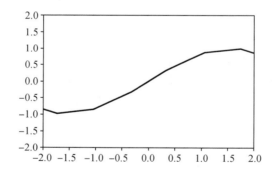

(2) 设置画布与坐标轴标签。

设置画布比例:plt. figure(figsize=(a,b)),其中,a 表示 x 刻度比例,b 表示 y 刻度比例,(2∶1)表示 x 刻度显示为 y 刻度显示的 2 倍。

使用 xlabel()函数、ylabel()函数和 title()函数设置坐标轴标签。其中,函数中参数 s 表示标签内容,color 表示标签颜色,fontsize 表示字体大小,rotation 表示旋转角度。

In [3]:
```
# 指定 x,y 和坐标系的标识
plt.plot(x,y)
plt.xlabel('xxx')
plt.ylabel('yyy')
plt.title('ttt')
```

Out[3]：　Text(0.5, 1.0, 'ttt')

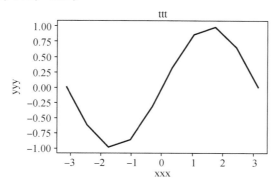

（3）使用 figure 对象的 savefig()函数来保存图片。

设置 fig ＝ plt.figure()，注意：此代码必须放置在绘图操作之前。其中：

filename 表示含有文件路径的字符串或 Python 的文件型对象。图像格式由文件扩展名推断得出，例如，.pdf 推断出 PDF，.png 推断出 PNG。

dpi 表示图像分辨率（每英寸点数），默认为 100。

facecolor 表示打开保存图片查看图像的背景色，默认为"w"（白色）。

In[4]：
```python
import matplotlib.pyplot as plt
x = x
y = np.sin(x)
# 第 1 步实例化对象
fig = plt.figure()
# 第 2 步绘图
plt.plot(x,y,label ='AAA')
plt.plot(x+3,y-4,label='BBB')
plt.legend(ncol = 1,loc = 3)
# 第 3 步使用 savefig()函数保存图片,dpi 为图片分辨率
fig.savefig('./123.png',dpi = 1200)
plt.show()
```

Out[4]：

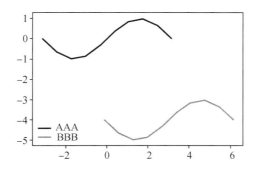

（4）设置 plot 的风格和样式。

plot 语句中支持除 x，y 以外的参数，它们以字符串形式存在，用来控制颜色、线型、点型等要素，语法形式为：plt.plot(x，y，'format'，…）。

颜色的参数为 color 或 c。

In [5]: # alpha 为透明度

        plt.plot(x,y,c='red',alpha = 0.5)

Out[5]:

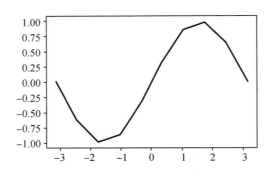

2.4.1.2　绘制直方图

直方图是一个特殊的柱状图，又叫作密度图。直方图的参数只有一个 x，不像条形图需要传入 x，y。

使用 hist()函数创建直方图，其中：

bins 表示直方图的柱数，可选项，默认为 10。

color 表示指定直方图的颜色，可以是单一颜色值或颜色的序列。如果指定了多个数据集合，如 DataFrame 对象，颜色序列将会设置为相同的顺序；如果未指定，将会使用一个默认的线条颜色。

程序清单 2-6　绘制直方图

In [6]: import numpy as np

        import matplotlib.pyplot as plt

        salary = np.array([12345,10000,15000,18000,20000,15555,10050,19999,

        12000,12500])

        plt.hist(salary)

        plt.show()

Out[6]:

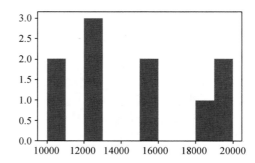

返回值：

① n：直方图向量，是否归一化由参数 normed 设定；

② bins：返回各个 bin 的区间范围；

③ patches：返回每个 bin 里面包含的数据，是一个 list。

2.4.1.3　绘制条形图

使用 bar()函数创建条形图，其中，第一个参数是索引，第二个参数是数据值，第三个参数是条形的宽度。

可以用 width 设置条形宽度，height 设置条形高度。

bar()函数用于纵向显示，barh()函数用于横向显示。

程序清单 2-7　绘制条形图

```
In [7]:   import matplotlib.pyplot as plt
          x = [1,2,3,4,5]
          y = [6,7,8,9,10]
          plt.barh(x,y)
          plt.show()
```

Out[7]:

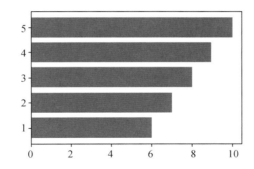

2.4.1.4　绘制散点图

散点图表示因变量随自变量变化的大致趋势。它有 x 和 y 两个参数，但此时 x 不是表示 x 轴的刻度，而是每个点的横坐标。

使用 scatter()函数创建散点图。

程序清单 2-8　绘制散点图

```
In [8]:   import matplotlib.pyplot as plt
          x = [33,35,34,31,36]
          y = [100,200,150,166,177]
          plt.scatter(x,y,marker='d',c="red")
          plt.show()
```

Out[8]:

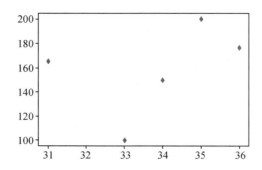

2.4.2　NumPy

NumPy 是一个 Python 中用于科学计算的基础库，它重在数值计算，也是大部分 Python 科学计算库的基础库，多用在大型的、多维数组上执行数值运算。

NumPy 特性：作为一个开源的数据计算扩展库，NumPy 提供了 ndarray 对象，支持多维数组操作和矩阵数据类型，配备了矢量处理功能和精密的运算库，特别适用于进行高精度的数值处理。

程序清单 2-9　NumPy

```
In [1]:    import numpy as np
           # 列表转化为矩阵
           array = np.array([[1, 2, 3], [4, 5, 6]])
           print(array)
Out[1]:    [[1 2 3]
            [4 5 6]]
In [2]:    # 维度
           print('number of dim:',array.ndim)
           # 行数和列数
           print('shape :',array.shape)
           # 元素个数
           print('size:',array.size)
Out[2]:    number of dim: 2
           shape : (2, 3)
           size: 6
In [3]:    # 创建 array
           a = np.array([2,23,4],dtype = int)
           print(a.dtype)
           a = np.array([2,23,4],dtype = np.int32)
           print(a.dtype)
           a = np.array([2,23,4],dtype = float)
           print(a.dtype)
           a = np.array([2,23,4],dtype = np.float32)
```

```
            print(a.dtype)
Out[3]:    int64
            int32
            float64
            float32
In[4]:     # 数据全为 0,3 行 4 列
            a = np.zeros((3,4))
            print(a)
Out[4]:    array([[ 0., 0., 0., 0.],
                   [ 0., 0., 0., 0.],
                   [ 0., 0., 0., 0.]])
In[5]:     a = np.ones((3,4),dtype = int)
            print(a)
Out[5]:    array([[1, 1, 1, 1],
                   [1, 1, 1, 1],
                   [1, 1, 1, 1]])
In[6]:     # 数据为 empty,3 行 4 列
            a = np.empty((3,4))
            print(a)
Out[6]:    array([[ 0.00000000e+000, 4.94065646e-324, 9.88131292e-324,
                   1.48219694e-323], [ 1.97626258e-323, 2.47032823e-323,
                   2.96439388e-323, 3.45845952e-323], [ 3.95252517e-323,
                   4.44659081e-323, 4.94065646e-323, 5.43472210e-323]])
In[7]:     # 10 到 19 的数据,2 步长
            a = np.arange(10,20,2)
            print(a)
Out[7]:    array([10, 12, 14, 16, 18])
In[8]:     # 3 行 4 列,0 到 11
            a = np.arange(12).reshape((3,4))
            print(a)
Out[8]:    array([[ 0, 1, 2, 3],
                   [ 4, 5, 6, 7],
                   [ 8, 9, 10, 11]])
In[9]:     # 开始端 1,结束端 10,且分割成 20 个数据,生成线段
            a = np.linspace(1,10,20)
Out[9]:    array([1.        , 1.47368421, 1.94736842, 2.42105263,
                   2.89473684, 3.36842105, 3.84210526, 4.31578947,
                   4.78947368, 5.26315789, 5.73684211, 6.21052632,
                   6.68421053, 7.15789474, 7.63157895, 8.10526316,
                   8.57894737, 9.05263158, 9.52631579, 10.        ])
```

2.4.3　Pandas

NumPy 和 Pandas 有什么不同？如果用 Python 的列表和字典作比较，那么可以说 NumPy 是列表形式的，没有数值标签，而 Pandas 是字典形式的。Pandas 是基于 NumPy 构建的，让以 NumPy 为中心的应用变得更加简单。要使用 Pandas，首先需要了解它主要的两个数据结构：Series 和 DataFrame。Pandas 能够帮助我们处理数值型数据（基于 NumPy），以及一些 Series，DataFrame 的数据类型。其中，Series 是一维的带标签的数组，DataFrame 是二维的或者说是 Series 的容器。

程序清单 2-10　Pandas

```
In [1]:   import pandas as pd
          import numpy as np
          s = pd.Series([1, 3, 6, np.nan, 44, 1])
          print(s)
Out[1]:   0    1.0
          1    3.0
          2    6.0
          3    NaN
          4    44.0
          5    1.0
          dtype: float64
```

Series 的字符串表现形式为：索引在左边，值在右边。由于我们没有为数据指定索引，会自动生成一个 0 到 N−1（N 为长度）的整数型索引。

```
In [2]:   import pandas as pd
          import numpy as np
          dates = pd.date_range('20220101', periods = 6)
          df = pd.DataFrame(np.random.randn(6, 4), index = dates, columns = ['A','B',
              'C','D'])
          print(df)
Out[2]:                    A            B            C            D
          2022-01-01   -0.496561   -0.339503   -1.179867    1.215673
          2022-01-02    1.694423    0.291599   -0.333352   -0.212316
          2022-01-03    1.184578    0.686443   -0.368378    0.721068
          2022-01-04    1.420399   -2.101331   -1.157724    1.240849
          2022-01-05    0.823848   -0.460530   -0.157408    1.002146
          2022-01-06   -1.579969    1.355512   -0.575248    0.289388
```

DataFrame 是一个表格型的数据结构，它包含一组有序的列，每列可以是不同的值类型（数值、字符串、布尔值等）。DataFrame 既有行索引也有列索引，它可以被看作由 Series 组成的大字典。我们可以根据每一个不同的索引来挑选数据，比如挑选 B 的元素：

```
In [3]:   print(df['B'])
```

```
Out[3]：  2022 - 01 - 01   - 0.339503
          2022 - 01 - 02    0.291599
          2022 - 01 - 03    0.686443
          2022 - 01 - 04   - 2.101331
          2022 - 01 - 05   - 0.460530
          2022 - 01 - 06    1.355512
          Freq: D, Name: B, dtype: float64
In[4]：  # 我们再创建一组没有给定行标签和列标签的数据 df1
          df1 = pd.DataFrame(np.arange(12).reshape((3,4)))
          print(df1)
Out[4]：   0  1  2  3
          0  0  1  2  3
          1  4  5  6  7
          2  8  9 10 11
```

这样,它就会默认从 0 开始索引,还有一种生成 df 的方法:

程序清单 2-11　Pandas

```
In[5]：  df2 = pd.DataFrame({'A': 1.,
                            'B': pd.Timestamp('20130102'),
                            'C': pd.Series(1, index = list(range(4)), dtype = '
                                float32'),
                            'D': np.array([3] * 4, dtype = 'int32'),
                            'E': pd.Categorical(["test","train","test","train"]),
                            'F': 'foo'})

          print(df2)
Out[5]：    A       B         C   D  E     F
          0  1.0 2013 - 01 - 02  1.0  3  test   foo
          1  1.0 2013 - 01 - 02  1.0  3  train  foo
          2  1.0 2013 - 01 - 02  1.0  3  test   foo
          3  1.0 2013 - 01 - 02  1.0  3  train  foo
```

这种方法能对每一列的数据进行特殊处理,如果想要查看数据中的类型,我们可以用 dtypes 这个属性:

```
In[6]：  print(df2.dtypes)
Out[6]：  A          float64
          B      datetime64[ns]
          C          float32
          D            int32
          E          category
          F           object
```

```
          dtype：object
In [7]：   print(df2.columns)
Out[7]：   Index(['A','B','C','D','E','F'], dtype ='object')
In [8]：   # 想知道数据的总结，可以用 describe()
          print(df2.describe())
Out[8]：
```

	A	C	D
count	4.0	4.0	4.0
mean	1.0	1.0	3.0
std	0.0	0.0	0.0
min	1.0	1.0	3.0
25 %	1.0	1.0	3.0
50 %	1.0	1.0	3.0
75 %	1.0	1.0	3.0
max	1.0	1.0	3.0

2.5　机器学习框架

选择什么样的机器学习框架一直是开发者们非常关心的一个话题。随着机器学习框架之间的"战争"越来越激烈，有关各个机器学习框架的对比文章越来越多，且随着 Python 逐渐成为机器学习社区最受欢迎的语言，框架的性能也在持续地受到关注。本节将介绍主流的机器学习框架（TensorFlow\Keras\PyTorch\scikit-learn）及它们各自的特点。

2.5.1　TensorFlow

2.5.1.1　TensorFlow 简介

TensorFlow 是 Google 基于人工智能框架 DistBelief 研发的二代深度学习平台，于 2015 年 11 月发布并在 GitHub 上开源。Google 选择将 TensorFlow 开源意在使研究人员、工程师和爱好者可以更快地交换想法，通过社区的力量共同推进 TensorFlow 的发展，同时让 TensorFlow 在学术界和工业界得到更多的应用。

虽然 Google 开发的 TensorFlow 框架不是市面上唯一的人工智能开发平台，但其强大的研发能力和影响力足以引领一个领域的发展。Google 多年的机器学习研发经验使 TensorFlow 拥有优秀的架构设计和突出的执行效率，开源不久就受到了公司、研究人员和工程师的欢迎与支持。

2.5.1.2　TensorFlow 特点

（1）灵活。TensorFlow 不仅是一个机器学习框架，而且能够完成任何可以表示成数据流图的运算。在开发过程中,TensorFlow 提供多种编程语言支持,用户既可以使用 Python 和内部封装的方法进行抽象编程,也可以通过 C++代码实现自定义底层操作。

（2）可移植。TensorFlow 支持包括 CPU,GPU,TPU 等各种计算设备,既能够在一部智能手机或个人电脑上进行简单高效的运行,也可以在数千台的数据中心服务器上进行高性能运算。

（3）普适。由于高度抽象的设计,TensorFlow 可以让工程师很快完成研究工作,将想法迅速运用到产品实践中,无须过多修改就可以部署到生产线上,让研究人员可以更加直接地进行思想交换、代码分享,进而提高科研产出效率。

（4）性能好。由于 TensorFlow 从底层实现对线程、队列和异步运算的支持,它可以很方便地调用所有可用的硬件资源。使用过程中,用户只需提供目标函数和数据,TensorFlow 会自动把节点分配给不同的设备并完成相关计算。

TensorFlow 获得的科研方面的成就主要有:在医疗方面,科学家使用 TensorFlow 根据视网膜图像预防糖尿病致盲;在移动设备上,科学家通过计算机视觉及 TensorFlow 搭建的深度学习网络模型,实现了有效的皮肤癌医疗检测及图像分类;在音乐、绘画领域,科学家利用 TensorFlow 构建深度学习模型帮助人类更好地理解艺术;在生物学领域,科学家通过 TensorFlow 框架和高科技设备构建的自动化海洋生物检测系统来了解海洋生物的情况等。

2.5.2　Keras

2.5.2.1　Keras 简介

Keras 是 François Chollet 开发的深度学习和神经网络的应用程序编程接口（application programming interface，API）,能够在 TensorFlow(Google),Theano 或 CNTK(Microsoft)之上运行。Keras 是一个高级模型库,为建立深度学习模型提供基础模块,不对基础的张量和微分进行处理。作为后端引擎,它拥有一个性能优良的张量库对其进行操作。虽然 TensorFlow 功能强大,但它是深度学习的低端的链接库,学习门槛高,不易掌握;而 Keras 则不同,它学习门槛低,初学者很容易入门,只要引入几个模块函数,就可以搭建深度学习模型,并进行模型的训练、测试、预测等一系列机器学习或数据挖掘。

2.5.2.2　Keras 特点

（1）Keras 是为人类而非机器设计的 API。Keras 遵循减少认知困难的最佳实践:它提供一致且简单的 API,它将常见用例所需的用户操作数量降至最低,并且在用户犯错时提供清晰和可操作的反馈。

（2）Keras 易于学习和使用。Keras 用户的工作效率更高,能够比竞争对手更快地尝试更多创意,从而赢得机器学习竞赛。

（3）灵活性。因为 Keras 与底层深度学习语言（特别是 TensorFlow）集成在一起,所以它可以让我们实现任何可以用基础语言编写的东西。特别是,tf. keras 作为 Keras API 可以与 TensorFlow 工作流无缝集成。

（4）Keras 支持多个后端引擎,不会将用户锁定到一个生态系统中。

（5）Keras 拥有强大的多 GPU 和分布式训练支持。

2.5.3 PyTorch

2.5.3.1 PyTorch 简介

PyTorch 是 Torch 的 Python 版本,是由 Facebook 开发的开源的神经网络框架,专门针对 GPU 加速的深度神经网络(DNN)编程。Torch 是一个经典的对多维矩阵数据进行操作的张量库,在机器学习和其他数学密集型应用中有广泛应用。与 TensorFlow 的静态计算图不同,PyTorch 的计算图是动态的,可以根据计算需要实时改变计算图。Torch 语言采用 Lua,导致其在国内一直很小众,并逐渐被支持 Python 的 TensorFlow 抢走用户。作为经典机器学习库 Torch 的端口,PyTorch 为 Python 语言使用者提供了舒适的写代码选择。

PyTorch 的设计追求很少的封装:尽量避免造轮子。不像 TensorFlow 中充斥着 session,graph,operation,name_scope,variable,tensor,layer 等全新的概念,PyTorch 的设计遵循 tensor→variable(autograd)→nn. Module 三个由低到高的抽象层次,分别代表高维数组(张量)、自动求导(变量)和神经网络(层/模块),而且这三个抽象层次之间联系紧密,可以同时进行修改和操作。

2.5.3.2 PyTorch 特点

(1)简洁性。PyTorch 的源码只有 TensorFlow 的 1/10 左右,更少的抽象、更直观的设计使 PyTorch 的源码十分易于阅读。

(2)速度型。PyTorch 的灵活性不以速度为代价,在许多测评中,PyTorch 的速度表现胜过 TensorFlow 和 Keras 等框架。框架的运行速度和程序员的编码水平有极大关系,但对于同样的算法,使用 PyTorch 实现的算法更有可能比用其他框架实现的运行速度快。

(3)易用性。PyTorch 是所有的框架中面向对象设计的最优雅的一个。PyTorch 的面向对象的接口设计来源于 Torch,而 Torch 的接口设计以易用著称,Keras 开发者最初就是受 Torch 的启发才开发了 Keras。PyTorch 继承了 Torch 的衣钵,尤其是 API 的设计和模块的接口都与 Torch 高度一致。PyTorch 的设计最符合人类的思维,它让用户尽可能地专注于实现自己的想法,即所思即所得,不需要考虑太多本身的束缚。

(4)活跃的社区。PyTorch 提供了完整的文档、循序渐进的指南,开发者亲自维护着论坛供用户交流和求教问题。Facebok 人工智能研究院(Facebook AI Research,FAIR)对 PyTorch 提供了强力支持,作为当今排名前三的深度学习研究机构,FAIR 的支持足以确保 PyTorch 获得持续的开发更新,不至于像许多由个人开发的框架那样昙花一现。

2.5.4 scikit-learn

2.5.4.1 scikit-learn 简介

scikit-learn,又写作 sklearn,是一个开源的基于 Python 语言的机器学习工具包。它通过 NumPy,SciPy 和 Matplotlib 等 Python 数值计算的库实现高效的算法应用,并且涵盖了几乎所有主流机器学习算法。它包含从数据预处理到训练模型的各个方面。sklearn 有一个完整而丰富的官网,里面讲解了基于 sklearn 对所有算法的实现和简单应用,如图 2-11 所示。

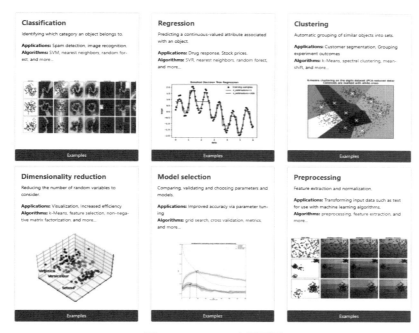

图 2-11　sklearn 官网页面

2.5.4.2　scikit-learn 特点

以下主要对比 sklearn 与 TensorFlow 的特点。

（1）在定位上，sklearn 的主要定位是一种通用的机器学习学习库，TensorFlow 的主要定位是一种深度学习平台。

（2）在特征工程上，虽然 sklearn 提供了维度压缩、特征选择等，但是这并不代表 TensorFlow 比 sklearn 差。在传统的机器学习中，sklearn 需要使用者自行对数据进行数据处理，如进行特征选择、维度压缩、转换格式等，但是 TensorFlow 可以在一开始进行数据训练的过程中，自行从数据中提取有效的特征，从而减少人为的干预。

（3）在易用性及封装度上，sklearn 更高，而 TensorFlow 则相对较差。

（4）在面对项目的大小上，sklearn 更适合中小型，特别是数据量不大且需要使用者手动对数据进行处理，并且选择合适模型的项目。这些项目是可以在 CPU 上直接计算的，没有什么硬件要求。相对地，TensorFlow 往往更加注重数据量较大，一般情况下需要 GPU 进行加速运算的项目。

 价值塑造与能力提升

本章习题

2.6　本章小结

　　本章主要介绍了 Python 的发展历程，以及它与其他编程语言的对比，分析了它的优缺点，并介绍了 Python 的安装教程及如何配置环境变量，还重点介绍了 Python 语言中最为常见的数据结构——列表、元组、字典和集合。其中，需要重点掌握序列的索引和下标，索引是从 0 开始的，下标是数组的长度－1。读者需要掌握序列的基本操作和对序列的创建、新增、删除和查找的使用方法，这对后续学习复杂类型的对象和机器学习有很大的帮助。同时本章也介绍了机器学习常用的库 Matplotlib，NumPy，Pandas 的一些简单的操作与应用，读者需重点掌握这三个库的操作。本章最后介绍了机器学习常用的几个框架，分析了它们的结构和一些特性。

第3章　关联规则挖掘

在美国，一些年轻的父亲下班后经常要到超市去买婴儿尿布，超市也因此发现了一个规律，在购买婴儿尿布的年轻父亲们中，有 30％～40％ 的人同时要买一些啤酒。超市随后调整了货架的摆放，把尿布和啤酒放在一起，明显增加了销售额。同样地，我们也可以根据关联规则在商品销售方面做各种促销活动。

关联规则挖掘是一种基于规则的机器学习算法，该算法可以帮助人们在大数据库中发现感兴趣的关系，是从数据库中发现频繁出现的多个相关联数据项的过程。它的目的是利用一些度量指标来分辨数据库中存在的强规则。也就是说，关联规则挖掘是用于知识发现的，而非预测，所以它属于无监督的机器学习方法。学习关联规则挖掘，就要了解关联规则挖掘的相关算法，以及算法的实现原理和步骤。本章将对关联规则挖掘相关算法的基本原理和实现实例进行分析，包括众多应用场景，如购物篮分析、关联分析等。

3.1　Apriori 算法

R. Agrawal 提出的 Apriori 算法是著名的关联规则挖掘方法之一。它主要包含两个步骤：第一步是在交易数据库中找到所有与用户最小支持程度相等的数据项目集合；第二步是利用频繁项集生成所需要的关联规则，通过对用户设置的最小置信程度进行权衡，最终得出一个较强的关联规则。识别或发现所有频繁项集是关联规则挖掘算法的核心。

Apriori 算法是目前较具影响力的一种挖掘布尔关联规则的算法，它采用了一种称为分层搜索的迭代法，也就是在"k 项集"中搜索"(k−1)项集"。Apriori 算法的核心思想包含了连接和剪枝两个主要的步骤。连接步骤：为了找到一个 Lk(kink)集合，它通过(Lk−1)和自己的连接来生成一个被称为 Ck 的候选集合；(Lk−1)的元件在这里可以被连接。剪枝步骤：Ck 是 Lk 的超集，即它的成员可以是也可以不是频繁的，但所有的频繁项集都包含在 Ck 中。扫描数据库确定 Ck 中每一个候选的计数，从而确定 Lk(计数值不小于最小支持度计数的所有候选是频繁的，从而属于 Lk)。但是，Ck 可能是非常大的，所以需要大量的计算。因此，如果一个候选 k 项集的(k−1)项集不在 Lk 中，则该候选项集也不可能是频繁的，从而可以从 Ck 中删除。这种子集测试可以使用所有频繁项集的散列树快速完成。

Apriori 算法的优缺点包括以下几点。

（1）优点：适合稀疏数据集；算法原理简单，易实现；适合事务数据库。

（2）缺点：可能产生庞大的候选集；算法需多次遍历数据集，算法效率低、耗时；采用唯一支持度，没有考虑各个属性重要程度的不同；算法的适用面窄。

综合上述，关联规则挖掘算法的实现过程如下：

1. 对于数据集中的每条交易记录
2. 对于每个候选项集
3. 检查候选项集是否为记录的子集
4. 如果是,则增加候选项集的计数值
5. 对于每个候选项集
6. 如果其支持度不低于最小值,则保留该项集
7. 当集合中项的个数大于 0 时
8. 构建一个由 k 个项组成的候选项集的列表
9. 检查数据以确认每个项集都是频繁的
10. 保留频繁项集并构建由 k+1 项组成的候选项集的列表

Apriori 算法步骤如下所示:

① 扫描全部数据,产生候选集 1 项集的集合 C1;

② 根据最小支持度,由候选集 1 项集的集合 C1 产生频繁 1 项集的集合 L1;

③ 对 k>1,重复执行步骤④、⑤、⑥;

④ 由 Lk 执行连接和剪枝操作,产生候选(k+1)项集的集合 Ck+1;

⑤ 根据最小支持度,由候选(k+1)项集的集合 Ck+1,产生频繁(k+1)项集的集合 Lk+1;

⑥ 若 L≠∅,则 k=k+1,跳往步骤④;否则跳往步骤⑦;

⑦ 根据最小置信度,由频繁项集产生强关联规则,结束。

Apriori 算法的工作流程如下所示:

① 收集数据:通过各种方法将数据采集;

② 准备数据:任何类型的数据均可;

③ 分析数据:采用统计学手法或者其他的方法进行数据分析;

④ 训练算法:使用 Apriori 算法寻找频繁项集;

⑤ 测试算法:不需要测试过程;

⑥ 使用算法:用于发现频繁项集及物品之间的关联规则。

3.1.1 生成候选项集

下面看一下实际的运行效果,建立一个 apriori.py 文件并输入下列代码:

程序清单 3-1 Apriori 算法中的辅助函数

```python
def load_data():
    return [[1, 2, 3], [3, 4, 5], [1, 2, 5], [2, 3]]
def createC1(dataSet):
    C1 = []
    for transaction in dataSet:
        for item in transaction:
            if not [item] in C1:
                C1.append([item])
    C1.sort()
    return list(map(frozenset, C1))
```

```
def scanD(D,Ck,minSupport):
    ssCnt = {}
    for tid in D:
        for can in Ck:
            if can.issubset(tid):
                if can in ssCnt:
                    ssCnt[can] += 1
                else:
                    ssCnt[can] = 1
    numItems = float(len(D))
    retList = []
    supportData = {}
    for key in ssCnt:
        support = ssCnt[key]/numItems
        if support >= minSupport:
            retList.insert(0,key)
        supportData[key] = support
    return retList, supportData
```

上述程序包含三个函数。第一个函数 load_data()创建了一个用于测试的简单数据集。

第二个函数 createC1()是用来构造 C1 的,C1 是所有候选项集的集合,大小为 1。Apriori 算法首先构造了 C1 集,并通过对数据进行扫描,以确定该项目集是否符合最小支撑条件。符合最低条件的一组项集组成了集合 L1。而在 L1 中,这些元素会彼此结合形成 C2,C2 经过过滤后变成 L2。

由于算法一开始是从输入数据中抽取出候选项集列表,因此,处理时必须使用特殊的函数,同时将后面的项集列表以特定的形式存储。这里所用的是 Python 中的 frozenset 类型,它是一个"冰冻"的集合,也就是说,使用者无法对其进行修改,必须使用 frozenset 而非 set 类型,然后,将它们用作词典键值可以通过 frozenset 来完成,但是 set 不能。

CreateC1()函数的具体过程如下。

(1) 建立一个空表 C1,用于存储所有不重复的项值。

(2) 显示数据集内的全部事务。

(3) 在每个记录中,对每个项目进行遍历。

(4) 如果 C1 中没有显示某个物品项,就把它加入 C1。

在此,我们不会仅仅简单地添加每个物品项,而是增加一个仅包括某个物品项的一个列表。其目标是为每一个物品项建立一个集合。由于在后面的应用程序中,需要进行集合运算。Python 无法创建仅有一个整型的集合,所以在此实施时,必须使用列表(有兴趣的读者可以尝试)。所以我们才会用一个由单物品列表组成的大列表。

(5) 将大列表进行排序,并将每个元素的列表映射到 frozenset()中。

(6) 返回 frozenset 列表。

在程序清单 3-1 中,第三个函数是 scanD(),它包含了三个参数:数据集 Ck、候选集列表和感兴趣项集的最小支持度 minSupport,这个函数是用来产生 L1 的。此外,该函数还会为用户以后使用返回一个词典,其中包括支持度的值。这个函数会先建立一个空字典 dictionssCnt,然后在 C1 中遍历所有的事务和所有的候选集。如果 C1 的数据集是记录的一部分,则在词典中添加相应的计算值。词典的键是一个集合。在扫描了所有项和所有候选集合之后,就需要对支持度进行计算,不能满足最低限度的支持需求的集合将不会被输出。函数也会创建一个包含满足最小支持需求的集合空列表。在下一个循环周期遍历词典中的所有元素,然后计算出支持度。在支持度达到最小支持需求的情况下,在 retList 中加入词典元素。可以使用语句 retList. insert(0,key)将任何新的集合插入列表的开头。当然,不必在首部中加入,只需要让这个列表看上去更有条理即可。函数的最终结果是,为最频繁项集返回支持度 supportData,下一节将会使用该值。

下面看看实际的运行效果。保存 apriori. py 之后,在 Python 提示符下输入代码,导入数据集:

```
In [1]:    dataSet = load_data ()
           print(dataSet)
Out[1]:    [[1, 2, 3], [3, 4, 5], [1, 2, 5], [2, 3]]
In [2]:    # 之后构建第一个候选集集合 C1
           C1 = createC1(dataSet)
           print(C1)
Out[2]:    [frozenset({1}), frozenset({2}), frozenset({3}), frozenset({4}),
           frozenset({5})]
In [3]:    # 可以看出,C1 中包含每个 frozenset 中的单个物品项。下面构建集合表示数据 D
           D = list(map(set,dataSet))
           print(D)
Out[3]:    [{1, 2, 3}, {3, 4, 5}, {1, 2, 5}, {2, 3}]
In [4]:    # 对于上面这个例子,我们使用 0.5 作为最小支持度水平
           L1,suppData0 = scanD(D,C1,0.5)
           print(L1)
Out[4]:    [frozenset({5}), frozenset({3}), frozenset({2}), frozenset({1})]
```

结果表明,上述 4 个项集构成了 L1 列表,该列表中的每个单物品项集至少出现在 50% 的记录中。由于物品 4 没有达到最小支持度,所以没有包含在 L1 列表中。

3.1.2 组织完整的 Apriori 算法

再次打开 apriori. py 文件,输入如下代码,构建完整的 Apriori 算法:

程序清单 3-2 Apriori 算法

```
def aprioriGen(Lk,k):
    retList = []
    lenLk = len(Lk)
    for i in range(lenLk):
        for j in range(i + 1,lenLk):
```

```
                L1 = list(Lk[i])[:k - 2]; L2 = list(Lk[j])[:k - 2]
                L1.sort(); L2.sort()
                if L1 = = L2:
                        retList.append(Lk[i]|Lk[j])
        return retList
    def apriori(dataSet, minSupport = 0.5):
        Cl = createC1(dataSet)
        D = list(map(set,dataSet))
        L1,supportData = scanD(D,Cl,minSupport)
        L = [L1]
        k = 2
        while(len(L[k - 2])>0):
            Ck = aprioriGen(L[k - 2],k)
            Lk,supK = scanD(D,Ck,minSupport)
            supportData.update(supK)
            L.append(Lk)
            k + = 1
        return L,supportData
```

程序清单 3-2 中包含 aprioriGen() 和 apriori() 两个函数。其中,主函数是 apriori(),它可以调用 aprioriGen() 来创建候选项集 Ck。

函数 aprioriGen() 的输入参数为频繁项集列表 Lk 与项集元素个数 k,输出为 Ck。例如,在输入{1}、{2}、{3}时,将产生{1, 2}、{1, 3}及{2, 3}。要做到这一点,首先要创建一个空列表,并计算 Lk 中的元素的数量。其次要将 Lk 中的每个元素和其他元素进行比较,这可以用 for 循环来完成。最后从列表上找出两个集合来进行对比,如果两组的前 k－2 元素均相等,则将它们合并成一个大小为 k 的集合。这一步可以通过 Python 中的运算符"|"来实现。

接下来再进一步讨论细节。如果使用{1}、{2}、{3}构建{1, 2}、{1, 3}、{2, 3},这就是把各个项合并在一起。现在如果希望使用{1, 2}、{1, 3}、{2, 3}来创建一个三元素的项集,那应该怎么处理？如果把这两组合并起来,就会产生{1, 2, 3}、{1, 2, 3}、{1, 2, 3},即同一组结果将被重复 3 次。下一步,需要通过扫描三元素项集列表来获得非重复的结果,以确保最少的遍历列表次数。现在,如果将集合{1, 2}、{1, 3}、{2, 3}中的第 1 个元素进行比较,并且仅对第 1 个元素的集合进行运算,将会产生怎样的效果？{1, 2, 3},并且只需执行一次。因此,就不必为了找到一个非重复的值而遍历列表。

上面所有的操作都被封装在 apriori() 函数中。向这个函数传递一个数据集和一个支持度,这个函数会产生候选项集的列表。该函数首先通过建立 C1,读入数据集,再把它转换成 D,D 表示集合列表。在程序中,利用 map() 函数将 set() 映射到数据集列表中的每一项。其次使用程序清单 3-1 中的 scanD() 函数创建 L1,把 C1 放到 L1 中。L 包含 L1,L2,L3 等。有了 L1 之后,我们将继续寻找 L2,L3 等,这个过程可以用 while 循环来实现,它将会产生一个更大的项集列表,直至下一个大的项集是空的。While 循环使用 aprioriGen() 创建 Ck,然后使用 scanD()函数根据 Ck 来创建 Lk,Ck 是一个候选项集列表,接着 scanD()将会遍历 Ck,从而丢掉那些不符合最小支持度的项集。在增加 k 值的同时向 L 添加 Lk 列表,重复以上步骤。最后,如果 k 是空的,那么这个程序就会返回 L,然后退出。

下面看看上述程序的实际运行效果。保存 apriori. py 之后,在 Python 提示符下创建 6 个不重复的两元素集合,下面看一下 Apriori 算法:

```
In [1]: dataSet = load_data()
        L,suppData0 = apriori(dataSet, minSupport = 0.5)
        print(L)
Out[1]: [[frozenset({5}), frozenset({3}), frozenset({2}), frozenset({1})],
        [frozenset({1, 2}), frozenset({2, 3})], []]
In [2]: # L 中包含了满足最小支持度为 0.5 的频繁项集列表,下面看一下具体值
        print(L[0])
Out[2]: [frozenset({5}), frozenset({3}), frozenset({2}), frozenset({1})]
In [3]: print(L[1])
Out[3]: [frozenset({1, 2}), frozenset({2, 3})]
In [4]: print(L[2])
Out[4]: []
```

上述各项集均是由函数 apriori()调用函数 aprioriGen()来生成的。下面看一下 aprioriGen()函数的工作流程:

```
In [5]: print(aprioriGen(L[0],2))
Out[5]: [frozenset({3, 5}), frozenset({2, 5}), frozenset({1, 5}),
        frozenset({2, 3}), frozenset({1, 3}), frozenset({1, 2})]
```

这里候选项集 Ck 包含 6 个集合元素,其中 4 个集合在 L[1]中,剩下的两个集合被函数 scanD()过滤掉。

3.1.3　从频繁项集中挖掘关联规则

对于每一组的频繁项目,我们都能生成很多相关的规则。为了保证问题的求解,可以通过减少规则数量的方法更方便地进行运算。通过使用关联规则的本质属性,可以降低所要测试的规则数量,就像程序清单 3-2 所示的 Apriori 算法一样,我们可以先从一个频繁项目集合开始,然后再建立一个规则的列表,在这个列表中,规则的右边部分仅有一个元素。然后将其余的规则合并,建立一个新的规则列表,在这个列表中,规则的右边部分包括两个元素,该方法又称为分级法。下面看一下这种方法的实际效果,打开 apriori. py 文件并输入下列代码。

程序清单 3-3　关联规则生成函数

```
def generateRules(L,supportData,minConf = 0.7):
    bigRuleList = []
    for i in range(1,len(L)):
        for freqSet in L[i]:
            H1 = [frozenset([item]) for item in freqSet]
```

```
            if(i>1):
                rulesFromConseq(freqSet,H1,supportData,bigRuleList,
                            minConf)
            else:
                calcConf(freqSet,H1,supportData,bigRuleList,minConf)
    return bigRuleList
def calcConf(freqSet,H,supportData,brl,minConf = 0.7):
    pruned = []
    for conseq in H:
        conf = supportData[freqSet]/supportData[freqSet - conseq]
        if conf > = minConf:
            print(freqSet - conseq,'',conseq,'conf:',conf)
            brl.append((freqSet - conseq,conseq,conf))
            pruned.append(conseq)
    return pruned
def rulesFromConseq(freqSet,H,supportData,brl,minConf = 0.7):
    m = len(H[0])
    if(len(freqSet)>(m + 1)):
        Hmp1 = aprioriGen(H,m + 1)
        Hmp1 = calcConf(freqSet,Hmp1,supportData,brl,minConf)
        if(len(Hmp1)>1):
            rulesFromConseq(freqSet,Hmp1,supportData,brl,minConf)
```

　　程序清单 3-3 中包含了三个函数,其中,generateRules()是主函数,可以调用另外两个函数 calcConf()和 rulesFromConseq(),分别用于生成候选规则集合和对规则进行评估。

　　函数 generateRules()中有 3 个参数,分别为频繁项集列表、包含那些频繁项集支持数据的字典和最小可信度阈值。函数最后会产生一个包含可信度的规则列表,然后根据可信性对这些规则进行分类。这些规则存放在 bigRuleList 中。如果预先没有设定最低可信度的阈值,则预设为 0.7。在程序清单 3-3 中,generateRules()的另两个输入参数正好是函数 apriori()的输出结果。这个函数遍历工作中的所有频繁项集,并且为每一个频繁项集创建一个列表 H1,其中仅包含单个元素集合。由于关联规则不能在单元素项集中建立,因此要从一个包含两个及两个以上元素的项集开始构建规则。若以{1，2，3}为起始,则 H1 应为{1}、{2}、{3}。如果一个频繁项集中的元素数量超过 2,就可以考虑将其合并。具体的合并可以由函数 rulesFromConseq()来实现,在下面将对此进行更多的说明。在项集中仅有两个元素的情况下,使用函数 calcConf()来计算可信度。

　　函数 calcConf()可以用来对规则的可信度进行评估,并找出符合最小可信度要求的准则,剩下的代码则用于编写规则。该函数会返回一个符合最小可信度需求的规则列表,而要保存这些规则,必须建立一个空的 pruned 列表,对 H 中的所有项集进行遍历,并对其进行可信度计算。在进行可信度计算时,使用 supportData 中的支持度数据可以节约大量的运算时间。如果某一条规则符合最小可信度,就向屏幕输出这些规则。通过检验的规则也将被返回,并且将被用于下一个函数 rulesFromConseq( ) 中。其中,brl 是之前通过检查的 bigRuleList。

可以使用 rulesFromConseq( ) 函数从初始项集中产生更多的相关规则。这个函数有 2 个参数:一个是频繁项集,另一个是规则右边的元素列表 H。首先,该函数在 H 中计算出频繁集合的大小 m。其次,检查这个频繁项集是否足够大到可以删除 m 的子集。如果可以,就把它删除。可以在程序清单 3-2 中使用函数 aprioriGen( ) 来产生一个 H 中非重复的元素组合,把这个结果被保存在 Hmp1 中,它也是下一个循环的列表,其中包含了一切可能的规则。最后,使用函数 calcConf( ) 来对其可信度进行检验,以判断该规则是否符合需求。如果超过一个规则符合条件,则通过 Hmp1 的迭代调用函数 rulesFromConseq( ) 来判定是否可以将这些规则进行进一步的合并。

下面看一下实际的运行效果。保存 apriori.py 文件之后,在 Python 提示符下输入:

In [1]: dataSet = load_data()

      L,suppData = apriori(dataSet,minSupport = 0.5)

In [2]: rules = generateRules(L,suppData,minConf = 0.7)

      print(rules)

Out[2]: [(frozenset({1}), frozenset({2}), 1.0)]

结果中给出的三条规则:{1}→{2}。可以看出,1 和 2 的规则就不可以互换。下面降低可信度阈值之后看一下结果:

In [3]: rules = generateRules(L,suppData,minConf = 0.5)

      print(rules)

Out[3]: [(frozenset({2}), frozenset({1}), 0.6666666666666666),

      (frozenset({1}), frozenset({2}), 1.0),

      (frozenset({3}), frozenset({2}), 0.6666666666666666),

      (frozenset({2}), frozenset({3}), 0.6666666666666666)]

一旦降低可信度阈值,就可以获得更多的规则。到现在为止,我们看到上述程序能够在一个小数据集上进行正常运行,下面在一个大一些的真实数据集上测试效果。

3.1.4　发现毒蘑菇的常见特性

有时候,我们不会特意去查找所有的频繁项目,而是仅仅关注那些含有一个具体项的项目。在本节的结尾,我们将讨论毒蘑菇的某些常见特性,从而防止食用它们。在加州大学尔湾分校(UCI)的机器学习资料集中,蘑菇有 23 种不同的特征,每个特征都含有一个额定的数据,我们需要把这些称谓的数值变成一组。幸运的是,已经有一些人完成了这个转换。Roberto Bayardo 分析了 UCI 有关蘑菇的数据,并把它们转化为一组特征。他列举了各个特征的全部可能值,当一个样例含有一个特征时,这个特征的整型值就会被包含在数据集合中。一行表示一种菌类,一个特性由一栏来表示。这些特征中的第一个特征是有毒的或可吃的:如果一个样品是有毒的,那么这个数值是 2,否则是 1。第二个特征是伞形,是由 3～8 组成的六种不同的数值。

下面将 mushroom.dat 文件和原始数据集 http://archive.ics.uci.edu/ml/machinelearning-databases/mushroom/agaricus-lepiota. data 进行比较。

　　在 Python 提示符下输入：

In［1］：import apriori

　　　　　♯ 导入毒蘑菇数据集，并在该数据集上运行 Apriori 算法

In［2］：mushData = ［line. split() for line in open(' mushroom. dat'). readlines()］

In［3］：L, supportData = apriori(mushData, minSupport = 0.3)

　　　　　♯ 在结果中可以搜索包含毒特征值为 2 的频繁项集

In［4］：for item in L［1］：
　　　　　　　　if item. intersection('2')：
　　　　　　　　　　print(item)

Out［4］：frozenset({'2','28'})
　　　　　frozenset({'2','53'})
　　　　　frozenset({'2','23'})
　　　　　frozenset({'2','34'})
　　　　　frozenset({'2','36'})
　　　　　frozenset({'2','59'})
　　　　　frozenset({'2','63'})
　　　　　frozenset({'2','67'})
　　　　　frozenset({'2','76'})
　　　　　frozenset({'2','85'})
　　　　　frozenset({'2','86'})
　　　　　frozenset({'2','90'})
　　　　　frozenset({'2','93'})
　　　　　frozenset({'2','39'})

In［5］：♯ 也可以在更大的项集上来重复上述过程
　　　　　for item in L［3］：
　　　　　　　　if item. intersection('2')：
　　　　　　　　　　print(item)

Out［5］：frozenset({'34','28','53','2'})
　　　　　frozenset({'34','28','39','2'})
　　　　　frozenset({'34','28','2','59'})
　　　　　frozenset({'34','28','63','2'})
　　　　　frozenset({'34','28','2','86'})
　　　　　frozenset({'34','28','90','2'})
　　　　　frozenset({'28','63','2','59'})
　　　　　frozenset({'28','63','2','86'})
　　　　　frozenset({'28','53','85','2'})
　　　　　frozenset({'28','85','39','2'})
　　　　　frozenset({'34','28','85','2'})
　　　　　frozenset({'28','85','2','59'})

```
frozenset({'28', '63', '85', '2'})
frozenset({'28', '85', '2', '86'})
frozenset({'28', '85', '90', '2'})
frozenset({'28', '59', '2', '86'})
frozenset({'28', '90', '2', '59'})
frozenset({'28', '90', '2', '86'})
frozenset({'28', '90', '39', '2'})
frozenset({'28', '53', '90', '2'})
frozenset({'28', '39', '2', '59'})
frozenset({'28', '63', '39', '2'})
frozenset({'28', '39', '2', '86'})
frozenset({'28', '53', '2', '86'})
frozenset({'28', '53', '39', '2'})
frozenset({'34', '53', '2', '86'})
```

我们要看清楚这些特性,以便了解毒蘑菇的特性。如果我们看见了它们中的任何一种特性,就不宜再食用了。当然,最后要说明的是:虽然以上所说的这些特性在毒蘑菇中很常见,但即使没有这些特性,也不能说明这种蘑菇是可以食用的。如果弄错了蘑菇,我们就可能有生命危险。

3.2   其他关联规则挖掘算法

3.2.1   FP-Growth 算法

由 J. Han 等人提出的 FP-Growth 算法是一种广为人知的算法,其应用如下:首先,将数据库中的频谱压缩到一棵经常模式树(FP-Tree)中,并保存所有的相关信息;其次,将 FP-Tree 分成若干个条件库,每一个库都有一个长度为 1 的频谱;最后,将这若干个条件库分开。当原始数据量很大时,还可以将 FP-Tree 与分区相结合,这样就可以将 FP-Tree 放到内存中。实验结果显示,FP-Growth 算法具有良好的适应能力,且与 Apriori 算法相比,其性能有了极大的改善。

FP-Growth 算法不需要候选项集,而是将数据库中的频谱压缩到 FP-Tree 中,并利用该树产生相关的规则。FP-Growth 算法代表一种频繁模式,它把类似的元素通过链接连接在一起,而这些元素可以被看作是一个链表。它根据支持程度,将交易中的数据项按递减顺序插入一个以 NULL 为根节点的树中,并在每一个节点上记录节点的支持程度。

FP-Growth 算法具有以下优缺点。

(1)优点:具有高度压缩结构,能够充分地保存经常项目集合中的所有信息;只需对事务数据库进行二次扫描;避免产生大量候选集。

(2)缺点:由于树状结构中存在太多的子节点,算法的效率大大降低;仅可在单维中使用布尔型关联规则。

构造的 FP-Tree 伪代码如下：

> 输入：事务数据库 D，最小支持度阈值 Min_Sup。
>
> 输出：FP-Tree。
>
> 1.　扫描事务数据集 D 一次，获得频繁项的集合 F 和其中每个频繁项的支持度。对 F 中的所有频繁项按其支持度进行降序排序，结果为频繁项表 L
>
> 2.　创建一个 FP-Tree 的根节点 T，标记为"NULL"
>
> 3.　for 事务数据集 D 中每个事务 Trans 执行
>
> 4.　　对 Trans 中的所有频繁项集，按照 L 中的次序排序
>
> 5.　　对排序后的频繁项表以 [p|P] 格式表示，其中，p 是第一个元素，P 是频繁项表中除去 p 后剩余元素组成的项表
>
> 6.　　调用函数 insert_tree([p|P]，T)
>
> 7.　end for
>
> 　
>
> insert_tree([p|P]，root)
>
> 1.　if root 有子节点 N and N. item-name = p. item-name then
>
> 2.　　N. count + +
>
> 3.　Else
>
> 4.　　创建新节点 N
>
> 5.　　N. item-name = p. item-name
>
> 6.　　N. count + +
>
> 7.　　p. parent = root
>
> 8.　　将 N. node-link 指向树中与它同项目名的节点
>
> 9.　end if
>
> 10.　if P 非空 then
>
> 11.　　把 P 的第一项目赋值给 p，并把它从 P 中删除
>
> 12.　　递归调用 insert_tree([p|P]，N)

频繁项集的挖掘伪代码表示如下：

> 输入：已构造好的 FP-Tree，项集（初值为空），最小支持度阈值 Min_Sup。
>
> 输出：D 中频繁项集 L。
>
> 1. Procedure FP_growth(tree，α)
>
> 2.　if Tree 只包含单个路径 P then
>
> 3.　　for 路径 P 中节点的每个组合（记为 β）执行
>
> 4.　　　产生项目集 $\beta \cup \alpha$，其支持度 support 等于 β 中节点的最小支持度数
>
> 5.　　　return L = L 支持度数大于 min_sup 的项目集

```
6.    else  //包含多个路径
7.      for Tree 的头表中的每个频繁项 ai 执行
8.        产生一个项目集 β = aiUα,其支持度等于 ai 的支持度
9.        构造 β 的条件模式基,并根据该条件模式基构造 β 的条件 FP 树 Treeβ
10.         if Treeβ 不等于空集 then
11.           递归调用 FP - Growth(Treeβ, β)
12.         end if
13.      end for
14.    end if
```

FP-Growth 算法步骤如下。

(1) 构造 FP-Tree:

① 扫描数据库一次,得到频繁项集 1 项集;

② 删除那些小于最小支持度的项目,把项按支持度递减排序;

③ 再一次扫描数据库,建立 FP-Tree。

(2) 频繁项集的挖掘:

① 根据事务数据库 D 和最小支持度 Min_sup,调用建树过程建立 FP-Tree;

② 如果 FP-Tree 为简单路径,那么将路径上支持度计数大于等于 Min_sup 的节点任意组合,得到所需的频繁项集;否则,初始化最大频繁项集为空;

③ 按照支持频率升序,以每个 1 频繁项为后缀,调用挖掘算法挖掘最大频繁项集;

④ 根据最大频繁项集中最大频繁式,输出全部的频繁项集。

3.2.2　Eclat 算法

Eclat 算法是一种基于集合交集的深度优先搜索算法,它适用于具有局部性增强特性的顺序执行和并行执行。与 FP-Growth 和 Apriori 算法不同,Eclat 算法采用了垂直数据表示的方法,将数据按照项集存储,其中,每条记录包括一个项集标识和包含它的事务标识。这样,(k+1)阶项集的支持度可以直接由它的两个 k 阶子集的交易标识的集合运算得到。Eclat 算法最大的特点便是倒排思想,也就是生成一个统计每一个项在哪些事务中出现过的倒排表,表中的每一行由项和它对应的事务标识符(transaction ID, TID)集组成,TID 集即包含此项目的所有事务的集合。

Eclat 算法的工作流程:一次扫描数据库,获得初始数据,包括频繁 1 项集。二次扫描数据库,获得频繁 2 项集。继续对频繁 2 项集迭代求交集,做裁剪,直到项集归一。

Eclat 算法的优缺点如下。

(1) 优点:采用垂直数据库结构,运行效率高。

(2) 缺点:求 TID 集的交集的操作将消耗大量时间,影响效率;TID 集的规模相当庞大,消耗系统大量的内存。

Eclat 算法步骤如下:

① 通过扫描一次数据集,把水平格式的数据转换成垂直格式;

② 项集的支持度计数简单地等于项集的 TID 集的长度;

③ 从 k=1 开始,可以根据先验性质,使用频繁 k 项集来构造候选(k+1)项集;

④ 通过取频繁 k 项集的 TID 集的交,计算对应的(k+1)项集的 TID 集;

⑤ 重复该过程,每次 k 增加 1,直到不能再找到频繁项集或候选项集。

3.2.3　灰色关联法

灰色关联法是一种多因子统计分析方法,它的基本思路是通过连续曲线的几何形状的相似性来判定它们之间的关系是否密切。曲线愈相似,对应的序列愈有相关性,反之愈无。灰色关联法是把被试和受影响的因素的系数作为一条直线,将其与被辨识的目标和影响因素的因数进行对比,并将两者的接近度进行定量化,得出被试和被辨识的各个影响因素的关系,从而得出被辨识的目标对受试者的影响。一般的抽象系统,如社会系统、经济系统、农业系统、生态系统、教育系统等都包含有许多种因素,它们共同作用的结果决定了该系统的发展态势。

灰色关联法的优缺点如下。

(1) 优点:适用性强,计算量小。

(2) 缺点:主观性过强,同时部分指标最优值难以确定。

使用灰色关联法的步骤如下:

① 确定反映系统行为特征的参考数列和影响系统行为的比较数列;

② 对参考数列和比较数列进行无量纲化处理;

③ 求参考数列与比较数列的灰色关联系数 $\xi(Xi)$;

④ 求关联度 ri,ri 值越接近 1,说明相关性越好;

⑤ 关联度排序。

接下来看一下这种方法的定义过程,打开 GRA.py 文件,加入以下代码。

程序清单 3-4　GRA 生成函数

```
def GRA(df,normaliza = "initial",level = None,r = 0.5):
    # 判断类型
    if not isinstance(df,pd.DataFrame):
        df = pd.DataFrame(df)
    # 判断参数输入
    if (normaliza not in ["initial","mean"]) or (r<0 or r>1):
        raise KeyError("参数输入类型错误")
    # 增益型的无量纲化方法
    if level == "gain" or level == None:
        df_ = gain(df,normaliza)
    # 成本型无量纲化方法
    elif level == "cost":
        df_ = cost(df,normaliza)
    # 有增益有成本型的无量纲化方法
    else:
        try:
```

```
                df.columns.get_loc(level)
            except：
                raise KeyError("表中没有这一列")
        df_ = level_(df,normaliza,level)
        df_.drop(level,axis = 1,inplace = True)
    # 求关联矩阵
    df_ = np.abs(df_ - df_.iloc[0,:])
    global_max = df_.max().max()
    global_min = df_.min().min()
    df_r = (global_min + r * global_max)/(df_ + r * global_max)
    return df_r.mean(axis = 1)
```

GRA()函数中包含四个参数：①参数 df 是指二维数据，这里用 dataframe，每一行是一个评价指标，要对比的参考指标放在第一行。②参数 $normaliza$ 表示归一化方法["initial"，"mean"]，默认为初值，其作用是实现初值化或者均值化。③参数 $level$ 为 None 默认增益型，可取增益型"gain"，表示越大越好；也可取成本型"cost"，表示越小越好；或者取 dataframe 中的某一列，如 level＝"level"，其中，"level"是列名，这列中用数字 1 和 0 表示增益和成本型。④参数 r 取值范围为 0~1，表示分辨系数越大，分辨率越大，反之，分辨率越小，一般取 0.5。

接下来需要定义用于无量纲化的函数，方便被 GRA()调用，打开 GRA.py 文件，输入以下代码。

程序清单 3-5　GRA 辅助支持函数

```
def gain(df, normaliza)：
    for i in range(df.shape[0])：
        if normaliza = = "initial" or normaliza = = None：
            df.iloc[i] = df.iloc[i] / df.iloc[i, 0]
        elif normaliza = = "mean"：
            df.iloc[i] = df.iloc[i] / df.mean(axis = 1)
    return df
def cost(df,normaliza)：
    for i in range(df.shape[0])：
        if normaliza = = "initial" or normaliza = = None：
            df.iloc[i] = df.iloc[i,0]/df.iloc[i]
        elif normaliza = = "mean"：
            df.iloc[i] = df.mean(axis = 1)/df.iloc[i]
    return df
    # 自定义级别 0-1 型,把这个表中等于 1 和等于 0 的数,重新分成两个表,调用上面两
    个方法。再合成一张表
def level_(df,normaliza,level)：
    df_gain = df[df[level] = = 1]
```

```
df_cost = df[df[level] == 0]
df_1 = gain(df_gain, normaliza)
df_2 = cost(df_cost, normaliza)
return df_1.append(df_2)
```

接下来看一下灰色关联法在毒蘑菇数据集上的实际运行效果, 在 Python 提示符下输入：

```
In [1]: import numpy as np
        import pandas as pd
```

导入毒蘑菇数据集, 并在该数据集上运行 Apriori 算法：

```
In [2]: mushData = [line.split() for line in
open('mushroom.dat').readlines()]
In [3]: df1 = pd.DataFrame(mushData)
In [4]: df1 = df1.astype("float64")
        print(GRA(df1))
Out [4]: 0       1.000000
         1       0.563804
         2       0.565779
         3       0.994153
         4       0.566556
                    ...
         8119    0.573661
         8120    0.571908
         8121    0.571741
         8122    0.944700
         8123    0.571999
         Length: 8124, dtype: float64
```

 价值塑造与能力提升

本章示例 1：Apriori
算法的应用分析

本章示例 2：灰色关联
分析法的应用分析

本章习题

3.3　本章小结

综上所述, 本章给出了关联规则挖掘的相关定义, 介绍了当前流行的主要算法, 并重点介绍了 Apriori 算法和灰色关联分析法。

关联分析法在带给人们便利的同时也存在诸多不足。比如，一些关联度很大的 A,B 事物之间也有可能是负相关,我们从整体看才发现原来在我们买 A 之前 B 的销售额更多。这就需要关联分析法更加智能化和专业化。

关联规则挖掘经过长期的发展,已在频繁模式挖掘算法的设计及优化方面日趋成熟,被广泛应用于互联网、金融、生物信息等领域。但这些领域未来研究的方向仍具有挑战性:设计更高效的挖掘算法;实现用户与挖掘系统的交互,开发易于理解的可视化界面;结合特殊领域完善扩展型挖掘算法,实现与其他系统的集成,如周期模式挖掘等;拓展关联规则的应用领域。

第 4 章　K-means 聚类分析

　　聚类是一种涉及数据点分组的机器学习技术。给定一组数据点,我们可以使用聚类算法将每个数据点划分到图像中的特定组中。理论上,同一组中的数据点应具有相似的属性和特征,而不同组中的数据点的属性和特征则应高度不同。聚类是无监督学习的一种方法,是用于多领域统计数据分析的常用技术。

　　K-means 聚类算法是无监督学习领域最为经典的算法之一,本章将对 K-means 聚类算法的基本原理和实现实例进行分析。该算法有很多应用场景:图像分割(image segmentation)、基因分割、数据聚类分析、新闻聚类分析、语言聚类分析、物种分析、异常检测等。

4.1　K-means 聚类算法

　　K-means 聚类是一种硬聚类算法(hard clustering),即每一个样本点都必须"非此即彼"地被分到某一个簇中。与硬聚类对应的是软聚类,针对每一个样本点,软聚类算法计算该点属于不同簇的概率,这是一种模糊的概念,它不要求样本点和簇之间"非此即彼"映射,允许样本点以不同的概率属于不同的簇。

　　K-means 聚类算法的工作流程是:首先,从样本中选择 k 个点作为初始质心,计算每个样本到各个质心的距离;其次,将样本划分到距离最近的质心所对应的簇中并计算每个簇内所有样本的均值;再次,使用该均值更新簇的质心;最后,达到以下条件之一:质心的位置变化小于指定的阈值或达到最大迭代次数。

　　K-means 聚类算法的优缺点如下。

　　(1)优点:计算复杂度低、原理简单、解释性强。

　　(2)缺点:分类结果依赖于分类中心的初始化、离群点和噪音点敏感。

　　上述过程的伪代码表示如下:

---

1. 随机选择开始创建一个点作为起始质心
2. 若任意一个点的簇对应的结果发生变化时
3. 　　对数据集中的每个数据点
4. 　　对每个质心
5. 　　　　计算质心与每个数据点之间的距离
6. 　　　　将对应的数据点分配到距其最近的簇
7. 对每一个簇,计算簇中所有点的均值并将均值作为本次实验的质心

　　K-means 聚类算法的工作流程如下:

① 收集数据:通过各种方法采集数据;

② 准备数据:距离的计算需要数值型数据,然后再进行距离的计算;

③ 分析数据:采用统计学手法或者其他的方法进行数据分析;

④ 训练算法:无监督学习没有训练过程;

⑤ 测试算法:应用与统计聚类算法的结果;

⑥ 使用算法:簇质心可以代表整个簇的数据作为决策结果。

上面提到"最近"的说法,意味着需要进行某种距离计算。通常情况下,采用欧式距离作为度量的方法,但也可以采用其他的距离算法,因为在数据集中,K-means 聚类算法的性能对距离的影响是巨大的。下面给出基于欧式距离的 K-means 聚类算法代码的实现过程。先创建一个名为 kMeans. py 的文件,然后将下面程序清单中的代码输入文件中。

程序清单 4-1　K-means 聚类算法支持的函数

```python
import numpy as np
    def loadDataSet (filename):
    np.loadtxt(fileName)
    return dataMat
def cdist(vecA,vecB):
    return np.sqrt(sum(np.power(vecA - vecB,2)))
def randCent(dataSet,k):
    n = np.shape(dataSet)[1]
    centroids = np.mat(np.zeros((k,n)))
    for j in range(n):
        minJ = min(dataSet[:,j])
        rangeJ = float(max(dataSet[:,j]) - minJ)
        centroids[:,j] = np.mat(minJ + rangeJ * np.random.rand(k,1))
    return centroids
```

程序清单 4-1 中的代码包含几个 K-means 聚类算法中要用到的辅助函数。第一个函数 loadDataSet()和上一章完全相同,它将文本文件导入一个列表中。文本文件每一行为 tab 分隔的浮点数,每一个列表会被添加到 dataMat 中,最后返回 dataMat。该返回值是一个包含许多其他列表的列表。这种格式很容易将很多值封装到矩阵中。

第二个函数 cdist()计算两个向量的欧式距离。这是本章最先使用的距离函数,也可以使用其他距离函数。

第三个函数是 randCent(),该函数为给定数据集构建了一个包含 k 个随机质心的集合。随机质心必须要在整个数据集的边界之内,这可以通过找到数据集每一维的最小和最大值来完成。然后生成 0 到 1.0 之间的随机数。

接下来看一下这三个函数的实际效果。保存 kMeans. py 文件,然后在 Python 提示符下输入:

```
In [1]: import numpy as np
        from kMeans import randCent
In [2]: from kMeans import loadDataSet
```

In［3］：from kMeans import cdist

要从文本文件中构建矩阵,输入下面的命令:

In［4］：　datamat = np.mat(loadDataSet('testSet.txt'))

读者可以了解一下数据集中 K-means 的数据矩阵,下列代码是取数据集的前 5 个数据集:

In［5］：　print(datamat[:5])

Out［5］：　matrix([[1.658985,　4.285136],

　　　　　　　　[- 3.453687,　3.424321],

　　　　　　　　[4.838138,　 - 1.151539],

　　　　　　　　[- 5.379713,　 - 3.362104],

　　　　　　　　[0.972564,　2.924086]])

接着了解一下 randCent()函数的模块,将二维的数据生成对应的最大值与最小值:

In［6］：　print(min(datamat[:,1]))

Out［6］：　matrix([[- 4.232586]])

In［7］：　print(max(datamat[:,1]))

Out［7］：　matrix([[5.1904]])

由上述结果可以判断出来,randCent()函数与预想的运行方式是一样的。最后测试一下计算距离的方法:

In［8］：　print(cdist(datamat[0],datamat[1]))

Out［8］：　5.1846328166

由上述结果可以判断出来,支持 K-means 聚类算法的函数是正常运行的,该算法会创建 k 个质心,然后将每个对应的点分配至最近的质心的点,之后反复更新质心,直到收敛或者得到对应的迭代次数。打开 kMeans.py 文件,输入接下来的程序清单。

程序清单 4-2　K-means 聚类算法实战

```
def kMeans(dataSet,n_clusters,distMeans,createCent,max_iter = 5):
    centroids = createCent(dataSet, n_clusters)
    # 保存聚类点
    m = np.shape(dataSet)[0]
    clusterAssment = np.mat(np.zeros((m,2)))
    # 开始迭代
    for iter in range(max_iter):
        minDist = np.inf
    # 判断每个点距离所属类别是否最近
        for i in range(m):
            minDist = np.inf
            minIndex = - 1
            for j in range(n_clusters):
                distJI = distMeans(centroids[j,:],dataSet[i,:])
                if distJI < minDist:
```

```
                            minDist = distJI;
                            minIndex = j
        ＃ 记录下第 i 个样本所属类别,距离
                clusterAssment[i,:] = minIndex,minDist ** 2
    ＃ 重新计算距离,聚类中心点
        for cent in range(n_clusters):
            ptsInClust = dataSet[np.nonzero(clusterAssment[:,0].A == cent)[0]]
            centroids[cent,:] = np.mean(ptsInClust, axis = 0)
    print(centroids)
    return createCent
```

程序清单 4-2 给出了 K-means 聚类算法。kMeans() 函数的 5 个输入参数分别为数据集、聚类个数、距离公式、初始化聚类点和迭代次数。只有数据集及簇的数目是必选参数,而用来计算距离和创建初始质心的函数都是可选的。本节采用迭代的次数 max_iter 为判定依据。在 K-means 聚类算法中,我们也可以设置判定簇的分类不再改变的时候,不再发生迭代。

kMeans() 函数首先确定数据集中数据点的总数,然后创建一个矩阵来存储每个点的簇分配结果。簇分配结果矩阵 clusterAssment 包含两列:一列记为索引值,另一列为存储误差。

其次,开始迭代,不断地计算矩阵的距离,得到一个代表数据点到质心的距离的矩阵,按照由近到远的顺序排列距离,选取最近的点的类别作为分类。最后对每一个类的数据进行均值计算,并求出更新质心点的坐标。

通过计算质心—分配—再重新计算的方式反复迭代,直到所有数据点的簇分配结果不再改变为止。

最后,因为聚类的个数为 6,因此,遍历 6 个质心并且更新它们。具体步骤如下:第一,计算距离矩阵,得到对应的 100×6 的矩阵;第二,对距离按由近到远排序,选取最近的质心点的类别作为当前点的分类;第三,对每一类数据进行均值计算,更新质心点的坐标。画出对应的聚类结果的示意图。

```
In [9]:    import numpy as np
           from kMeans import kMeans
           from kMeans import loadDataSet
           from kMeans import randCent
           from kMeans import cdist
In [10]:   dataSet = np.mat(loadDataSet('testSet.txt'))
In [11]:   centroids = kMeans(dataSet,6,createCent = randCent,max_iter = 10)
Out[11]:   [[ - 3.77485623   1.25458467]
            [ 5.0860093    - 3.80717709]
            [ 5.9554758    - 5.35081197]
            [ 5.99025629  - 4.16842011]
            [ - 2.8083305   5.65741943]
```

$$\begin{bmatrix} 6.30607718 & 5.90404562 \end{bmatrix}$$

In [12]:　plt.figure()

plt.xlabel('x')

plt.ylabel('y')

plt.scatter(dataSet[:,0].tolist(),dataSet[:,1].tolist())

plt.scatter(centroids[:,0].flatten().A[0],centroids[:,1].flatten().A[0],marker = '+', s = 300)

plt.show()

plt.savefig("4 − 2.svg", dpi = 1200,format = "svg")

Out [12]

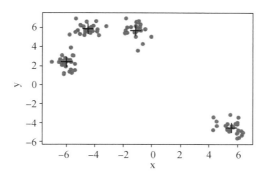

4.2　K-means 聚类算法的改进

为了保持簇总数不变,可以将某两个簇进行合并。我们可以很容易对二维数据上的聚类进行可视化,但是如果遇到 40 维的数据应该如何去做?

有两种可以量化的方法:第一种方法是合并最近的质心,它通过计算所有质心之间的距离,然后合并距离最近的两个点来实现;第二种方法是合并两个使误差平方和(sum of the squared errors,SSE)增幅最小的质心,它需要合并两个簇然后计算总 SSE 值,必须在所有可能的两个簇上重复上述处理过程,直到找到合并最佳的两个簇为止。接下来将讨论利用上述簇划分技术得到更好的聚类结果的方法。

前面提到,在 K-means 聚类算法中,簇的数目 k 是预先定义的参数,因此,如何选择一个正确 k 值是至关重要的,因为在选择簇的时候会出现一定的误差。

手肘法的方法可以选取出最佳的 k 值,具体来说,随着聚类数 k 的增大,样本划分会更加精细,每个簇的聚合程度会逐渐提高,那么 SSE 自然会逐渐变小。并且,当 k 小于真实聚类数时,由于 k 的增大会大幅增加每个簇的聚合程度,故 SSE 的下降幅度会很大,而当 k 到达真实聚类数时,再增加 k 所得到的聚合程度回报会迅速变小,所以 SSE 的下降幅度会骤减,然后随着 k 值的继续增大而趋于平缓。也就是说,SSE 和 k 的关系图是一个手肘的形状,而这个肘部对应的 k 值就是数据的真实聚类数。当然,这也是该方法被称为手肘法的原因。手肘法的核心指标是 SSE。

$$SSE = \sum_{i=1}^{k} \sum_{p \in C_i} | p - m_i |^2 \tag{4-1}$$

其中，C_i 是第 i 个簇，p 是 C_i 中的样本点，m_i 是 C_i 的质心（C_i 中所有样本的均值），SSE 是所有样本的聚类误差，代表了聚类效果的好坏。SSE 值越小表示数据点越接近它们的质心，聚类效果也越好。因为指标对误差取了平方，因此更加重视那些远离中心的点，一种肯定可以降低 SSE 值的方法是增加簇的个数，但这违背了聚类的目标。聚类的目标是在保持簇数目不变的情况下提高簇的质量。

程序清单 4-3　K-means 聚类算法之手肘法

```
In [1]:   from sklearn.cluster import KMeans
          # 加载数据集
In [2]:   datMat = np.mat(loadDataSet(r'testSet.txt'))
          # 存放每次结果的误差平方和
In [3]:   SSE = []
          # 获取聚类准则的总和
In [4]:   for k in range(1, 9):
          # 构造聚类器
              estimator = KMeans(n_clusters = k, max_iter = 300)
              estimator.fit(datMat)
              SSE.append(estimator.inertia_)
In [5]:   print(SSE)
Out[5]:   [3880.9490521796856, 1752.7451569448835, 826.232521050682,
          515.9626936582532, 261.9676589104703, 140.8696464525685,
          71.51491199913659, 60.47604662365254]
In [6]:   # 画图
          import matplotlib.pyplot as plt
          X = range(1, 9)
          plt.xlabel('k')
          plt.ylabel('SSE')
          plt.plot(X, SSE, 'o-')
          plt.savefig("4 - 3.svg", dpi = 1200, format = "svg")
          plt.show()
Out[5]:
```

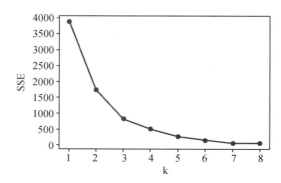

本次实验采用了 sklearn 中的 KMeans 模块,通过 k 的 10 次变化循环及每个次数为 300 的迭代,最终计算出对应最合适的模块。如上图所示,肘部对应的 k 值为 4 时,SSE 的下降幅度会骤减,然后随着 k 值的继续增大而趋于平缓,故对于这个数据集的聚类而言,最佳聚类数应该选 4。

4.3　二分 K-means 聚类算法

为了解决 K-means 聚类算法收敛与局部最小化的问题,有人提出了一种二分 K-means (bisecting K-means)聚类算法。具体来说,二分 K-means 聚类算法先将所有点作为一个簇,然后将该簇一分为二,接着挑选一个簇继续进行划分,选择哪一个簇进行划分取决于对其划分是否可以最大程度降低 SSE 的值。我们可以通过不断重复 SSE 的划分过程,直到得到用户指定的簇数目。

程序清单 4-4　二分 K-means 聚类算法

```
def biKmeans(dataSet, k, distMeas = distEclud):
        # 二分 K-means 聚类算法,返回最终的 k 各质心和点的分配结果
    m = dataSet.shape[0] # 参与训练的数据的数量
    clusterAssment = np.mat(np.zeros((m,2))) # 建立对应的矩阵
        # 创建初始簇质心
    centroid0 = np.mean(dataSet,axis = 0).tolist()[0]
    centList = [centroid0]
        # 计算每个点到质心的误差值
    for j in range(m):
        clusterAssment[j,1] = distMeas(np.mat(centroid0),dataSet[j,:]) ** 2
    while (len(centList) < k):
        lowestSSE = np.inf
        for i in range(len(centList)):
        # 获取当前簇的所有数据
            ptsInCurrCluster = dataSet[np.nonzero(clusterAssment[:,0].A = =
                    i)[0],:]
        # 对该簇的数据进行 kMeans 聚类
            centroidMat,splitClustAss = kMeans(ptsInCurrCluster,2,distMeas)
        # 该簇聚类后的 sse
            sseSplit = sum(splitClustAss[:,1])
            sseNotSplit = sum(clusterAssment[np.nonzero(clusterAssment
                    [:,0].A ! = i)[0],1])
        # 获取剩余收据集的 sse
            if (sseSplit + sseNotSplit) < lowestSSE:
                bestCentToSplit = i
                bestNewCents = centroidMat
```

```
                    bestClustAss = splitClustAss.copy()
                    lowestSSE = sseSplit + sseNotSplit
        # 将簇编号 0,1 更新为划分簇和新加入簇的编号
        bestClustAss[np.nonzero(bestClustAss[:,0].A == 1)[0],0] = len(centList)
        bestClustAss [np. nonzero (bestClustAss [:, 0]. A ==  0)[0], 0] =
        bestCentToSplit
        print("the bestCentToSplit is:",bestCentToSplit)
        print("the len of bestClustAss is:",len(bestClustAss))
        # 增加质心
        centList[bestCentToSplit] = bestNewCents[0,:]
        centList.append(bestNewCents[1,:])
        # 更新簇的分配结果
        clusterAssment[np. nonzero (clusterAssment[:,0]. A == bestCentToSplit)
        [0],:] = bestClustAss
    return centList, clusterAssment
```

在上述程序中,kMeans 模块可以使用程序清单 4-1 的 kMeans()函数也可以使用 sklearn 的 kMeans 模块,函数返回的也是聚类后的结果。

在 bikmeans()函数中,首先,确定初始质心点;其次,通过欧式距离计算每个点到质心点的距离;再次,进入 while 的循环,类似于数据结构中的二分法的方式,对相关的簇进行划分,具体来说,先采用 for 循环获取当前簇的所有数据,再对该数据的当前簇进行 k-Means 聚类,而后计算 k-Means 聚类后的 SSE 值,在收集所有 SSE 值后,将簇编号 0,1 更新为划分簇和加入簇的编号;最后,根据所得结果增加质心分配结果。

接下来看一下实际运行的效果:

```
In [1]:  import numpy as np
         from kMeans import biKmeans
         from kMeans import loadDataSet
         from kMeans import randCent
         from kMeans import cdist
         import matplotlib.pyplot as plt
         dataSet = loadDataSet('testSet.txt')
In [2]:  myCentroids, clustAssing = biKmeans(dataSet,4)
Out[2]:  [[ 6.47675246  6.01093799]
          [-1.74564666  1.78674187]]
         sseSplit, and notSplit: 2367.599797639888 0.0
         the bestCentToSplit is: 0
         the len of bestClustAss is: 100
         [[8.97777002 7.76016625]
          [3.74836967 4.10268898]]
         sseSplit, and notSplit: 15.147254520644985 2118.733526623319
         [[-3.286027    3.07746967]
```

$$\begin{bmatrix} 5.83776426 & -4.56761036 \end{bmatrix}]$$

sseSplit, and notSplit: 593.3082229466135 248.86627101656967

the bestCentToSplit is: 1

the len of bestClustAss is: 77

$$\begin{bmatrix} [8.97777002 & 7.76016625] \\ [3.74836967 & 4.10268898] \end{bmatrix}$$

sseSplit, and notSplit: 15.147254520644985 593.3082229466135

$$\begin{bmatrix} [-3.77485623 & 1.25458467] \\ [-2.6161499 & 5.57549727] \end{bmatrix}$$

sseSplit, and notSplit: 264.25671915879195 265.00917412995005

$$\begin{bmatrix} [5.83439865 & -4.3910564] \\ [5.87815156 & -6.68625789] \end{bmatrix}$$

sseSplit, and notSplit: 6.226809739627544 826.0315908498027

the bestCentToSplit is: 1

the len of bestClustAss is: 64

用二分 K-Means 的质心结果:

In [3]:
```
plt.figure()
plt.scatter(dataSet[:,0].tolist(),dataSet[:,1].tolist())
plt.scatter(centroids[:,0].flatten().A[0],centroids[:,1].
flatten().A[0],marker='+', s=300)
plt.show()
plt.savefig("4-2.svg", dpi=1200,format="svg")
```

Out[3]:

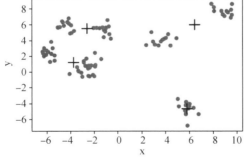

价值塑造与能力提升

本章示例:基于 K-means 聚类
算法的航空公司价值分析

本章习题

4.4　本章小结

聚类是一种无监督的学习方法,它处理的主要是数据集中但不知道要寻找的内容的问题,即没有对应的标签。聚类将数据点归到多个簇中,通过距离公式将相似数据点聚于同一簇,而不相似数据点置于不同簇中。聚类中可以使用多种不同的方法来计算相似度。

比较经典的聚类算法是 K-Means 算法,其中,k 是用户指定的要创建的簇的数目。K-Means 聚类算法以 k 个随机质心开始。算法会计算每个点到质心的距离,之后将它们分配到最近的质心的地方,然后基于新分配到簇的点更新簇质心。以上过程重复数次,直到簇质心不再改变。这个简单的算法非常有效但是也容易受到初始簇质心,以及质心的数量的影响。为获得更好的聚类效果,可以使用手肘法及另一种称为二分 K-Means 的聚类算法。二分 K-Means 算法首先将所有点作为一个簇,然后使用 K-Means 算法($k=2$)对其划分。

K-Means 算法及变形的 K-Means 算法并非仅有的聚类算法,另外还有被称为层次聚类等的方法也被广泛使用。下一章将介绍在数据集降维的算法。

第 5 章　数据降维方法

很多机器学习问题都涉及训练实例的成千上万个甚至数百万个特征。特别是面对高维复杂的数据集,过多的特征不仅仅使训练变得极其缓慢,而且会增加存储空间、求解的难度,以及过拟合的出现概率。这个问题就是我们常说的维度灾难。

在实务中,我们通常可以引入数据降维技术从而减少特征的数量,将棘手的问题转变为易于解决的问题。通过数据降维将许多原始有一定相关性的指标综合成一套新的少数包含原始变量的大部分信息的综合指数。通常,这些综合指标能够有效地去除整个数据集中的噪声和冗余,突出原始数据中的隐性特征,把握主要矛盾,简化复杂问题的分析,提高数据分析和决策能力。目前,降维技术已成为数据分析和数据挖掘中的有力工具。其中,基于奇异值分解(singular value decomposition,SVD)和主成分分析(principal component analysis,PCA)的降维技术已在许多领域中得到广泛的应用。

本章将首先概述数据降维,简要介绍数据降维的方法,然后,学习现在最流行的两种降维技术:SVD 和 PCA。

5.1　数据降维

数据降维(data dimension reduction)的概念是指采用某种映射方法,将数据从高维特征空间向低维特征空间映射的过程,以提取数据内部的本质结构,减少冗余信息和噪声信息造成的误差,提高应用中的精度。

数据降维的本质是学习一个映射函数 $f: x \rightarrow y$,其中,x 是原始数据点的表达,目前使用最多的是向量表达形式,y 是数据点映射后的低维向量表达,通常 y 的维度小于 x 的维度(当然提高维度也是可以的),f 可能是显式的或隐式的、线性的或非线性的。

原始的高维空间通常包含着冗余信息和噪声信息,它们会对数据的实际应用造成误差,从而影响准确率。减少误差并不是特征数量大情况下的唯一难题,数据简化还涉及以下一系列的原因:消除数据的多重共线性,特征属性之间存在着相互关联关系,多重共线性会导致解的空间不稳定,从而导致模型的泛化能力弱;使数据更易于显示;使数据集更易于使用,保证特征属性之间相互独立;降低很多算法的计算开销;使结果更加清晰易懂,易于展示。

数据降维不仅可以解决特征矩阵过大导致的计算量比较大、训练时间长的问题,而且更方便数据可视化、分析、压缩、提取等。在深入研究特定的降维算法之前,本节我们先了解一下目前的数据降维方法的分类。

在数据降维中,经常使用的降维算法可以分为线性降维和非线性降维两大类,如图 5-1 所示。

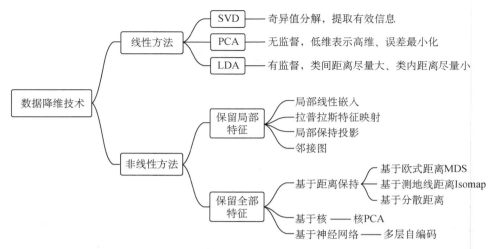

图 5-1　降维技术思维导图

　　线性降维算法中的奇异值分解是在机器学习领域广泛应用的算法之一，它不仅可以用于降维算法中的特征分解，还可以用于推荐系统，以及自然语言处理等领域，是很多机器学习算法的基石。

　　其中，主成分分析是一种常见的数据分析方式，常用于高维数据的降维，属于无监督的数据降维方法。它将原众多具有一定相关性的指标重新组合成一组少量互相无关的综合指标，可用于提取数据的主要特征分量。

　　针对已标注与未标注的数据都有降维技术。本章主要关注的是未标注数据的降维技术，当然，这些技术也可以应用于已标注的数据。在上面的降维技术中，SVD 和 PCA 的应用最为广泛，我们会在后两节分别介绍这两种降维技术。

5.2　应用奇异值分解简化数据

5.2.1　SVD 降维原理

　　奇异值分解是在机器学习领域应用较为广泛的算法之一，也是学习机器学习绕不开的基石之一。我们称利用 SVD 的方法为隐性语义索引（latent semantic indexing，LSI）或者隐性语义分析（latent semantic analysis，LSA）。

　　SVD 算法的优缺点、适用数据、应用领域包括以下几点。

　　（1）优点：简化数据，去除噪声，提高算法性能。

　　（2）缺点：数据转换后的结果可能难以理解。

　　（3）适用数据：数值型数据。

　　（4）应用领域：特征分解、图像处理、推荐系统、自然语言处理、计算机视觉等领域。

　　SVD 是信息检索过程中提取信息的重要方法之一，可以去除数据中的噪声，用较小的数据集表示原始数据集，从而实现数据的降维。通俗一点讲，SVD 就是将一个线性变换分解为两个线性变换,一个线性变换代表旋转,另一个线性变换代表拉伸,并且构建出多个奇异值,这些奇异值来代表数据的主要成分,可以想象成是一个新的空间。比如,我们在描述一个人时,可以说这人方脸、浓眉、戴黑框眼镜,这样几个特点可以让别人有一个很清晰的理解。事实上,之所以可以用上面的方式来描述是因为人类具有提取重要特征的能力,我们现在的目的是让机器学会提取重要特征,利用奇异值分解保留主要信息是一个重要的方法。

利用 SVD 进行矩阵分解的原理是将原始的数据集矩阵 Data 分解为三个矩阵 U,Σ 和 V^T,如式(5-1)所示,下标是矩阵的维度。假设原始矩阵 Data 是 m 行 m 列,那么 U 是 m 行 m 列,Σ 是 m 行 n 列,V^T 是 n 行 n 列。

$$Data_{m*m} = U_{m*m} \Sigma_{m*n} V_{n*n}^T \tag{5-1}$$

其中,矩阵 Σ 只包含对角线元素,其他元素均为 0。将这些对角元素称为奇异值(singular value),它们分别对应原始数据集矩阵 Data 的奇异值。将矩阵 Σ 奇异值按照从大到小进行排列,显示数据集中的重要特征。奇异值与特征值具有一定的联系,奇异值代表矩阵 $Data * Data^T$ 特征值的平方根。

在选定前 k 个奇异值后,可以通过矩阵 U 将数据映射到新的空间,实现降维。在科学和工程领域,当选择了一定数量的奇异值后,剩余的奇异值相对较小,可以忽略不计,甚至置为 0。这个数量并没有固定的标准,通常依据实际情况和需求进行选择。

SVD 还可以用少量的主成分表示原始数据。例如,选定前 k 个奇异值,则原始数据可近似表示如下:

$$Data_{m*m} \approx U_{m*k} \Sigma_{k*k} V_{k*n}^T \tag{5-2}$$

SVD 通过对数据降维,实现用少量主成分表示原始数据,可以实现矩阵的压缩存储,在需要还原矩阵时,通过式(5-2)还原即可。

综上,SVD 的核心思想是:任何矩阵都可以进行 SVD 分解,用前 k 个奇异值近似表示原始矩阵。其中,k 的取值有一个标准,即需要保留的主要成分 d。通常来讲,如果数据集足够大,k 的值会远小于样本值 m。

5.2.2　SVD 算法流程

在数据降维方面,SVD 分解有着举足轻重的位置。上一小节介绍了 SVD 的降维原理:给定一个原始矩阵,把它分解成简单的几个子矩阵相乘的方式,这几个小矩阵就可以近似描述这个大矩阵。小矩阵中有一个对角矩阵,对角矩阵的元素值就是我们讨论的奇异值。本小节将介绍 SVD 的算法流程。

SVD 算法的流程如下所示:

① 数据预处理:将采集到的数据、图片等进行均值归一化处理;

② 协方差矩阵:解出数据的协方差矩阵;

③ 奇异值分解:对协方差矩阵进行奇异值分解;

④ 信息的获取:将奇异值从大到小排序,通过提取前 k 个奇异值保留所需信息;

⑤ 降维后数据:通过公式,计算出降维后的数据。

SVD 算法流程如图 5-2 所示:

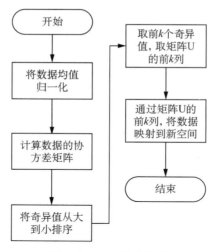

图 5-2　SVD 算法流程

奇异值分解除了在降维中有广泛应用,在其他领域的应用也非常广泛。比如,在图像处理中,可以进行特征的提取;在数据处理中,可以通过奇异值分解选择计算的重要维度。除此之外,在推荐系统中,SVD 同样是一个很重要的技术支持。

5.2.3　矩阵分解示例

本小节用 6 名用户对商品的打分情况的真实例子来演示 SVD 矩阵分解。构建的用户 U1～U6 对商品 S1～S4 的评分矩阵数据如图 5-3 所示,行是多个用户对单个商品的评分,列是用户对每个商品的评分。其中,U(1,2,3,4,5,6)是用户,S(1,2,3,4)是商品列。

$$
\begin{array}{cccc}
S1 & S2 & S3 & S4 \\
\end{array}
$$
$$
\begin{bmatrix}
5 & 5 & 0 & 5 \\
5 & 0 & 3 & 4 \\
3 & 4 & 0 & 3 \\
0 & 0 & 5 & 3 \\
5 & 4 & 4 & 5 \\
5 & 4 & 5 & 5 \\
\end{bmatrix}
\begin{array}{l}
U1 \\
U2 \\
U3 \\
U4 \\
U5 \\
U6 \\
\end{array}
$$

图 5-3　用户 U1～U6 对商品 S1～S4 的评分矩阵

先创建一个名为 SVD.py 的文件,然后将下面程序清单中的代码添加到文件中。

程序清单 5-1　SVD 矩阵分解支持的类函数

```
import numpy as np
class CSVD(object):
    # 实现 SVD 分解降维应用示例
    def __init__(self, data):
        # 用户数据
        self.data = data
        # 用户数据矩阵的奇异值序列 singular values
```

```
        self.S = []
        # svd 后的 U 矩阵
        self.U = []
        # svd 后的 VT 矩阵
        self.VT = []
        # 满足 self.p 的最小 k 值(k 表示奇异值的个数)
        self.k = 0
        # 对角矩阵,对角线上元素是奇异值
        self.SD = []
        # svd 奇异值分解
        self._svd()
    def _svd(self):
        # 用户数据矩阵的 svd 奇异值分解
        u, s, v = np.linalg.svd(self.data)
        (self.U, self.S, self.VT) = (u, s, v)
        return self.U, self.S, self.VT
    def _calc_k(self, percentge):
        # 确定 k 值:前 k 个奇异值平方和占比 >= percentage,求满足此条件的最小 k 值
        self.k = 0
        # 用户数据矩阵的奇异值序列的平方和
        total = sum(np.square(self.S))
        # 奇异值平方和
        svss = 0
        # 循环求解最小 k 值
        for i in range(np.shape(self.S)[0]):
            svss += np.square(self.S[i])
            if (svss / total) >= percentge:
                self.k = i + 1
                break
        return self.k
    def _buildSD(self, k):
        # 构建由奇异值组成的对角矩阵
        # param k,根据奇异值开方和的占比阈值计算出来的 k 值
        self.SD = np.eye(self.k) * self.S[:self.k]
        # return 由 k 个前奇异值组成的对角矩阵
        return self.SD
    def DimReduce(self, percentage):
        # SVD 降维
        # 计算 k 值
        self._calc_k(percentage)
```

```
print('求得降维的 k = % d' % (self.k))
# 构建由奇异值组成的对角矩阵 singular values diagonal
self._buildSD(self.k)
k, U, SD, VT = self.k, self.U, self.SD, self.VT
# 按照 svd 分解公式对用户数据矩阵进行降维,得到降维压缩后的数据矩阵
print('\n 降维前的 U,S,VT 依次为:')
print(np.shape(U), 'U:\n', U)
print(np.shape(self.S), 'S:\n', self.S)
print(np.shape(VT), 'VT:\n', VT)
print('\n 降维后的 U,SD,VT 依次为:')
print(np.shape(U[:len(U), k]), 'U = U[:, %d, :, %d]:\n' % (len(U), k), U[:len
    (U), :k])
print(np.shape(SD), 'SD = SD[:, %d, :, %d]:\n' % (k, k), SD[:k, :k])
print(np.shape(VT[:k, :len(VT)]), 'VT = VT[:, %d, :, %d]:\n' % (k, len(VT)),
    VT[:k, :len(VT)])
a = U[:len(U), :k]
b = np.dot(SD, VT[:k, :len(VT)])
newData = np.dot(a, b)
# return 降维后的用户数据矩阵
return newData
```

　　程序清单中包含要用到的 CSVD 类,类中包含几个 SVD 降维要用到的辅助函数。__init__()函数是矩阵分解前需存储的矩阵序列。_svd()函数用来计算奇异值分解,有多种方法可以选择。_calc_k()函数用来确定所需保留的信息,计算 k 值。_buildSD()函数用来构建由奇异值组成的对角矩阵,并返回得到的对角矩阵。DimReduce()函数是 SVD 数据降维函数,按照奇异值分解公式对用户数据矩阵进行降维,得到降维压缩后的数据矩阵,通过提取前 k 个奇异值保留所需信息。

　　保存 kMeans. py 文件,然后输入用户对商品的评分矩阵。其中,行为多个用户对单个商品的评分,列为用户对每个商品的评分。

```
In [1]:  data = np.array([[5, 5, 0, 5],
                          [5, 0, 3, 4],
                          [3, 4, 0, 3],
                          [0, 0, 5, 3],
                          [5, 4, 4, 5],
                          [5, 4, 5, 5]])
In [2]:  percentage = 0.9
In [3]:  svdor = CSVD(data)
In [4]:  ret = svdor.DimReduce(percentage)
Out[4]:  求得降维的 k = 2
```

降维前的 U,S,VT 依次为:

(6，6) U：

$$\begin{bmatrix} -0.44721867 & 0.53728743 & 0.00643789 & -0.50369332 & -0.38572204 & -0.32982993 \\ -0.35861531 & -0.24605053 & -0.86223083 & -0.14584826 & 0.07797125 & 0.20015231 \\ -0.29246336 & 0.40329582 & 0.22754042 & -0.10376096 & 0.4360044 & 0.70652449 \\ -0.20779151 & -0.67004393 & 0.3950621 & -0.58878098 & 0.02599042 & 0.06671744 \\ -0.50993331 & -0.05969518 & 0.10968053 & 0.28687443 & 0.59460659 & -0.53714128 \\ -0.53164501 & -0.18870999 & 0.19141061 & 0.53413013 & -0.54845844 & 0.24290419 \end{bmatrix}$$

(4，) S：

$$\begin{bmatrix} 17.71392084 & 6.39167145 & 3.09796097 & 1.32897797 \end{bmatrix}$$

(4，4) VT：

$$\begin{bmatrix} -0.57098887 & -0.4274751 & -0.38459931 & -0.58593526 \\ 0.22279713 & 0.51723555 & -0.82462029 & -0.05319973 \\ -0.67492385 & 0.69294472 & 0.2531966 & -0.01403201 \\ 0.41086611 & 0.26374238 & 0.32859738 & -0.80848795 \end{bmatrix}$$

降维后的 U，SD，VT 依次为：

(6，) U = U[:6,:2]：

$$\begin{bmatrix} -0.44721867 & 0.53728743 \\ -0.35861531 & -0.24605053 \\ -0.29246336 & 0.40329582 \\ -0.20779151 & -0.67004393 \\ -0.50993331 & -0.05969518 \\ -0.53164501 & -0.18870999 \end{bmatrix}$$

(2，2) SD = SD[:2，:2]：

$$\begin{bmatrix} 17.71392084 & 0. \\ 0. & 6.39167145 \end{bmatrix}$$

(2，4) VT = VT[:2，:4]：

$$\begin{bmatrix} -0.57098887 & -0.4274751 & -0.38459931 & -0.58593526 \\ 0.22279713 & 0.51723555 & -0.82462029 & -0.05319973 \end{bmatrix}$$

最后，打印出原始矩阵和降维后的矩阵。输入 data，运行可以查看矩阵分解前的用户评分矩阵，输入 ret，可以查看矩阵分解后的含有 90% 信息量的矩阵。

```
In [5]:  print(data)
Out[5]:  array([[5, 5, 0, 5],
                [5, 0, 3, 4],
                [3, 4, 0, 3],
                [0, 0, 5, 3],
                [5, 4, 4, 5],
                [5, 4, 5, 5]])
In [6]:  print(ret)
Out[6]:  array([[ 5.28849359,  5.16272812,  0.21491237,  4.45908018],
```

$$[\ 3.27680994,\quad 1.90208543,\quad 3.74001972,\quad 3.80580978\ ],$$
$$[\ 3.53241827,\quad 3.54790444,\ -0.13316888,\quad 2.89840405\ ],$$
$$[\ 1.14752376,\ -0.64171368,\quad 4.94723586,\quad 2.3845504\ ],$$
$$[\ 5.07268706,\quad 3.66399535,\quad 3.78868965,\quad 5.31300375\ ],$$
$$[\ 5.10856595,\quad 3.40187905,\quad 4.6166049,\quad 5.58222363\ ]])$$

5.3 应用主成分分析简化数据

在处理机器学习的复杂问题时,我们通过数据降维技术简化高维数据,这与古代军事家姜子牙在混乱的战场上洞察敌军的弱点并制定出精确的战略,颇有相似之处。姜子牙在牧野之战中利用地形和少数精兵智胜多敌;机器学习中的降维技术能有效地从海量复杂数据中提取关键的信息,以简驭繁。这种技术的精髓与《庄子·秋水》中所说的"以道观之,物无贵贱"相呼应,强调通过抽象和归纳来洞察事物的本质。在机器学习中,降维就是通过消除无关或冗余的特征,聚焦于那些真正影响模型性能的关键特征,从而提高算法的效率和效果。如同围棋高手在棋局中运筹帷幄,点子之间虽隔数行,却能预见对弈的数步之远,数据科学家们也通过算法在数据的维度森林中开辟出一条清晰的路径。

5.3.1 PCA 降维原理

主成分分析法是目前使用最广泛的数据降维算法。PCA 的主要思想是将 n 维特征映射到 k 维上,这 k 维是全新的正交特征,也被称为主成分,是在原有 n 维特征的基础上重新构造出来的 k 维特征。PCA 的工作就是从原始的空间中顺序地找一组相互正交的坐标轴,新的坐标轴的选择与数据本身是密切相关的。其中,第一个新坐标轴选择的是原始数据中方差最大的方向,第二个新坐标轴选择的是与第一个坐标轴正交的平面中使方差最大的方向,第三个轴选择的是与第一、第二个轴正交的平面中方差最大的方向。依次类推,可以得到 n 个这样的坐标轴。通过这种方式获得的新的坐标轴,大部分方差都包含在前面 k 个坐标轴中,后面的坐标轴所含的方差几乎为 0。于是,我们可以忽略余下的坐标轴,只保留前面 k 个含有绝大部分方差的坐标轴。

事实上,这相当于只保留包含绝大部分方差的特征维度,而忽略包含方差几乎为 0 的特征维度,实现对数据特征的降维处理。通过正交变换将一组可能存在相关性的变量转换为一组线性不相关的变量,转换后的这组变量叫主成分。主成分是原特征的线性组合,变换后的矩阵仍保留变换前矩阵的主要信息。

PCA 算法的优缺点、适用数据类型、应用领域包括以下几个。

(1) 优点:降低数据的复杂性,识别最重要的多个特征,降噪。

(2) 缺点:不一定需要,且可能损失有用信息,可能造成过拟合。

(3) 适用数据类型:数值型数据。

(4) 应用领域:特征分解、图像处理、推荐系统、自然语言处理、计算机视觉等领域。

通过上述的介绍,我们发现 PCA 的本质就是对协方差矩阵进行阵特征分解,从而找出协方差矩阵中的特征值和特征向量,找到最大的变异方向的特征向量(也就是对应的特征值最大所对应的特征向量）。通常，主成分的个数都会远小于原有变量的个数。并且，得到的主成分不但可以体现原始指标的大部分的信息，而且具有比每个实际指标更加强大的综合解释力度。这样，一些主观因素的影响，如指标的选择和权重确定，可以消除，而且定量分析过程中牵扯到的指标少了很多，各指标之间互相存在的重叠信息的影响，也被消除。研究发现，原始变量之间的相关性越高，主成分分析算法的效果也就越好。

5.3.2 PCA 算法流程

在实际应用中，决定主成分的个数的重要标尺是想保留的部分的累积方差贡献占总方差的百分比，在一般情况下，累积方差贡献率可以根据问题的实际需要人为地确定。在原始数据的相关系数阵中，总方差是一定的，把方差的大小按照从大到小进行排列，前几个大方差对应的就是主成分，后面的则可以忽略。累积方差贡献达到人为确定的方差贡献率的百分比值时，忽略后面所有的次要成分，只保留前面这些主成分即可，这样就可以反映原始信息的大部分信息，在数据分析处理中，只使用前几个较大的主成分来表示明细数据集，还能够挖掘出数据的潜在价值。

PCA 算法流程如下：

① 排列矩阵：将原始数据组成 N 行 M 列矩阵 X；

② 归一化处理：将 X 的每一行（代表一个属性字段）进行零均值化；

③ 协方差矩阵：计算出维度为 $n \times n$ 的协方差矩阵；

④ 特征值及向量：计算协方差矩阵的特征值及对应的特征向量；

⑤ 主成分保留：取将特征向量按对应特征值大小从上到下排列的前 k 行组成的矩阵 P；

⑥ 降维后数据：Y＝PX 即为降维到 k 维后的数据。

PCA 算法流程如图 5-4 所示：

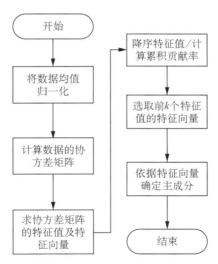

图 5-4 PCA 算法流程图

PCA 的性质包括以下几个。

（1）缓解维度灾难：PCA 算法通过舍去一部分信息能使样本的采样密度增大（因为维数

降低了),这是缓解维度灾难的重要手段。

(2)降噪:当数据受到噪声影响时,最小特征值对应的特征向量往往与噪声有关,将它们舍弃能在一定程度上起到降噪的效果。

(3)过拟合:PCA 保留了主要信息,但这个主要信息只是针对训练集的,而且这个主要信息未必是重要信息,有可能舍弃了一些看似无用的信息,但是这些看似无用的信息恰好是重要信息,只是在训练集上没有很大的表现,所以 PCA 也可能加剧过拟合。

(4)特征独立:PCA 不仅将数据压缩到低维,它也使降维之后的数据各特征相互独立。

价值塑造与能力提升

本章示例 1:利用 SVD 压缩图像　　本章示例 2:利用 PCA 对二维数据降维　　本章示例 3:利用 PCA 对信用程度数据集降维　　本章习题

5.4　本章小结

面对复杂高维数据时,挖掘数据中最有价值的信息是非常不方便的,有时数据中还会存在大量的冗余信息和噪声,所以本章介绍了数据降维方法。降维技术使数据变得更易使用,使其他机器学习技术任务更加精确。数据降维是通过特征选择或者特征变换操作将数据从原始的 D 维空间映射到新的 K 维子空间,以达到降低维数的目的,便于计算和可视化,同时实现有效信息的提取综合及无用信息的摒弃。降维往往作为预处理的步骤,也就是在将数据应用到其他算法之前清洗数据。

有很多的降维技术可以应用到数据降维,在这些技术中,又分为线性降维和非线性降维。本章主要关注线性降维,其中,SVD 和 PCA 技术应用得最为广泛。SVD 是一种强大的降维工具,我们可以利用 SVD 来优化矩阵并从中提取重要特征,通过保留矩阵的主要信息来提取主要特征并去掉噪声。PCA 可以从数据中识别其主要特征,通过沿着数据最大方差方向旋转坐标轴来实现。

第6章　K近邻算法

电影《战狼》《红海行动》《碟中谍 6》的类型是动作片,而电影《前任 3》《春娇救志明》《泰坦尼克号》的类型是爱情片。如果此时有一部新电影《美人鱼》需要判定电影类型,有没有一种方法可以让机器掌握电影分类规则并自动将新电影进行分类? 可以使机器通过在影视库找与新电影《美人鱼》最相近的几个电影来判断其类型,如根据导演、演员、电影简介等特征挑选出最近的 k 个电影,k 个电影中若有一半以上的电影属于爱情片,那么有理由认为电影《美人鱼》也属于爱情片。

K 近邻(k-nearest neighbor,KNN)算法是一种经典的分类算法,它的输入为输入样本的特征向量,对应特征空间的点,输出为输入样本的类别。K 近邻算法假设给定一个训练数据集,其中,训练数据集类别已定,分类时对新的样本实例根据其 k 个最近邻训练实例的类别通过多数表决等方式进行分类预测。K 近邻算法中 k 值的选择、距离度量及分类规则是 K 近邻算法的三个基本要素。

6.1　K 近邻算法概述

K 近邻算法(以下称 KNN 算法)是一个理论上比较成熟的方法,它由 Cover 和 Hart 于 1968 年提出,它根据距离函数计算输入样本和每个训练样本间的距离(作为相似度),选择与输入样本距离最小的 k 个样本作为输入样本的 k 个最近邻,最后以 k 个最近邻中的大多数样本所属的类别作为输入样本的类别。

KNN 算法在应用时的优点是理论成熟,思想简单,既可以用来作分类又可以作回归,对数据没有假设,准确度高,对异常点不敏感等。缺点是特征数非常多的时候计算量大;样本不平衡的时候,对稀有类别的预测准确率低等。

KNN 算法的流程大致包括如下 3 个步骤:

① 算距离:给定测试对象,计算它与训练集中的每个对象的距离。

② 找邻居:圈定距离最近的 k 个训练对象,作为测试对象的近邻。

③ 作分类:根据这 k 个近邻归属的主要类别,对测试对象分类。

KNN 算法在应用中需要注意以下三个问题。

(1) 距离的度量:什么样的邻居才是最近的邻居? 这就需要计算训练样本点与预测点的距离,度量距离的方法非常多,如欧式距离、曼哈顿距离等。

(2) k 值的选择:k 代表预测点最近的邻居数。到底要选择几个最近的邻居参与投票表决。k 值若过小,只有与输入实例较近的训练实例才会对预测结果起作用,但模型分类器抗噪能力较差,容易产生过拟合;k 值若过大,相当于用较大邻域中的训练实例进行预测,模型整体变得简单,容易产生欠拟合。

（3）分类规则：如何从预测点的邻居情况来推测预测点的情况呢？在分类问题中一般采用多数表决法，也就是说，在最近的邻居中，哪种类型多，则预测点就属于哪种类型。其实 KNN 算法既可以用于分类问题，又可以用于回归问题。其区别在于，当分类规则为多数表决法时，输出为非连续的类型变量，则此时用于分类问题；当分类规则为求平均时，输出为一个连续型变量，此时用于回归问题。本书只讨论 KNN 算法用于分类问题的情况。

KNN 算法的流程如下：

① 收集数据：通过各种方法采集数据；

② 准备数据：准备计算距离需要的数值型数据，然后再进行距离的计算；

③ 分析数据：采用统计学手法或者其他的方法进行数据分析；

④ 训练算法：无监督学习没有训练过程；

⑤ 测试算法：应用与统计分类算法的结果；

⑥ 使用算法：根据 k 个最近邻居判断未知样本类别。

6.2　K 近邻算法的实现

KNN 算法是分类算法中最简单的方法之一。该方法的实现思路非常简单，主要代码分为距离函数的实现、k 值的选择及分类规则。本节以利用 KNN 算法对患者进行糖尿病诊断为讲解实例，该数据集共有 1 000 条样本，每条样本包含 7 个特征。当有患者进行糖尿病诊断时，KNN 算法通过计算病人与数据集所有人特征距离的远近选出距离最近的 k 个邻居，若 k 个邻居中有一半及以上患有糖尿病，KNN 就会预测患者患有糖尿病，反之则未患有糖尿病。糖尿病数据集介绍如表 6-1 所示。

表 6-1　糖尿病数据集介绍

名称	解释
pregnancies	怀孕次数
glucose	口服葡萄糖耐量试验中 2 小时的血浆葡萄糖浓度
bloodpressure	血压
skinthickness	皮下脂肪厚度
insulin	餐后 2 小时血清胰岛素含量
bmi	体重指数
diabetespedigreefunction	糖尿病谱系功能统计
age	年龄
outcome	是否患有糖尿病

程序清单 6-1　KNN 数据加载与处理函数

```
import numpy as np
import pandas as pd
```

```
def load_data(path):
    df = pd.read_csv(path)
    print(df.head())
    total_num = df.shape[0]
    print(total_num)
    data = df.iloc[:,:8]
    label = df.iloc[:,-1]
    return data,label
def standard(data):
    standard_data = data.apply(lambda x: (x - np.min(x)) / (np.max(x) - np.min(x)))
    return standard_data
```

首先导入需要 NumPy 与 Pandas 库,第一个函数 load_data()使用 read_csv()函数可以直接读取整个数据集。其次将数据集分为两部分,一部分是特征,一部分是患者是否真的患有糖尿病的标签。第二个函数 standard()是最小最大标准化,标准化是为了让所有特征起到相同的作用。如在计算过程中想计算点(3,0.1)和点(20,0.5)的距离,计算方式为:

$$\sqrt{|20-3|^2+|0.5-0.1|^2} \tag{6-1}$$

可以发现,数值差最大的特征对计算结果影响最大。为了保障在计算过程中特征起到相同的作用,需要对特征进行标准化操作。常用的方法为最小最大标准化,特征标准化使预测结果不会被某些数值差过大的特征主导预测结果。

最小最大标准化:

$$x = \frac{x - \min}{\max - \min} \tag{6-2}$$

使用 load_data()函数加载整个糖尿病数据集。

```
data,label = load_data('./diabetes.csv')
data = data.values
label = label.values
```

需要将数据集切分为训练集和测试集,比例设置为 9:1。

```
total_num = len(data)
            print(total_num)
offset = int(total_num * 0.9)
X_train,y_train = data[:offset],label[:offset]
X_test,y_test = data[offset:],label[offset:]
```

程序清单 6-2　KNN 距离函数

在实现 KNN 算法时首先需要指定距离函数类型,常见的距离函数有曼哈顿距离、欧式距离等。假设 x_i,x_j 为空间中的两个点,两点间的曼哈顿距离(Manhattan distance)L_1 为:

$$L_1(x_i, x_j) = \sum_{l=1}^{n} | x_i^{(l)} - x_j^{(l)} | \tag{6-3}$$

欧氏距离(Euclidean distance)L_2 为:

$$L_2(x_i, x_j) = \left(\sum_{l=1}^{n} \mid x_i^{(l)} - x_j^{(l)} \mid^2\right)^{\frac{1}{2}} \tag{6-4}$$

点(3, 1)和点(6, 5)的曼哈顿距离为:

$$\mid 6-3 \mid + \mid 5-1 \mid \tag{6-5}$$

欧式距离为:

$$\sqrt{\mid 6-3 \mid^2 + \mid 5-1 \mid^2} \tag{6-6}$$

使用 Python 将曼哈顿距离和欧式距离分别定义为函数 Dist1(), Dist2()。

```python
def Dist1(a, b):
    return np.sum(np.abs(a - b), axis = 1)
def Dist2(a, b):
    return np.sqrt(np.sum((a - b) ** 2, axis = 1))
```

Dist1()和 Dist2()函数有 2 个输入参数:分别是向量 *a* 和向量 *b*。*a* 和 *b* 在糖尿病诊断案例中分别表示一个样本,通过 Dist1()和 Dist2()函数计算出两个样本间的距离。

程序清单 6-3　KNN 算法的实现

```python
class kNN(object):
    def __init__(self, n_neighbors = None, dist_func = Dist2):
        self.n_neighbors = n_neighbors
        self.dist_func = dist_func
    # 训练模型方法
    def fit(self, x_train, y_train):
        self.x_train = x_train
        self.y_train = y_train
    # 模型预测方法
    def predict(self, x):
        # 初始化预测分类数组
        y_pred = np.zeros((x.shape[0], 1), dtype = self.y_train.dtype)
        # 遍历输入的 x 数据点,取出每一个数据点的序号 i 和数据 x_test, i 为测试点的
        序号,保存到对应的预测 y 值中
        for i, x_test in enumerate(x):
            # x_test 跟所有训练数据计算距离
            distances = self.dist_func(self.x_train, x_test)
            # 得到的距离按照由近到远排序,取出索引值
            nn_index = np.argsort(distances)
            # 选取最近的 k 个点,保存它们对应的分类类别
            nn_y = self.y_train[nn_index[:self.n_neighbors]].ravel()
            # 统计类别出现频率最高的那个,赋给 y_pred[i]
```

```
        y_pred[i] = np.argmax(np.bincount(nn_y))

    return y_pred
```

通过一个类实现 KNN 算法，在类初始化时指定距离计算方式和超参数邻居数量 K。fit() 函数定义了模型的训练方法，即将训练集输入算法中，参数 x_train，y_train 分别为训练集特征和标签。predict() 函数为模型预测方法，输入比 fit() 函数少了标签，参数 x 表示测试集特征。在 predict() 函数中，主要用到了 np.argsort()，ravel()，np.bincount() 和 np.argmax() 函数。np.argsort() 函数返回的是元素值从小到大排序后的索引值的数组。ravel() 函数将数组维度拉成一维数组。np.bincount() 函数统计 nn_y 中每个类别出现的次数。np.argmax() 函数返回的是列表中元素最大值所对应的索引值。KNN 类最终返回模型的预测结果类别。

```
for i in range(1,15):

    knn = kNN(n_neighbors = i)

    knn.fit(X_train, y_train)

    y_pred = knn.predict(X_test)

    accuracy = accuracy_score(y_test, y_pred)

    print("K 为{}预测准确率:".format(i), accuracy)
```

为了保障 KNN 算法可以找到最优的 K 值，通常选择遍历超参数 K，在这里使用循环找到最合适的 K 值。

```
output:  K 为 1 预测准确率: 0.6883116883116883
         K 为 2 预测准确率: 0.7012987012987013
         K 为 3 预测准确率: 0.7272727272727273
         K 为 4 预测准确率: 0.6623376623376623
         K 为 5 预测准确率: 0.7142857142857143
         K 为 6 预测准确率: 0.6753246753246753
         K 为 7 预测准确率: 0.7142857142857143
         K 为 8 预测准确率: 0.7142857142857143
         K 为 9 预测准确率: 0.7272727272727273
         K 为 10 预测准确率: 0.7272727272727273
         K 为 11 预测准确率: 0.7532467532467533
         K 为 12 预测准确率: 0.7142857142857143
         K 为 13 预测准确率: 0.7792207792207793
         K 为 14 预测准确率: 0.7402597402597403
         K 为 15 预测准确率: 0.7922077922077922
         K 为 16 预测准确率: 0.7272727272727273
         K 为 17 预测准确率: 0.7272727272727273
         K 为 18 预测准确率: 0.7532467532467533
         K 为 19 预测准确率: 0.7532467532467533
```

由实验结果可知，在 K 取值为 15 时测试集准确率最高，即超参数 K 为 15 时 KNN 算法对患者是否患有糖尿病预测最准确。

价值塑造与能力提升

本章示例:K 近邻算法的　　　　　　本章习题
医疗诊断应用

6.3　本章小结

KNN 算法是分类算法中最简单的方法之一,如果一个样本在特征空间中的 k 个最相似(即特征空间中最邻近)的样本中的大多数属于某一个类别,则该样本也属于这个类别。KNN 中三个基本要素: k 值的选择、距离度量及分类规则确定时,可以根据最邻近几个样本的类别来确定输入样本所属类别。

第 7 章　决 策 树

很多人由于流动缺乏资金,会选择向银行贷款。人们向银行递交贷款申请时,往往需要填写大量的个人信息,包括年龄、学历、工作年限、年平均收入、固定资产、近期的银行流水等,银行会对这些信息进行详细调查和审核,以确认申请人是否有足够的能力和信用偿还贷款,根据对数据的分析结果,银行会考虑是否提供贷款。银行在判断是否同意贷款申请的过程中,需要根据大量的以往经验,对申请人的各类信息进行重要度排序,排好序后就可根据这样的决策顺序依次判断贷款人是否符合条件,最终作出是否同意该申请人的贷款申请的决策。这样的过程就是决策树算法的雏形。

决策树是表现形式最为直观的一种机器学习技术。给定一组训练数据,我们可以借助信息论,计算按照不同标签进行分类造成的熵值改变,来确定标签的重要程度,从而将这组数据先根据最重要的标签进行划分,直到熵值足够低或深度足够深,停止划分。其目的是将同类数据划分到一组,将不同类数据尽量区分开。整个划分过程以决策树的形式表现出来,非常直观形象。决策树是一种有监督的递归学习方法,常用于多领域统计数据分析。

迭代二叉树 3 代(iterative dichotomiser 3,ID3)算法是一种经典的决策树算法。学习决策树算法需要了解 ID3 算法的实现原理和步骤。本章将对 ID3 算法的基本原理和实现实例进行分析。决策树算法应用十分广泛,往往都和某一应用分析目标和场景相关,比如:金融行业可以用决策树作贷款风险评估,保险行业可以用决策树作险种推广预测,医疗行业可以用决策树生成辅助诊断处置模型等。

7.1　ID3 算法

我们来了解一下什么是决策树。

决策树是指通过 if-then 的规则进行判断,生成分类规则的一个递归过程,它从人们解决问题的习惯出发,模拟人脑的思维方式,使得到的结果更便于我们理解。决策树的顶端是一个根节点,中间的部分由若干个内部节点构成,底端是若干个叶子节点,由于其形状与树类似,所以称为决策树。根节点是所有分类样本的集合,样本不同属性的判断在内部节点中进行,最下方的叶子节点则是代表经过不同的判断过程产生的决策结果。决策树自顶向下运行,从根节点开始分类,经过不同的内部节点到达相应的叶子节点,进而构成一个分类规则集,形成一个具有强泛化能力的分类器。在最终得到的决策树中,希望能在最大程度上将不同类别分开,每个叶子节点只包含一个最优类别,对于节点的分裂标准是不同算法的最大区别。图 7-1 即为一个决策树的示意描述图,内部节点用矩形表示,叶子节点用椭圆表示。

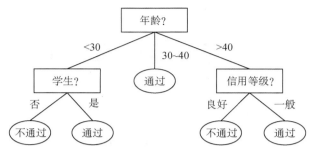

图 7-1　决策树示意描述图

决策树算法的工作流程是：首先，视样本数据中的每一个特征为决策树潜在的分裂节点，通过遍历所有特征，计算对每个特征进行分裂时所获得的收益，该收益将作为决策树继续分裂的依据。其次，将分类受益最大的特征作为叶子节点继续划分，不断循环以上过程，直到分裂收益小于阈值。最后，获得完整的决策树。

其优点是简单直观，基本不需要预处理，既可以处理离散值也可以处理连续值；缺点是容易过拟合、对样本的改动非常敏感、难以学习复杂关系、容易陷入局部最优。上述过程的伪代码表示如下：

```
1.计算初始的信息熵
2.随机选择一个特征作为起始分类依据
3.遍历所有特征
4.    对数据集中的每个特征
5.        以此特征为分类依据划分数据集
6.        计算此时的信息增益
7.选择信息增益最大的作为划分数据集的依据
8.在划分后的分支上各自循环上述过程，直至达到终止条件
```

决策树算法的工作流程如下：

① 收集数据：通过各种方法采集数据。

② 准备数据：决策树算法只适用于标称型数据，因此数值型数据必须离散化。

③ 分析数据：可以使用任何方法，构造树完成后，检查图形是否符合预期。

④ 训练算法：构造树的数据结构。

⑤ 测试算法：使用经验树计算错误率。

⑥ 使用算法：使用决策树可以更好地理解数据的内在含义。

其中，伪代码中"计算此时的信息增益"，通常用三个指标表示：信息增益、信息增益率、基尼系数。不同的决策树算法选用不同的衡量指标。ID3 算法选用信息增益作为衡量指标；C4.5 算法选用信息增益率；CART 算法选用的是基尼系数。要计算这三个指标，需要先计算信息熵。熵表示数据的混乱程度，熵值越大，数据越混乱；熵值越小，数据分类越彻底，表示同一类别数据都被划分在一起。信息增益表示熵的改变量。

下面给出以信息增益作为决策树划分依据的 ID3 算法代码。先创建一个名为 DecisionTree.py 的文件，然后将下面程序清单中的代码添加到文件中。

程序清单 7-1 决策树算法支持的函数

```
from matplotlib.font_manager import FontProperties
import matplotlib.pyplot as plt
from math import log
import operator
def createDataSet():
dataSet = []
labels = []
return dataSet, labels
#判断众数类别是哪一个特征
def majorityCnt(classList):
classCount = {}
for vote in classList:
    if vote not in classCount.keys():classCount[vote] = 0
    classCount[vote] + = 1
sortedclassCount = sorted(classCount.items(), key = operator.itemgetter(1),
                reverse = True)
return sortedclassCount[0][0]
#选择最好的特征
def chooseBestFeatureToSplit(dataset):
numFeatures = len(dataset[0]) - 1
baseEntropy = calcShannonEnt(dataset)
bestInfoGain = 0
bestFeature = -1
for i in range(numFeatures):
    featList = [example[i] for example in dataset]
    uniqueVals = set(featList)
    newEntropy = 0
    for val in uniqueVals:
        subDataSet = splitDataSet(dataset,i,val)
        prob = len(subDataSet)/float(len(dataset))
        newEntropy + = prob * calcShannonEnt(subDataSet)
    infoGain = baseEntropy - newEntropy
    if (infoGain > bestInfoGain):
        bestInfoGain = infoGain
        bestFeature = i
return bestFeature
#切分数据集
def splitDataSet(dataset,axis,val):
retDataSet = []
```

```python
    for featVec in dataset:
        if featVec[axis] == val:
            reducedFeatVec = featVec[:axis]
            reducedFeatVec.extend(featVec[axis+1:])
            retDataSet.append(reducedFeatVec)
    return retDataSet
#计算当前的熵值
def calcShannonEnt(dataset):
    numexamples = len(dataset)
    labelCounts = {}
    for featVec in dataset:
        currentlabel = featVec[-1]
        if currentlabel not in labelCounts.keys():
            labelCounts[currentlabel] = 0
        labelCounts[currentlabel] += 1
    shannonEnt = 0
    for key in labelCounts:
        prop = float(labelCounts[key])/numexamples
        shannonEnt -= prop * log(prop, 2)
        return shannonEnt
#计算叶子节点数
def getNumLeafs(myTree):
    numLeafs = 0
    firstStr = next(iter(myTree))
    secondDict = myTree[firstStr]
    for key in secondDict.keys():
        if type(secondDict[key]).__name__ == 'dict':
            numLeafs += getNumLeafs(secondDict[key])
        else:    numLeafs += 1
    return numLeafs
#计算树模型的深度
def getTreeDepth(myTree):
    maxDepth = 0
    firstStr = next(iter(myTree))
    secondDict = myTree[firstStr]
    for key in secondDict.keys():
        if type(secondDict[key]).__name__ == 'dict':
            thisDepth = 1 + getTreeDepth(secondDict[key])
        else:    thisDepth = 1
        if thisDepth > maxDepth: maxDepth = thisDepth
return maxDepth
```

首先,程序清单 7-1 中的代码包含几个 ID3 算法中要用到的辅助函数。

函数 createDataSet(),它将文本文件导入一个列表中。文本文件每一行为 tab 分隔的浮点数。每一个列表会被添加到 dataSet 中,最后返回 dataSet。该返回值是一个包含许多其他列表的列表。这种格式可以很容易将很多值封装到矩阵中。

函数 majorityCnt()计算在当前数据分组中,哪个特征的数据占比最大,把数据最多的特征寻找出来,作为该分组的特征类别。

函数 chooseBestFeatureToSplit()比较不同特征作为数据的分组依据时产生的信息增益,选择信息增益最大的作为最好特征,接下来将以该特征作为数据的分组依据。

函数 splitDataSet()的作用是切分数据集。

函数 calcShannonEnt()计算当前数据分组的熵值。熵的计算公式为:

$$H(x) = -\sum p_i \log_2 p_i, \ i = 1, 2, \cdots, n \tag{7-1}$$

其中,p_i 表示第 i 种特征在整个数据分组中出现的概率。

函数 getNumLeafs()计算叶子节点个数。

函数 getTreeDepth()计算树模型的深度,为剪枝作准备,以防决策树发生过拟合。

其次,看一下这几个函数的实际效果。保存 DecisionTree.py 文件,然后在 Python 提示符下输入:

```
In [1]:   import numpy as np
          from DecisionTree import *
In [2]:   dataSet = [[0, 0, 0, 0,'no'],
                     [0, 0, 0, 1,'no'],
                     [0, 1, 0, 1,'yes']]
In [3]:   labels = ['F1 - AGE','F2 - WORK','F3 - HOME','F4 - LOAN']
In [4]:   print(dataSet)
          print(labels)
Out[4]:   [[0, 0, 0, 0,'no']
          [0, 0, 0, 1,'no']
          [0, 1, 0, 1,'yes']]
          ['F1 - AGE','F2 - WORK','F3 - HOME','F4 - LOAN']
```

再次,了解一下 majorityCnt()函数的模块,将数据中众数的类别确定出来,即判断该组数据中哪个类别的最多,以此确定该组数据的类别。

```
In [5]:   import operator
In [6]:   classList = 0,0,0,0,0,1
In [7]:   print (majorityCnt(classList))
Out[7]:   0
```

通过上述结果可以判断出来,majorityCnt()函数与预想的运行方式是一样的。测试一下划分数据集的方法:

```
In [8]:   print(splitDataSet(dataSet,1,0))
Out[8]:   [[0, 0, 0,'no'], [0, 0, 1,'no']]
```

通过上述结果可以看出,splitDataSet()函数可以正常运行划分数据集。

最后,测试一下熵值的计算方法:

In [9]：　print(calcShannonEnt(dataSet))

Out[9]：　0.9182958340544896

由上述可以判断出,支持决策树算法的函数是正常运行的,因此,接下来就可以准备 ID3 算法,该算法会分别计算以不同特征为数据的划分依据时产生的熵值的变化量,选择信息增益最大的作为最重要的分类依据,然后再在新划分好的数据组内再次计算信息增益,再次划分,直到达到终止条件。打开 DecisionTree.py 文件输入接下来的程序清单。

程序清单 7-2　ID3 算法实战

```python
def createTree(dataset, labels, featLabels):
    classList = [example[-1] for example in dataset]
    # 判断当前都是同样的类别,则返回当前结果
    if classList.count(classList[0]) == len(classList):
        return classList[0]
    # 遍历结束,返回众数结果
    if len(dataset[0]) == 1:
        return majorityCnt(classList)
    # 开始递归
    bestFeat = chooseBestFeatureToSplit(dataset)
    bestFeatLabel = labels[bestFeat]
    featLabels.append(bestFeatLabel)
    myTree = {bestFeatLabel:{}}
    del labels[bestFeat]
    featValue = [example[bestFeat] for example in dataset]
    uniqueVals = set(featValue)
    for value in uniqueVals:
        sublabels = labels[:]
        myTree[bestFeatLabel][value] = createTree(splitDataSet(dataset, bestFeat,
                                        value), sublabels, featLabels)
    return myTree
# 画图代码,实现决策树算法的可视化
def plotNode(nodeTxt, centerPt, parentPt, nodeType):
    arrow_args = dict(arrowstyle = "<-")
    font = FontProperties(fname = r"c:\windows\fonts\simsunb.ttf", size = 14)
    createPlot.ax1.annotate(nodeTxt, xy = parentPt, xycoords ='axes fraction',
                    xytext = centerPt, textcoords ='axes fraction', va =
                    "center", ha = "center", bbox = nodeType, arrowprops =
                    arrow_args, ontProperties = font)
def plotMidText(cntrPt, parentPt, txtString):
    xMid = (parentPt[0] - cntrPt[0])/2.0 + cntrPt[0]
    yMid = (parentPt[1] - cntrPt[1])/2.0 + cntrPt[1]
```

```python
        createPlot.ax1.text(xMid, yMid, txtString, va = "center", ha = "center", rotation =
                30)
def plotTree(myTree, parentPt, nodeTxt):
    decisionNode = dict(boxstyle = "sawtooth", fc = "0.8")
    leafNode = dict(boxstyle = "round4", fc = "0.8")
    numLeafs = getNumLeafs(myTree)
    depth = getTreeDepth(myTree)
    firstStr = next(iter(myTree))
    cntrPt = (plotTree.xOff + (1.0 + float(numLeafs))/2.0/plotTree.totalW, plotTree.
            yOff)
    plotMidText(cntrPt, parentPt, nodeTxt)
    plotNode(firstStr, cntrPt, parentPt, decisionNode)
    secondDict = myTree[firstStr]
    plotTree.yOff = plotTree.yOff - 1.0/plotTree.totalD
    for key in secondDict.keys():
        if type(secondDict[key]).__name__ == 'dict':
            plotTree(secondDict[key],cntrPt,str(key))
        else:
            plotTree.xOff = plotTree.xOff + 1.0/plotTree.totalW
            plotNode(secondDict[key], (plotTree.xOff, plotTree.yOff), cntrPt, leafNode)
            plotMidText((plotTree.xOff, plotTree.yOff), cntrPt, str(key))
    plotTree.yOff = plotTree.yOff + 1.0/plotTree.totalD
def createPlot(inTree):
        #创建 fig
    fig = plt.figure(1, facecolor ='white')
        #清空 fig
    fig.clf()
    axprops = dict(xticks = [], yticks = [])
        #去掉 x,y 轴
    createPlot.ax1 = plt.subplot(111, frameon = False, ** axprops)
        #获取决策树叶节点数目
    plotTree.totalW = float(getNumLeafs(inTree))
        #获取决策树层数
    plotTree.totalD = float(getTreeDepth(inTree))
        #x 偏移
    plotTree.xOff = - 0.5/plotTree.totalW; plotTree.yOff = 1.0;
        #绘制决策树
    plotTree(inTree, (0.5,1.0), '')
    plt.savefig("7 - 2.svg", dpi = 1200, format = "svg")
    plt.show()
```

　　上述清单给出了 ID3 决策树算法。createTree()函数接受的 3 个输入参数分别为数据集、标签名、特征标签。其中，数据集及标签名是必选参数，而分类特征标签列表是不断更新的。createTree()函数先验证输入的数据集中数据是否全部为同一类别，如果是，则返回当前结果，即为最优。再验证遍历是否已经结束，如果是，则返回众数结果。

　　除这两种情况外，都需要进入循环遍历中。先利用 chooseBestFeatureToSplit()函数获取使信息增益最大的特征标签，将标签名存放在 featLabels 列表中，找到的第一个 bestFeat 即为决策树根节点的分类依据，以此划分数据集，同时产生决策树 myTree。为避免划分数据集的特征标签被重复使用，在本轮分裂结束后删除特征列表中作为本轮分裂依据的特征标签名。之后在各个分支上不断重复此过程，产生内部节点和分支，当某一分支达到剪枝条件时，则该分支不再分裂，成为决策树的叶子节点。剪枝常用的方法是限制树的深度、叶子节点的个数、叶子节点样本数、信息增益量等，以此达到防止树模型过拟合的目的。

　　最后，plotNode()函数、plotMidText()函数、plotTree()函数均为画图函数，实现决策树算法的可视化。接下来，验证程序清单 7-2 中 ID3 算法代码，查看决策树模型的可视化效果。保存 DecisionTree.py 文件，结果如下：

```
In [10]:   import numpy as np
           from DecisionTree import *
           from matplotlib.font_manager import FontProperties
           import matplotlib.pyplot as plt
In [10]:   dataSet = [[0, 0, 0, 0, 'no'],
                      [0, 0, 0, 1, 'no'],
                      [0, 1, 0, 1, 'yes'],
                      [0, 1, 1, 0, 'yes'],
                      [0, 0, 0, 0, 'no'],
                      [1, 0, 0, 0, 'no'],
                      [1, 0, 0, 1, 'no'],
                      [1, 1, 1, 1, 'yes'],
                      [1, 0, 1, 2, 'yes'],
                      [1, 0, 1, 2, 'yes'],
                      [2, 0, 1, 2, 'yes'],
                      [2, 0, 1, 1, 'yes'],
                      [2, 1, 0, 1, 'yes'],
                      [2, 1, 0, 2, 'yes'],
                      [2, 0, 0, 0, 'no']]
                      labels = ['F1 - AGE', 'F2 - WORK', 'F3 - HOME', 'F4 - LOAN']
In [11]:   if __name__ == '__main__':
           dataset, labels = createDataSet()
           featLabels = []
           myTree = createTree(dataset, labels, featLabels)
           createPlot(myTree)
```

Out[11]:

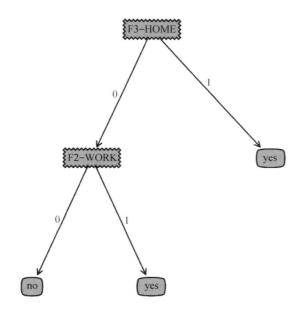

7. 2　CART 树回归算法

上一节讲到,不同的决策树算法选用不同的衡量指标对数据特征进行分裂,CART 树回归算法选用的是基尼系数,计算起来比信息增益更简便,可以提高决策树算法的执行效率。计算公式如下:

$$Gini(p) = \sum_{k=1}^{K} p_k(1 - p_k) = 1 - \sum_{k=1}^{K} p_k^2 \qquad (7-2)$$

CART 树回归算法不仅可以处理分类问题,还可以解决回归问题,它处理分类问题时的工作流程与 ID3 算法相同,只是将计算信息熵和信息增益的过程省去,改为计算基尼系数。CART 树回归算法解决回归问题时,最大的不同在于标签的分类结果。比如,银行决策是否为某人提供贷款的问题,分类问题中决策树模型运行的结果只有两种,0 代表不提供,1 代表提供;而回归问题中的结果是一个概率值,即银行愿意为某人提供贷款的概率,同时错误率用方差表示,这可以反映银行的倾向程度,同时更加贴合实际情况。程序清单 7-3 为 CART 树回归的实验演示。

程序清单 7-3　CART 树回归模型

```
# 定义树节点
class TreeNode():
    def __init__(self, feature, value):
        self.feature = feature
        self.value = value
```

```
            self.left = None
            self.right = None
#新建回归数据集
def createDataSetForRegression():
    dataSet = [[1, 1, 2, 1],
               [0, 1, 0, 0.9],
               [1, 0, 0, 0.8],
               [0, 1, 0, 0.9],
               [0, 1, 1, 0.1],
               [1, 1, 1, 0.9],
               [0, 0, 2, 0.2],
               [0, 0, 1, 0.1]]
    column_name = ['工资', '压力', '平台']
    return dataSet, column_name
#分割数据集
def split_dataset(dataset, feature_index, value):
    dataset_left = dataset[np.nonzero(dataset[:, feature_index] <= value)[0]]
    dataset_right = dataset[np.nonzero(dataset[:, feature_index] > value)[0]]
    return dataset_left, dataset_right
#生成叶子节点,即目标变量的均值
def regLeaf(dataSet):
    return np.mean(dataSet[:, -1])
#计算误差的平方
def cal_square_error(all_label):
    square_error = np.var(all_label) * len(all_label)
    return square_error
#选择特征属性
def choose_feature(dataset):
    if len(set(dataset[:, -1])) == 1:
        return None, dataset[0, -1]
    cal_square_error(dataset[:, -1])
    m, n = dataset.shape
    best_index = 0
    best_value = 0
    max_loss = np.inf
    for i in range(n - 1):
        if len(set(dataset[:, i])) == 1:
            continue
        for value in set(dataset[:, i]):
            dataset_left, dataset_right = split_dataset(dataset, i, value)
```

```
            # 如果这个特征已经是唯一的,不可再分
            if len(dataset_left) = = 0 or len(dataset_right) = = 0:
                continue
                new_loss = cal_square_error(dataset_left[:, - 1]) + cal_square_
                    error(dataset_right[:, - 1])
                if new_loss < max_loss:
                    max_loss = new_loss
                    best_index = i
                    best_value = value
    return best_index, best_value
# 创建 cart 回归树
def create_cart_regression_tree(dataset, column_name):
    feature, value = choose_feature(dataset)
    # 如果 feat 为 None,则返回叶节点对应的预测值
    if feature = = None:
        return TreeNode(feature, value)
    treeNode = TreeNode(column_name[feature], value)
    dataset_left, dataset_right = split_dataset(dataset, feature, value)
    treeNode. left = create_cart_regression_tree(dataset_left, column_name)
    treeNode. right = create_cart_regression_tree(dataset_right, column_name)
    return treeNode
# 树回归算法的可视化
import matplotlib. pyplot as plt
plt. rcParams['font. family'] = ['Fangsong']
def getNumLeafs(myTree):
    numLeafs = 0
    firstStr = list(myTree. keys())[0]
    secondDict = myTree[firstStr]
    for key in secondDict. keys():
        if type(secondDict[key]). __name__ = = 'dict':
            numLeafs + = getNumLeafs(secondDict[key])
        else:
            numLeafs + = 1
    return numLeafs
def getTreeDepth(myTree):
    maxDepth = 0
    firstStr = list(myTree. keys())[0]
    secondDict = myTree[firstStr]
    for key in secondDict. keys():
        if type(secondDict[key]). __name__ = = 'dict':
```

```
            thisDepth = 1 + getTreeDepth(secondDict[key])
        else：
            thisDepth = 1
        if thisDepth > maxDepth： maxDepth = thisDepth
    return maxDepth


# boxstyle 为文本框的类型，sawtooth 是锯齿形，fc 是边框线粗细
decisionNode = dict(boxstyle = "sawtooth", fc = "0.8")
leafNode = dict(boxstyle = "round4", fc = "0.8")
arrow_args = dict(arrowstyle = "< -")
def plotNode(nodeTxt, centerPt, parentPt, nodeType)：
    plot_tree.ax1.annotate(nodeTxt, xy = parentPt, xycoords ='axes fraction',
                    xytext = centerPt, textcoords ='axes fraction',
                    va = "center", ha = "center", bbox = nodeType, arrowprops =
                    arrow_args)
def plotMidText(cntrPt, parentPt, txtString)：
    xMid = (parentPt[0] - cntrPt[0]) / 2.0 + cntrPt[0]
    yMid = (parentPt[1] - cntrPt[1]) / 2.0 + cntrPt[1]
     plot_tree.ax1.text (xMid, yMid, txtString, va = "center", ha = "center",
                    rotation = 30)
def plotTree(myTree, parentPt, nodeTxt)：
    numLeafs = getNumLeafs(myTree)
    depth = getTreeDepth(myTree)
    firstStr = list(myTree.keys())[0]
    cntrPt = (plotTree.xOff + (1.0 + float(numLeafs)) / 2.0 / plotTree.totalW,
            plotTree.yOff)
    plotMidText(cntrPt, parentPt, nodeTxt)
    plotNode(firstStr, cntrPt, parentPt, decisionNode)
    secondDict = myTree[firstStr]
    # 减少 y 偏移，树是自顶向下画的
    plotTree.yOff = plotTree.yOff - 1.0 / plotTree.totalD
    for key in secondDict.keys()：
        if type(secondDict[key]).__name__ = = 'dict'：
            plotTree(secondDict[key], cntrPt, str(key))
        else：
            plotTree.xOff = plotTree.xOff + 1.0 / plotTree.totalW
            plotNode(secondDict[key], (plotTree.xOff, plotTree.yOff), cntrPt,
                leafNode)
            plotMidText((plotTree.xOff, plotTree.yOff), cntrPt, str(key))
    plotTree.yOff = plotTree.yOff + 1.0 / plotTree.totalD
```

```
def plot_tree(inTree):
    fig = plt.figure(1, facecolor='white')
    fig.clf()
    axprps = dict(xticks=[], yticks=[])
    plot_tree.ax1 = plt.subplot(111, frameon=False, **axprps)
    plotTree.totalW = float(getNumLeafs(inTree))    # 存储树的宽度
    plotTree.totalD = float(getTreeDepth(inTree))    # 存储树的深度

    # 使用了这两个全局变量追踪已经绘制的节点位置,以及放置下一个节点的恰当位置
    plotTree.xOff = -0.5 / plotTree.totalW;
    plotTree.yOff = 1.0;
    plotTree(inTree, (0.5, 1.0), '')
    plt.savefig("7-5.svg", dpi=1200, format="svg")
    plt.show()
# 转变树的存储方式
def treeNode2Dict(TreeNode, res):
    if not TreeNode.feature:
        return TreeNode.value
    if TreeNode.feature:
        res[TreeNode.feature] = {}
    if TreeNode.left:
        key = '<=' + str(TreeNode.value)
        res[TreeNode.feature][key] = treeNode2Dict(TreeNode.left, {})
    if TreeNode.right:
        key = '>' + str(TreeNode.value)
        res[TreeNode.feature][key] = treeNode2Dict(TreeNode.right, {})
    return res
```

上述程序展示了 CART 树回归算法的流程,也可以直接调用 sklearn 中的决策树模块,函数返回的也是 CART 树回归结果。接下来看一下实际的运行效果。

```
In [1]:  import numpy as np
         from plot_tree import plot_tree, treeNode2Dict
In [2]:  if __name__ == '__main__':
             dataset, column_name = createDataSetForRegression()
             dataset = np.array(dataset)
             cart_regression_tree = create_cart_regression_tree(dataset, column_name)
             res = treeNode2Dict(cart_regression_tree, {})
             plot_tree(res)
```

Out[2]:

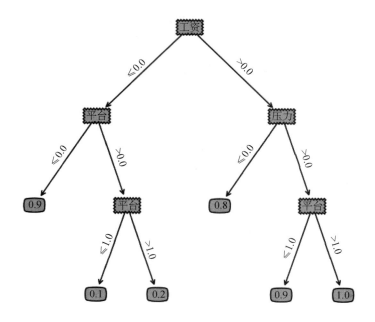

从本次实验中可以看出,根据工资、压力、工作平台三种因素,银行作出借贷给某人的意向程度,并用概率表示,与分类树相比,CART 树回归算法的结果描述更加精确,贴合现实。

7.3　决策树算法的剪枝

观察决策树算法的特点,我们可以看出,决策树算法的一个致命弱点就是非常容易过拟合,因为它把每个数据都区分开,把每个数据单独作为一个类别,那么每个类别里面都是完全纯净的,熵值一定为 0。决策树算法非常容易走向这个极端的方向,但显然这并不是我们想要的结果。所以为了避免过拟合现象,决策树算法需要采取剪枝策略。

剪枝分为预剪枝和后剪枝。预剪枝是指边建立决策树边进行剪枝的操作,一般采取的方法是限制深度、叶子节点个数、叶子节点样本数、信息增益量等,预剪枝是非常实用的预防决策树过拟合的方法,同时也是人们普遍使用的方法。后剪枝是指建立完决策树后再来进行剪枝操作,后剪枝的衡量标准是,叶子节点越多,损失越大。

$$C_a(T) = C(T) + \alpha \cdot |T_{leaf}| \tag{7-3}$$

程序清单 7-4 将完整展示树回归模型的预剪枝过程。

程序清单 7-4　树回归模型的预剪枝

```
class TreeNode():
    def __init__(self, feature, value):
        self.feature = feature
        self.value = value
```

```python
        self.left = None
        self.right = None
# 输入数据集
def createDataSetForRegression():
    dataSet = [[1, 1, 2, 1],
               [0, 1, 0, 0.9],
               [1, 0, 0, 0.8],
               [0, 1, 0, 0.9],
               [0, 1, 1, 0.1],
               [1, 1, 1, 0.9],
               [0, 0, 2, 0.2],
               [0, 0, 1, 0.1]]
    column_name = ['工资', '压力', '平台']
    return dataSet, column_name
def createValidDataSetForRegression():
    dataSet = [[0, 1, 2, 0.12],
               [1, 0, 0, 0.9],
               [1, 1, 0, 0.91]]
    column_name = ['工资', '压力', '平台']
    return dataSet, column_name
def split_dataset(dataset, feature_index, value):
    dataset_left = dataset[np.nonzero(dataset[:, feature_index] <= value)[0]]
    dataset_right = dataset[np.nonzero(dataset[:, feature_index] > value)[0]]
    return dataset_left, dataset_right
def gen_leaf(dataSet):
    # 生成叶子节点,即目标变量的均值
    return np.mean(dataSet[:, -1])


def cal_square_error(all_label):
    square_error = np.var(all_label) * len(all_label)
    return square_error
def choose_feature(dataset, threhold_leaf, threhold_SE):
    if len(set(dataset[:, -1])) == 1:
        # 如果这个特征已经是唯一的,不可再分
        return None, dataset[0, -1]
    base_SE = cal_square_error(dataset[:, -1])
    n = dataset.shape[1]
    best_index = 0
    best_value = 0
    min_SE = np.inf
```

```
    for i in range(n − 1):
        if len(set(dataset[:, i])) == 1:
            continue
        for value in set(dataset[:, i]):
            dataset_left, dataset_right = split_dataset(dataset, i, value)
            # 如果这个特征已经是唯一的,不可再分
            if len(dataset_left) == 0 or len(dataset_right) == 0:
                continue
            new_loss = cal_square_error(dataset_left[:, −1]) + cal_square_error
                       (dataset_right[:, −1])
            if new_loss < min_SE:
                min_SE = new_loss
                best_index = i
                best_value = value
    # 预剪枝 1:平方误差下降量没有收益
    if (base_SE − min_SE) < threshold_SE:
        return None, gen_leaf(dataset)
    # 预剪枝 2:叶子节点过少
    dataset_left, dataset_right = split_dataset(dataset, best_index, best_value)
    if (dataset_left.shape[0] < threshold_leaf) or (dataset_left.shape[1] <
        threshold_leaf):
        return None, gen_leaf(dataset)
    return best_index, best_value
def create_cart_regression_tree(dataset, column_name, threshold_leaf = −1, threshold
                                _SE = 0.01):
    feature, value = choose_feature(dataset, threshold_leaf, threshold_SE)
    # 如果 feature 为 None,则返回叶子节点对应的预测值
    if feature == None:
        return TreeNode(feature, value)
    treeNode = TreeNode(column_name[feature], value)
    dataset_left, dataset_right = split_dataset(dataset, feature, value)
    treeNode.left = create_cart_regression_tree(dataset_left, column_name,
                                                threshold_leaf, threshold_SE)
    treeNode.right = create_cart_regression_tree(dataset_right, column_name,
                                                 threshold_leaf, threshold_SE)
    return treeNode
```

接下来看一下实际运行的效果。

```
In [1]: import numpy as np
        from plot_tree import plot_tree, treeNode2Dict
In [2]: if __name__ == '__main__':
```

```
train_dataset，column_name = createDataSetForRegression()
train_dataset = np.array(train_dataset)
# 预剪枝
cart_regression_tree = create_cart_regression_tree(train_dataset，
                       column_name，threshold_leaf = -1，threshold_
                       SE = 0.01)
res = treeNode2Dict(cart_regression_tree，{})
plot_tree(res)
valid_dataset，column_name = createValidDataSetForRegression()
valid_dataset = np.array(valid_dataset)
```

Out[2]：

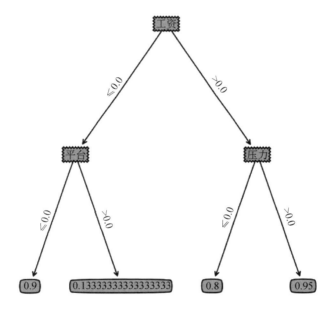

　　从 Out[2]可以看出剪枝后的结果与未剪枝的结果有比较大的差异。接下来我们再来观察一下后剪枝会有什么样的不同。程序清单 7-5 将完整展示树回归模型的后剪枝过程。

程序清单 7-5　树回归模型的后剪枝

```
def get_mean(tree)：
    if tree.right：
        tree.right = get_mean(tree.right)
    else：
        tree.right = tree.value
    if tree.left：
        tree.left = get_mean(tree.left)
    else：
        tree.left = tree.value
    return TreeNode(None，(tree.left + tree.right)/2.0)
```

```python
def createDataSetForRegression():
    dataSet = [[1, 1, 2, 1],
               [0, 1, 0, 0.9],
               [1, 0, 0, 0.8],
               [0, 1, 0, 0.9],
               [0, 1, 1, 0.1],
               [1, 1, 1, 0.9],
               [0, 0, 2, 0.2],
               [0, 0, 1, 0.1]]
    column_name = ['工资', '压力', '平台']
    return dataSet, column_name
def createValidDataSetForRegression():
    dataSet = [[0, 1, 2, 0.12],
               [1, 0, 0, 0.9],
               [1, 1, 0, 0.91]]
    column_name = ['工资', '压力', '平台']
    return dataSet, column_name
def prune(tree, testData, column_name):
    # 没有测试数据,该位置应该是一个叶子节点
    if testData.shape[0] == 0:
        return get_mean(tree)
    if tree.right.feature or tree.left.feature:
        i = column_name.index(tree.feature)
        left_dataset, right_dataset = split_dataset(testData, i, tree.value)
    if tree.left.feature:
        tree.left = prune(tree.left, left_dataset, column_name)
    if tree.right.feature:
        tree.right = prune(tree.right, right_dataset, column_name)
    # 都是叶子节点,check 是否需要合并
    if not tree.left.feature and not tree.right.feature:
        i = column_name.index(tree.feature)
        left_dataset, right_dataset = split_dataset(testData, i, tree.value)
        no_merge_SE = sum(np.power(left_dataset[:, -1] - tree.left.value, 2)) + \
                      sum(np.power(right_dataset[:, -1] - tree.right.value, 2))
        tree_mean = (tree.left.value + tree.right.value)/2.0
        merge_SE = sum(np.power(testData[:, -1] - tree_mean, 2))
        if merge_SE < no_merge_SE:
            print(f"{merge_SE} < {no_merge_SE} :merging")
            print(left_dataset[:, -1], right_dataset[:, -1])
            return TreeNode(None, tree_mean)
```

```
        else: return tree
    else: return tree
```

接下来看一下实际运行的效果。

In [1]:　from Cart_regression_with_pre_prune import *

　　　　　from plot_tree import plot_tree, treeNode2Dict

In [2]:　if __name__ == = '__main__':

　　　　　　　train_dataset, column_name = createDataSetForRegression()

　　　　　　　train_dataset = np.array(train_dataset)

　　　　　　　valid_dataset, column_name = createValidDataSetForRegression()

　　　　　　　valid_dataset = np.array(valid_dataset)

　　　　　　　# 后剪枝

　　　　　　　cart_regression_tree = create_cart_regression_tree(train_dataset,
　　　　　　　　　　　　　　column_name, threshold_leaf = - 1, threshold_
　　　　　　　　　　　　　　SE = 0.001)

　　　　　　　cart_regression_tree_pos = prune(cart_regression_tree, valid_
　　　　　　　　　　　　　　　　dataset, column_name)

　　　　　　　cart_regression_tree_pos = treeNode2Dict(cart_regression_tree_pos, {})

　　　　　　　plot_tree(cart_regression_tree_pos)

Out[2]:

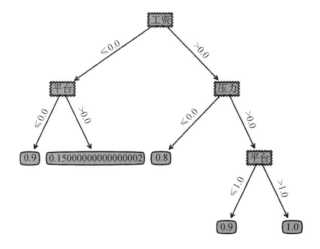

 价值塑造与能力提升

本章示例:使用决策树进行
个人信用风险评估

本章习题

7.4　本章小结

决策树算法是一种有监督的学习方法,其可视化的特点有助于我们分析模型的内在结构,了解每一步的算法过程。决策树算法以特征属性为重要标准,它通过大量计算信息熵和基尼系数,找出在一组数据中对决策影响最大的特征,并对特征进行重要度排序,这样可以清楚地显示数据中最重要的影响因素,按照重要因素划分数据最为合理。

比较经典的决策树算法是 ID3 决策树、C4.5 决策树和 CART 决策树,这三种决策树在计算数据的混乱程度时分别以信息增益、信息增益率、基尼系数作为衡量指标。为了弥补决策树算法容易发生过拟合的缺点,通常要对决策树进行剪枝。根据剪枝在算法结构中的位置,剪枝可分为预剪枝和后剪枝,使用更广泛的方法是预剪枝,它通常通过限制树的深度等来达到剪枝的目的。

本章中介绍的决策树并非所有的决策树,目前较为流行的 C5.0 决策树等也被广泛使用。

第 8 章　朴素贝叶斯

在许多分类算法应用中,特征和标签之间的关系并非是决定性的。比如,在使用决策树算法预测一个人是否会在泰坦尼克号海难中生存下来时,基于训练的经验,算法预测某个人"很有可能"没有生存下来,但算法永远无法确定"这个人一定没有存活下来"。即便这个人最后真的没有活下来,算法也无法确定基于训练数据给出的判断,是否真的解释了这个人没有存活下来的真实情况。这就是说,算法得出的结论,永远不是百分之百确定的。我们常常通过某些方法强行算法为我们返回一个固定结果。但许多时候,我们也希望能够理解算法判断出的可能性本身。每种算法使用不同的指标来衡量这种可能性。但这些指标的本质,其实都是一种"类概率"的表示,我们可以通过归一化或 sigmoid() 函数将这些指标压缩到 0~1,让它们表示模型对预测的结果究竟有多大的把握(置信度)。但无论如何,我们都希望使用真正的概率来衡量可能性,因此,就有了真正的概率算法:朴素贝叶斯。

本章会给出一些使用概率论进行分类的方法,先从一个最简单的概率分类器开始,然后在给出一些假设的基础上介绍朴素贝叶斯分类器。学术界称之为"朴素",是因为整个形式化过程只作最原始、最简单的假设。我们将充分利用 Python 的文本处理能力将文档切分成词向量,然后利用词向量对文档进行分类。我们还将构建另一个分类器,观察其对垃圾文档的过滤效果。最后,本章的示例基于美团外卖用户评价系统介绍如何调用 sklearn 中的朴素贝叶斯算法。

8.1　朴素贝叶斯算法

朴素贝叶斯算法(naive bayesian algorithm)是应用最为广泛的分类算法之一。朴素贝叶斯算法在贝叶斯算法的基础上进行了相应的简化,即假定给定目标值时属性之间相互条件独立,也就是说没有哪个属性变量对于决策结果来说占有较大的比重,也没有哪个属性变量对于决策结果占有较小的比重。虽然这个简化方式在一定程度上降低了贝叶斯算法的分类效果,但是在实际的应用场景中,极大地简化了贝叶斯算法的复杂性。

朴素贝叶斯算法的优缺点如下。

(1)优点:逻辑性简单,鲁棒性比较好;支持多分类任务;对缺失数据不敏感;算法简单,模型容易解释;计算量小,支持海量数据;支持增量式计算,可用作在线预测。

(2)缺点:需要有先验概率,不同值对结果有影响;分类决策存在错误率;对输入数据表达形式敏感;"朴素"的假设对结果影响大。

朴素贝叶斯的伪代码表示如下:

1. 计算每个类别中的文档数目	
2. 对每篇训练文档	
3. 对每个类别	
4. 如果词条在文档中出现,则增加该词条的计数值	
5. 增加所有词条的计数值	
6. 对每个类别	
8. 对每个词条	
9. 将该词条的数目除以总词条数得到条件概率	
10. 返回每个类别的条件概率	

运用朴素贝叶斯算法的不同阶段如下。

(1) 准备工作阶段。确定特征属性,获取训练样本。

(2) 分类器训练阶段。对每个类别,计算概率值 $p(y_i)$,再对每个特征属性计算所有划分的条件概率。

(3) 应用阶段。对每个类别,计算概率值 $p(x|y_i)p(y_i)$,以 $p(x|y_i)p(y_i)$ 最大项作为 x 的所属类别。

朴素贝叶斯算法的工作流程如下:

① 收集数据:通过各种方法采集数据;

② 准备数据:数据类型为数值型或者布尔型;

③ 分析数据:采用统计学方法或者其他的方法进行数据分析;

④ 训练算法:计算不同的独立特征的条件概率;

⑤ 测试算法:计算错误率;

⑥ 使用算法:朴素贝叶斯算法常用于文档分类,可以在任意的分类场景中使用朴素贝叶斯分类器,不一定非要在文本环境。

朴素贝叶斯算法最核心的部分是贝叶斯法则,而贝叶斯法则的基石是条件概率。贝叶斯法则如下:

$$p(c_i \mid x, y) = \frac{p(x, y \mid c_i) p(c_i)}{p(x, y)} \tag{8-1}$$

这里的 c 表示类别,输入待判断数据,式子会给出要求解的某一类的概率。我们的最终目的是比较各类别的概率值大小,而式(8-1)的分母是不变的,因此,只要计算分子即可。以"坏蛋识别器"为例:我们用 c_0 表示好人,c_1 表示坏人,现在 100 个人中有 60 个好人,则 $p(c_0)=0.6$,那么 $p(x, y|c_0)$ 怎么求呢?注意,这里的 (x, y) 是多维的,因为有 60 个好人,每个人又有"性别""笑""文身"等多个特征,这些构成了 x,而 y 是标签向量,由 60 个 0 和 40 个 1 构成。

这里我们假设 x 的特征之间是相互独立的,互相不影响,这就是朴素贝叶斯中"朴素"的由来。朴素贝叶斯算法假设数据集中每个特征之间相互独立,即相互之间不存在影响效应。在假设特征间独立的情况下,将特征向量 (x, y) 展开为一个个独立特征,很容易得到概率值 $p(x, y \mid c_0) = p(x_0, y_0 \mid c_0) \cdot p(x_1, y_1 \mid c_0) \cdot p(x_2, y_2 \mid c_0) \cdots p(x_n, y_n \mid c_0)$。

朴素贝叶斯算法常被应用于文档的分类,接下来我们将使用 Python 来实现朴素贝叶斯分类器。涉及利用 Python 进行文本分类任务,在进行前需要先收集文档数据及其类别。

8.2　基于朴素贝叶斯的文本分类

要从文本中获取特征，需要先拆分文本。这里的特征来自文本的词条（token），一个词条是字符的任意组合。我们具体该如何做呢？将每一个文本片段表示为一个词条向量，其中，值为 1 表示词条出现在文档中，0 表示词条未出现。

以"斑点狗"爱好者留言板的留言为例。为了不影响社区发展，需要屏蔽带有侮辱性的言论，为了将言论进行分类，我们要构建一个快速过滤器，如果某条评价使用了负面或者侮辱性的语言，那么就将该评价标识为内容不当。过滤这类内容是一个很常见的需求。对此类问题建立两个类别：侮辱性和非侮辱性，分别使用 1 和 0 表示。

本章接下来首先给出数据准备过程，即将文本转换为数字向量的过程，然后介绍如何基于这些向量来计算条件概率，进行算法训练，并在此基础上构建分类器，最后还要介绍一些利用 Python 实现朴素贝叶斯的过程中需要考虑的问题。

8.2.1　从文本中构建词向量

我们将文本看成单词向量或者词条向量，也就是说，将句子转换为向量。先考虑出现在所有文档中的所有单词，再决定将哪些词纳入词汇表或者说所要的词汇集合，然后必须要将每一篇文档转换为词汇表上的向量。

下面看一下实际的运行效果，打开文本编辑器，建立一个名为 bayes.py 的文件并加入下列代码。

程序清单 8-1　从词表到向量的转换函数

```
def loadDataSet():
    postingList = [['my','dog','has','flea',\
                    'problems','help','please'],
                   ['maybe','not','take','him',\
                    'to','dog','park','stupid'],
                   ['my','dalmation','is','so',\
                    'cute','I','love','him'],
                   ['stop','posting','stupid',\
                    'worthless','garbage'],
                   ['mr','licks','ate','my',\
                    'steak','how','to','stop','him'],
                   ['quit','buying','worthless',\
                    'dog','food','stupid']]
    # 1 代表负面类文字，0 代表非负面类文字
    classVec = [0,1,0,1,0,1]
    return postingList,classVec
```

```
def createVocabList(dataSet):
    vocabSet = set([])
    for document in dataSet:
        vocabSet = vocabSet | set(document)
    return list(vocabSet)
def setOfWords2Vec(vocabList, inputSet):
    returnVec = [0] * len(vocabList)
    for word in inputSet:
        if word in vocabList:
            returnVec[vocabList.index(word)] = 1
        else:
            print("the word: %s is not in my Vocabulary!" % word)
    return returnVec
```

上述程序包含三个函数。第一个函数 loadDataSet()创建了一个案例样本，另外两个函数分别为 createVocabList()函数和 setOfWords2Vec()函数。

第一个函数 loadDataSet()函数返回的第一个变量是已经词条切分后的文档集合，它们都是从"斑点狗"爱好者留言板中得到的。信息文字被切割成一组条目，并被除去标点。loadDataSet()函数返回的第二个变量是一个分类标签的集合。这里有两种类型，包括侮辱性和非侮辱性。这些文字经过人工标注，被用来训练以自动侦测侮辱信息。

第二个函数 createVocabList()函数会用 Python 的 set 数据类型来创建一个包含在所有文件中的不重复的词的列表。在 set 构造器中键入一个条目列表，set 会返回一个不重复的单词表。函数会创建一个空集合，将一组新的单词添加到每一份文件中。操作符"|"用于对两个集合进行并集运算。

在获得了词汇表后，可以使用具有词汇表和文档的第三个函数 setOfWords2Vec()函数，其输出为一个文档向量，每一个向量的元素为 0 或 1，表示一个词汇表中的字在输入文件中是否存在。函数将先创建一个与词汇表长度相同的向量，并且全部为 0。然后，遍历文档中所有的词，如果词汇在词汇表中，则将输出的文件向量中对应的数值设为 1。如果一切顺利，那就没有必要在 vocabList 中查看这些字了，这个动作在以后也会用到。

下面看一下上面这些函数的运行效果，保存 bayes.py 文件，并在 Python 提示符下输入下列代码：

```
In [1]:   import bayes
In [2]:   listOPosts, listClasses = bayes.loadDataSet()
In [3]:   myVocabList = bayes.createVocabList(listOPosts)
          print(myVocabList)
Out[3]:   ['problems', 'has', 'worthless', 'stop', 'him', 'buying', 'not', 'so', 'is', '
          stupid', 'love', 'flea', 'my', 'how', 'help', 'park', 'licks', 'maybe', 'dalmation
          ', 'take', 'garbage', 'to', 'ate', 'mr', 'quit', 'food', 'I', 'dog', 'cute', 'please
          ', 'steak', 'posting']
```

下面看一下 setOfWords2Vec()函数的运行效果：

```
In [4]:    bayes.setOfWords2Vec(myVocabList, listOPosts[0])
Out[4]:    [1, 1, 0, 0, 0, 0, 0, 0, 0, 0, 0, 1, 1, 0, 1, 0, 0, 0, 0, 0, 0, 0, 0, 0, 0, 0, 0,
           1, 0, 1, 0, 0]
In [5]:    bayes.setOfWords2Vec(myVocabList, listOPosts[3])
Out[5]:    [0, 0, 1, 1, 0, 0, 0, 0, 0, 1, 0, 0, 0, 0, 0, 0, 0, 0, 0, 0, 1, 0, 0, 0, 0, 0, 0,
           0, 0, 0, 0, 1]
```

该函数使用词汇表或者想要检查的所有单词作为输入,为其中每一个单词构建一个特征。一旦给定一篇文档,该文档就会被转换为词向量。

8.2.2　从词向量中计算概率

前面介绍了如何将一组单词转换为一组数字,接下来看看如何使用这些数字计算概率。现在已经知道一个词是否出现在一篇文档中,也知道该文档所属的类别。还记得 8.1 节提到的贝叶斯准则吗?我们重写贝叶斯准则,将之前的 x, y 替换为 w。粗体 w 表示这是一个向量,即它由多个数值组成。在这个例子中,数值个数与词汇表中的词个数相同。

$$p(c_i \mid w) = \frac{p(w \mid c_i) p(c_i)}{p(w)} \tag{8-2}$$

我们将使用式(8-2)计算每个类别 c_i 的后验概率 $p(c_i \mid w)$,比较每个类别的后验概率值 $p(c_1 \mid w)$ 和 $p(c_2 \mid w)$ 的大小。下面将利用代码完成计算,打开文本编辑器,将程序清单 8-2 中的代码添加到 bayes.py 文件中。由于该函数使用了 NumPy 的一些函数,需要将 from numpy import * 及 import numpy as np 语句添加到 bayes.py 文件的最前面。

程序清单 8-2　朴素贝叶斯分类器训练函数

```
def trainNB0(trainMatrix, trainCategory):
    numTrainDocs = len(trainMatrix)
    numWords = len(trainMatrix[0])
    pAbusive = sum(trainCategory) / float(numTrainDocs)
    p0Num = zeros(numWords)
    p1Num = zeros(numWords)
    p0Denom = 0.0
    p1Denom = 0.0
    for i in range(numTrainDocs):
        if trainCategory[i] == 1:
            p1Num += trainMatrix[i]
            p1Denom += sum(trainMatrix[i])
        else:
            p0Num += trainMatrix[i]
            p0Denom += sum(trainMatrix[i])
    p1Vect = p1Num / p1Denom
```

```
        p0Vect = p0Num / p0Denom
    return p0Vect, p1Vect, pAbusive
```

在 trainNB0() 函数中,输入一个文档矩阵 trainMatrix 和一个包含每个文件分类标签的向量类型 trainCategory。首先,将文档归类为负向文本(class =1)的概率值进行计算。由于该问题属于二分类问题,因此,$P(0)$ 可由 "$1-P(1)$" 求出。如果有两个以上的分类问题时,就需要对代码进行修改。

在程序中,若要计算 $p(w_i \mid c_i)$ 和 $p(w_i \mid c_0)$,就需要初始化分子和分母变量。由于 w 中有大量元素,因此可以使用 NumPy 数组来快速地进行操作。在上面的程序中,分母变量包含与自会表相同数目的单元数。在 for 循环中,需要在 trainMatrix 中遍历所有的文档。当某一个单词(负面性单词或非负面性单词)出现在某一份文档中时,单词的数量(p1Num 或 p0Num)将被增加 1,并且在所有文档中,总词数也都会相应地增加 1。

最后,对每个元素除以该类别中的总词数。用 NumPy 来实现是非常容易的,只需要用一个数组来除以浮点数,而如果用普通的 Python 列表就很难做到这一点。最终,该函数将返回两个向量和一个概率。

接下来看一下实际运行效果。将程序清单 8-2 中的代码添加到 bayes. py 文件中后,在 Python 提示符下输入:

In [1]: import bayes

In [2]: listOPosts, listClasses = bayes.loadDataSet()

In [3]: myVocabList = bayes.createVocabList(listOPosts)

至此我们构建了一个包含所有词的列表 myVocabList。

In [4]: trainMat = []

In [5]: for postinDoc in listOPosts:
            trainMat.append(bayes.setOfWords2Vec(myVocabList, postinDoc))

该 for 循环使用词向量来填充 trainMat 列表。下面给出属于负面类文字的概率及两个类别向量的概率向量。

In [6]: p0V, p1V, pAb = bayes.trainNB0(trainMat, listClasses)
        print(pAb)

Out[6]: 0.5

In [7]: print(p0V)

Out[7]: [0.04166667 0.04166667 0.   0.04166667 0.08333333 0.
         0.   0.04166667 0.04166667 0.   0.04166667 0.04166667
         0.125   0.04166667 0.04166667 0.   0.04166667 0.04166667
         0.04166667 0.   0.   0.04166667 0.04166667 0.04166667
         0.   0.   0.04166667 0.04166667 0.04166667 0.04166667
         0.04166667 0.   ]

In [8]: print(p1V)

Out[8]: [0.   0.   0.10526316 0.05263158 0.05263158 0.05263158
         0.05263158 0.   0.   0.15789474 0.   0.
         0.   0.   0.   0.05263158 0.   0.05263158
```
```

0.		0.05263158	0.05263158	0.05263158	0.		0.
0.05263158	0.05263158	0.		0.10526316	0.		0.
0.		0.05263158]					

首先,pAb＝0.5 表示任意文档都有可能被认为是侮辱性文档,这个数值是正确的。然后,看一下在某特定的文档中,词汇表中出现单词的概率,看是否正确。词汇表中的第一个单词是"problems",它在 0 类中出现 1 次,但从未在 1 类中出现过。对应的条件概率分别是0.04166667 与 0.0,这个计算结果是正确的。我们发现,在 P(1)数组中第 10 个下标位置上的概率值是最大值,它的值是 0.15789474。在 myVocabList 的第 26 个下标位置上的是stupid,这就意味着 stupid 是最能代表 1 类(侮辱性文档类)的词汇。

在使用此函数用于分类前,需要处理函数上的一些缺陷。

8.2.3　根据实际情况修改分类器

在利用贝叶斯分类器进行文档分类时,首先要对文档进行分类,然后计算多个概率的乘积,即计算 $p(w_0|1)p(w_1|1)p(w_2|1)$。当一个概率值是 0 时,最终的乘积也是 0。为了减少这种影响,我们可以把所有单词的出现次数都设置为 1,然后把分母设置成 2。在文本编辑器中打开 bayes.py 文件,并修改 trainNB0()函数的第 4 和第 5 行:

```
P0Num  = ones(numwords);p1Num = ones(numwords)
p0Denom = 2.0;p1Denom = 2.0
```

还有一个问题是过多极少的数字相乘而造成的下溢出。如果计算乘积 $p(w_0|c_i)p(w_1|c_i)p(w_2|c_i)\cdots p(w_N|c_i,)$,则程序可能会向下溢出,或产生一个不正确的结果,因为大多数因子都很小(我们可以用 Python 对一些非常小的数字进行乘积,然后四舍五入后得到 0),一种解决办法是把乘积取自然对数。在代数中,$\ln(a*b)=\ln(a)+\ln(b)$,因此,通过计算对数可以防止下溢出或者浮点数四舍五入所引起的误差。同时,使用自然对数进行处理,不会有任何的损耗。图 8-1 给出了函数 $f(x)$ 与 $\ln(f(x))$ 的曲线。对这两条曲

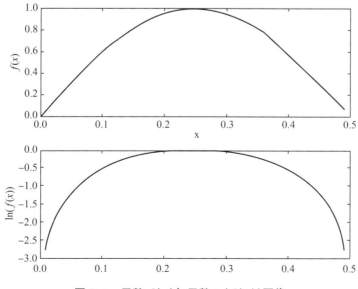

图 8-1　函数 $f(x)$ 与函数 $\ln(f(x))$ 图像

线进行检验,可以发现两者应在同一区域会同时增加或者同时减小,虽然它们的极值是不一样的,但是取得极值的点是相同的。也就是说,虽然取值不同,但不影响结果。因此,如果要求函数的最大值,可以取自然对数代替原来的函数。通过修改 return 前的两行代码,将上述做法应用到分类器中:

```
P1Vect = log(p1Num/p1Denom)
p0Vect = log(p0Num/p0Denom)
```

下面看一下实际的运行效果,打开文本编辑器,将下列代码添加到 bayes.py 文件中。

程序清单 8-3　朴素贝叶斯分类函数

```
def classifyNB(vec2Classify, p0Vec, p1Vec, pClass1):
    p1 = sum(vec2Classify * p1Vec) + log(pClass1)
    p0 = sum(vec2Classify * p0Vec) + log(1.0 - pClass1)
    if p1 > p0:
        return 1
    else:
        return 0
def testingNB():
    listOPosts, listClasses = loadDataSet()
    myVocabList = createVocabList(listOPosts)
    trainMat = []
    for postinDoc in listOPosts:
        trainMat.append(setOfWords2Vec(myVocabList, postinDoc))
    p0V, p1V, pAb = trainNB0(array(trainMat), array(listClasses))
    testEntry = ['love','my','dalmation']
    thisDoc = array(setOfWords2Vec(myVocabList, testEntry))
    print(testEntry, 'classified as:', classifyNB(thisDoc, p0V, p1V, pAb))
    testEntry = ['stupid','garbage']
    thisDoc = array(setOfWords2Vec(myVocabList, testEntry))
print(testEntry, 'classified as:', classifyNB(thisDoc, p0V, p1V, pAb))
```

程序清单 8-3 中的第一个函数 classifyNB() 函数有 4 个输入:要进行分类的向量 **vec2classify** 和三种由 trainNB0() 函数所计算的概率。两个向量的乘积是通过 NumPy 的数组来计算的。这里的乘法是把相应的两个向量相乘,即先将两个向量中的第 1 个元素相乘,然后再乘以第 2 个,以此类推。接着,在词汇表中添加相应的数值,并把这个数值添加到类别的对数概率中。最后,通过对分类的概率进行比较,得出相应的分类标签。

第二个函数是一个便利函数(convenience function),它可以将所有的操作都封装起来,从而节省输入节中的编码时间。

下面来看看实际结果。将程序清单 8-3 中的代码添加到 bayes.py 文件之后,在 Python 提示符下输入下列代码:

```
In [1]: import bayes
In [2]: print(bayes.testingNB())
```

```
Out[2]: ['love', 'my', 'dalmation'] classified as: 0
        ['stupid', 'garbage'] classified as: 1
```

对文本作一些修改,看看分类器会输出什么结果。这个例子非常简单,但是它展示了朴素贝叶斯分类器的工作原理。接下来,我们会对代码作一些修改,使分类器工作得更好。

8.2.4 文档词袋模型

到目前为止,我们将每个词的出现与否作为一个特征,这可以被描述为词集模型(set-of-words model)。如果一个词在文档中出现不止一次,这可能意味着该词是否包含文档中所不能表达的某种信息,这种方法被称为词袋模型(bag-of-words model)。在词袋中,每个单词可以出现多次,而在词集中,每个词只能出现一次。为适应词袋模型,需要对函数 setOfWords2Vec() 稍加修改,修改后的函数称为 bagOfwords2Vec() 函数。

下面的程序清单给出了基于词袋模型的朴素贝叶斯代码。它与函数 setOfWords2Vec() 几乎完全相同,唯一不同的是每当遇到一个单词时,它会增加词向量中的对应值,而不只是将对应的数值设为 1。下面是修改后的朴素贝叶斯词袋模型。

程序清单 8-4　朴素贝叶斯词袋模型

```
def bagOfWords2Vec(vocabList, inputSet):
    returnVec = [0] * len(vocabList)
    for word in inputSet:
        if word in vocabList:
            returnVec[vocabList.index(word)] += 1
    return returnVec
```

现在分类器已经构建完成,下面我们将利用该词袋模型分类器来过滤垃圾文档。

8.3 基于朴素贝叶斯的垃圾文档过滤

在 8.2 节中,我们引入了字符串列表。在使用朴素贝叶斯解决一些现实生活中的问题时,需要先从文本内容得到字符串列表,然后生成词向量。下面我们来了解一下如何通过朴素贝叶斯词袋模型过滤垃圾文档。

下面首先给出将文本解析为词条的代码。然后将该代码和前面的分类代码集成为一个函数,该函数在测试分类器的同时会给出错误率。

8.3.1 切分文档文本

前一节介绍了如何创建词向量和基于这些词向量进行朴素贝叶斯分类的过程。前一节中的词向量是预先给定的,下面介绍如何从文本文档中构建自己的词列表。

对于一个文本字符串,可以使用 Python 的 string.split() 函数将其切分。下面看看实际的运行效果。在 Python 提示符下输入:

```
In[1]: mySent = 'You may be out of my sight, but never out of my mind.'
       print(mySent.split())
```

Out [1]: ['You','may','be','out','of','my','sight,','but','never','out','of','my
','mind.']

可以看到,切分的结果不错,但是标点符号也被当成了词的一部分。可以使用正则表达式来切分句子,其中,分隔符是除单词、数字外的任意字符串。

In [2]: import re
In [3]: listOfTokens = re.split('\s+',mySent)
print(listOfTokens)
Out [3]: ['You','may','be','out','of','my','sight,','but','never','out','of','my
','mind.']

现在得到了一系列词组成的词表,但是如果里面有空字符串,空字符串需要去掉。可以计算每个字符串的长度,只返回长度大于 0 的字符串。

[tok for tok in listofTokens if len(tok)>0]

最后,我们发现句子中的第一个单词是大写的。如果目的是句子查找,那么这个特点会很有用。但我们将这里的文本看成词袋,所以我们希望所有词的形式都是统一的,不论它们出现在句子中间、结尾还是开头。Python 中有一些内嵌的函数,可以将字符串全部转换成小写(.lower())或者大写(.upper()),借助这些函数可以达到目的。于是,可以进行如下处理:

[tok.lower() for tok in listOfTokens if len(tok) > 0]

下面我们将构建一个极其简单的函数,读者可根据情况自行修改。

8.3.2 使用朴素贝叶斯进行交叉验证

下面将文本解析器集成到一个完整分类器中。打开文本编辑器,将下面程序清单中的代码添加到 bayes.py 文件中。

程序清单 8-5　垃圾文档测试函数

```python
def textParse(bigString):
    import re
    listOfTokens = re.split(r'\s+',bigString)
    return [tok.lower() for tok in listOfTokens if len(tok)>2]
def spamTest():
    docList = []
    classList = []
    fullText = []
    for i in range(1, 26):
        #切分,解析数据,并归类为 1 类别
        wordList = textParse(open('./email/spam/%d.txt' % i).read())
        docList.append(wordList)
        fullText.extend(wordList)
        classList.append(1)
        #切分,解析数据,并归类为 0 类别
```

```
        wordList = textParse(open('./email/ham/%d.txt' % i).read())
        docList.append(wordList)
        fullText.extend(wordList)
        classList.append(0)
    vocabList = createVocabList(docList)
    trainingSet = np.arange(50)
    trainingSet = trainingSet.tolist()
    testSet = []
    for i in range(10):
        randIndex = int(np.random.uniform(0, len(trainingSet)))
        testSet.append(trainingSet[randIndex])
        del(trainingSet[randIndex])
    trainMat = []
    trainClasses = []
    for docIndex in trainingSet:
        trainMat.append(setOfWords2Vec(vocabList, docList[docIndex]))
        trainClasses.append(classList[docIndex])
    p0V, p1V, pSpam = trainNB0(np.array(trainMat), np.array(trainClasses))
errorCount = 0
    for docIndex in testSet:
        wordVector = setOfWords2Vec(vocabList, docList[docIndex])
        if classifyNB(np.array(wordVector), p0V, p1V, pSpam) != classList[docIndex]:
            errorCount += 1
    print('the error rate is :', float(errorCount)/len(testSet))
```

第一个函数 textParse() 函数接收一大串字符,并将其分成一个字符串的列表。这个函数会删除小于两个字符的字符串,然后将其全部改成小写。

第二个函数是自动化处理贝叶斯垃圾文档的分类程序。

导入文件夹 spam 与 ham 下的文本文件,并将其分解成单词列表。下一步随机选择邮件构建一个测试集和一个训练集。在这个例子中,总共 50 封邮件,10 封是随机选取的测试集。分类器所需要的概率计算仅使用了基于训练集中的文档进行分类。Python 变量 trainingSet 是一个取值范围在 0 到 49 之间的整数列表。接着,随机抽取 10 个文件。与所选数字相对应的文档会被加入测试集中,但也会被排除在训练集之外。将其中随机选取的一部分作为训练集,其余的部分作为测试集的过程被称作留存交叉验证(hold-out cross validation)。假设当前只进行一次迭代,为了得到更准确的平均错误率,就需要进行多次迭代。

接下来的 for 循环遍历了训练集合中的所有文档,根据每个文档的词汇表,用 setOfwords2Vec() 函数构造词向量。在 traindNB0() 函数中,这些单词被用来计算分类所需要的概率。然后,通过对这些测试集合进行归类。如果邮件分类不正确,那么错误数量就会增加 1,最后给出总的错误百分比。下面对以上的程序进行尝试。输入程序清单 8-5 的代码之后，在 Python 提示符下输入：

In [1]：bayes.spamTest()

Out [1]：the error rate is：0.1

在 10 个随机选取的文档中，spamTest()函数将输出分类误差率。由于这些文档是随机选取的，因此，每次输出的结果都会有所不同。若出现问题，这个函数将会输出一个错分文档的词汇表，从而判断哪个文档存在问题。为了更好地估算误差，就需要反复几次以上的步骤，比如 10 次，然后求出平均值。

一个常见的错误就是把一个垃圾文档当成一个正常的文档。相比之下，把一个垃圾文档归类为一个普通的文档要好于把一个普通的文档归类为一个垃圾文档。我们可以使用很多方法对分类器进行修改，从而避免错误。

前面我们用简单贝叶斯来分类文档，下面二维码中的示例将说明如何在 sklearn 中调用朴素贝叶斯分类器。

 价值塑造与能力提升

本章示例：美团外卖用户
评价情感倾向分析

本章习题

8.4 本章小结

对于分类而言，使用概率有时要比使用硬规则更为有效。贝叶斯概率及贝叶斯准则提供了一种利用已知值来估计未知概率的有效方法。

我们可以通过特征之间的条件独立性假设，降低对数据量的需求。独立性假设是指一个词的出现概率并不依赖于文档中的其他词。当然我们也知道这个假设过于简单，这也是"朴素"的原因。尽管条件独立性假设并不正确，但是朴素贝叶斯仍然是一种有效的分类器。利用现代编程语言来实现朴素贝叶斯时需要考虑很多实际因素。下溢出就是其中一个问题，它可以通过对概率取对数来解决。词袋模型在解决文档分类问题上比词集模型有所提高，它还有其他一些方面的改进，如移除停用词，当然也可以花大量时间对切分器进行优化。

朴素贝叶斯算法在预测方面，对于样本的要求并不是很苛刻，如果样本比较少，可以考虑使用它来建模。相比起线性模型来说，朴素贝叶斯算法的效率更高一点，这是因为朴素贝叶斯算法会把数据集中的各个特征看作完全独立的，而不考虑特征之间的关联关系。在大数据时代，在超高维的数据集中，线性模型的训练时间可能会很长，所以朴素贝叶斯算法是一个很好的选择。

第9章 支持向量机

从实际应用来看,支持向量机(support vector machine,SVM)在各种实际问题中都表现非常优秀。因为SVM可以大量减少标准归纳和转换设置中对标记训练实例的需求,因此,它在手写数字和人脸识别,在文本和超文本的分类中应用广泛。同时,SVM也被用来执行图像的分类,并用于图像分割系统。实验结果表明,在仅仅三到四轮相关反馈之后,SVM的搜索精度就能比传统的查询细化方案高出很多。除此之外,生物学和许多其他学科都是SVM的青睐者,SVM已经被广泛用于蛋白质分类。在生命科学的尖端研究中,人们还使用支持向量机来识别用于模型预测的各种特征,以找出各种基因表现结果的影响因素。

从理论层面上看,SVM是最接近深度学习的机器学习算法。线性SVM可以看成神经网络的单个神经元(虽然损失函数与神经网络不同),非线性的SVM则与两层的神经网络相当,非线性的SVM中如果添加多个核函数,则可以模仿多层的神经网络。

9.1　支持向量机简介

支持向量机的分类方法是在一组分布中找出一个超平面作为决策边界,使模型在数据上的分类误差尽量小,尤其是在未知数据集上的分类误差(泛化误差)尽量小的方法。

决策边界一侧的所有点分类属于一个类,而另一侧的所有点分类属于另一个类。如果能够找出决策边界,分类问题就变成探讨每个样本对于决策边界而言的相对位置的问题。如图9-1所示,对于数据分布,我们很容易就可以在白点和黑点的中间画出一条线,并让所有落在直线左边的样本被分类为方块,在直线右边的样本被分类为圆。如果把数据当作我们的训练集,只要直线的一边只有一种类型的数据,就没有分类错误,那样训练误差就是0。对于一个数据集来说,让训练误差为0的决策边界可以有无数条。

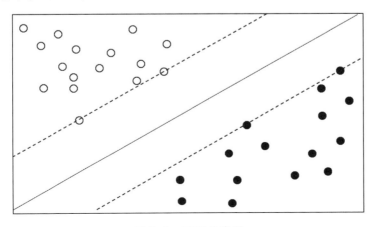

图9-1　SVM分类器

　　但我们无法保证这条决策边界在未知数据集(测试集)上的表现也优秀。如图 9-2 所示,对于现有的数据集来说,我们有两条 B 和 E 可能的决策边界。我们可以把决策边界向两边平移,直到碰到离这条决策边界最近的方块和圆圈后停下,形成两个新的超平面,分别是 b_1、b_2 和 e_1、e_2,并且我们将原始的决策边界移动到 b_1、b_2 和 e_1、e_2 的中间,确保它们的距离相等。在 b_1、b_2 或者 e_1、e_2 中间的距离,叫作这条决策边界的边际(margin),通常记作 d,为了简便,我们称 b_1、b_2 和 e_1、e_2 为"虚线超平面"。现在两条决策边界右边的数据都被判断为黑点,左边的数据都被判断为白点,两条决策边界在现在的数据集上的训练误差都是 0,没有一个样本被分错。

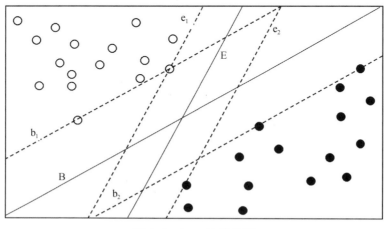

图 9-2　SVM 决策边界

　　于是我们引入和原本的数据集相同分布的测试样本,这样的话,平面中的样本变多了,此时可以发现,对于 B 而言,依然没有一个样本被分错,这条决策边界上的泛化误差也是 0。但是对于 E 而言,却有黑点被误认成了白点,同时也有白点被误认成了黑点,E 这条决策边界上的泛化误差就远远大于 B 了(见图 9-3)。这个例子表明,拥有更大边际的决策边界在分类中的泛化误差更小。如果边际很小,则任何轻微扰动都会对决策边界的分类产生很大

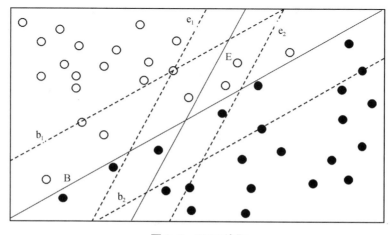

图 9-3　SVM 边际

的影响。边际很小的情况是一种模型在训练集上表现很好,却在测试集上表现糟糕的情况,所以会"过拟合"。所以我们在找寻决策边界的时候,希望边际越大越好。

支持向量机,就是通过找出边际最大的决策边界,来对数据进行分类的分类器。因此,支持向量分类器又叫作最大边际分类器。

总的来说,支持向量机具有以下优点。

(1) SVM 是一种有坚实理论基础的、新颖的、适用于小样本的学习方法。它基本上不涉及概率测度及大数定律等,也简化了通常的分类和回归等问题。

(2) 计算的复杂性取决于支持向量的数目,而不是样本空间的维数,这在某种意义上避免了"维数灾难"。

(3) 少数支持向量决定了最终结果,对异常值不敏感,这不但可以帮助我们抓住关键样本、而且可以"剔除"大量冗余样本。该方法不但算法简单,并且具有较好的"鲁棒性"。

(4) SVM 学习问题可以表示为凸优化问题,因此,我们可以利用已知的有效算法发现目标函数的全局最小值,也就是说,它有优秀的泛化能力。

同时,支持向量机还具有以下缺点。

(1) 对大规模训练样本难以实施。SVM 的空间消耗主要是存储训练样本和核矩阵,由于 SVM 是借助二次规划来求解支持向量,而求解二次规划将涉及 m 阶矩阵的计算(m 为样本的个数),当 m 数目很大时该矩阵的存储和计算将耗费大量的机器内存和运算时间。如果数据量很大,SVM 的训练时间就会比较长,如垃圾邮件的分类检测,这时,不宜使用 SVM 分类器,而是使用简单的朴素贝叶斯分类器,或者是使用逻辑回归模型分类。

(2) 解决多分类问题困难。经典的支持向量机算法只给出了二类分类的算法,而在实际应用中,我们一般要解决多类的分类问题。这可以通过多个二类支持向量机的组合来解决,主要有一对多组合模式、一对一组合模式和 SVM 决策树;也可以通过构造多个分类器的组合来解决。其主要原理是克服 SVM 固有的缺点,结合其他算法的优势,解决多类问题的分类精度。例如,与粗糙集理论结合,形成一种优势互补的多类问题的组合分类器。

(3) 对参数和核函数选择敏感。支持向量机性能的优劣主要取决于核函数的选取,所以对于一个实际问题而言,如何根据实际的数据模型选择合适的核函数从而构造 SVM 算法比较关键。目前比较成熟的核函数及其参数的选择都是人为的,是根据经验选取的,带有一定的随意性。在不同的问题领域,核函数应当具有不同的形式和参数,所以在选取时候应该将领域知识引入进来,但是目前还没有好的方法来解决核函数的选取问题。

9.2　线性 SVM

9.2.1　线性 SVM 分类原理

要理解 SVM 的损失函数,我们先来定义决策边界。假设现在数据中总计有 N 个训练样本,每个训练样本 i 可以被表示为 (x_i, y_i),$(i = 1, 2, 3, 4, \cdots, N)$,其中,$x_i$ 是 $(x_{1i}, x_{2i}, x_{3i}, \cdots, x_{ni})^T$ 这样的一个特征向量,每个样本总共含有 n 个特征。二分类标签 y_i 的取值是 $\{-1, 1\}$。如果 n 等于 2,则有 $i = (x_{1i}, x_{2i}, y_i)^T$,分别由特征向量和标签组成。SVM 数据可视化如图 9-4 所示。

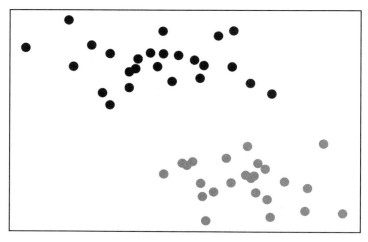

图 9-4　SVM 数据可视化

我们让所有深色点的标签为 1,浅色点的标签为 -1。我们要在这个数据集上寻找一个决策边界,在二维平面上,决策边界(超平面)就是一条直线。二维平面上的任意一条线可以被表示为:

$$x_1 = ax_2 + b \tag{9-1}$$

将此表达式变换一下:

$$0 = ax_2 - x_1 + b \tag{9-2}$$

$$0 = (a, -1)\begin{pmatrix} x_2 \\ x_1 \end{pmatrix} + b \tag{9-3}$$

$$0 = w^{\mathrm{T}}x + b \tag{9-4}$$

其中,$(a, -1)$ 是参数向量,w 是特征向量,b 是截距。这个表达式与线性回归的公式很像:

$$y(x) = \theta^{\mathrm{T}}x + \theta_0 \tag{9-5}$$

线性回归中等号的一边是标签,回归过后会拟合出一个标签,而决策边界的表达式中却没有标签,它是由参数、特征和截距组成的一个式子,等号的一边是 0。

在一组数据下,给定固定的 w 和 b,这个式子就可以是一条固定直线,在 w 和 b 不确定的状况下,这个表达式 $0 = w^{\mathrm{T}}x + b$ 就可以代表平面上的任意一条直线。如果在 w 和 b 固定时,给定一个唯一的 x 的取值,这个表达式 $0 = w^{\mathrm{T}}x + b$ 可以表示一个固定的点。在 SVM 中,我们就使用这个表达式来表示决策边界。我们的目标是求解能够让边际最大化的决策边界,所以我们要求解参数向量 w 和截距 b。

如果在决策边界上任意取两个点 x_a,x_b,并带入决策边界的表达式,则有:

$$w^{\mathrm{T}}x_a + b = 0 \tag{9-6}$$

$$w^{\mathrm{T}}x_b + b = 0 \tag{9-7}$$

将式(9-6)与式(9-7)相减,可以得到:

$$w^{\mathrm{T}}(x_a - x_b) = 0 \tag{9-8}$$

两个向量的点积为 0 表示两个向量的方向是互相垂直的。x_a 与 x_b 是一条直线上的两个点,相减后得到的向量方向是由 x_b 指向 x_a,所以,$x_a - x_b$ 的方向是平行于他们所在的直线——决策边界。而 w 与 $x_a - x_b$ 相互垂直,所以参数向量 w 的方向必然是垂直于决策边界。

于是我们规定,决策边界以上的点,标签都为正,并且通过调整 w 和 b 的符号,让这个点在 $w^{\mathrm{T}}x_a + b$ 上得出的结果为正。决策边界以下的点,标签都为负,并且通过调整 w 和 b 的符号,让这个点在 $w^{\mathrm{T}}x_a + b$ 下得出的结果为负。

可以得到:

$$y = \begin{cases} 1, & w^{\mathrm{T}}x_t + b > 0 \\ -1, & w^{\mathrm{T}}x_t + b < 0 \end{cases} \tag{9-9}$$

回顾之前,决策边界的两边要有两个超平面,这两个超平面在二维空间中就是两条平行线(虚线超平面),而它们之间的距离就是边际。而决策边界位于这两条线的中间,所以这两条平行线必然是对称的。这两条平行线被表示为:

$$wx + b = k, wx + b = -k \tag{9-10}$$

两个表达式同时除以 k,则可以得到:

$$wx + b = 1, wx + b = -1 \tag{9-11}$$

这就是平行于决策边界的两条线的表达式,表达式两边的 1 和 -1 分别表示了两条平行于决策边界的虚线到决策边界的相对距离。此时,可以让这两条线分别过两类数据中距离决策边界最近的点,这些点就被称为"支持向量",而决策边界永远在这两条线的中间,所以可以被调整。我们令深色的点为 x_p,浅色的点为 x_r,则我们可以得到:

$$wx_p + b = 1, wx_p + b = -1 \tag{9-12}$$

两个式子相减,则有:

$$w(x_p - x_r) = 2 \tag{9-13}$$

将上述式子两边同时除以 $\|w\|$,则可以得到:

$$\frac{w(x_p - x_r)}{\|w\|} = \frac{2}{\|w\|} \tag{9-14}$$

而左边就是边际 d:

$$也即\ d = \frac{2}{\|w\|} \tag{9-15}$$

最大边界对应决策边界,那问题就简单了,要最大化 d,就求解 $\|w\|$ 的最小值。极值问题可以相互转化,可以把求解 w 的最小值问题转化为求解以下函数的最小值问题:

$$f(x) = \frac{\|w\|^2}{2} \tag{9-16}$$

两条虚线表示的超平面,是数据边缘所在的点,所以,对于任意样本,可以把决策函数写作:

$$w^{\mathrm{T}} x_i + b \geqslant 1, \ y_i = 1$$
$$w^{\mathrm{T}} x_i + b \geqslant 1, \ y_i = -1 \tag{9-17}$$

整理一下,我们可以把两个式子整合成:

$$y_i(w^{\mathrm{T}} x_i + b) \geqslant 1, \ i = 1, 2, 3, \cdots, N \tag{9-18}$$

于是就得到了 SVM 的损失函数最初形态:

$$\min \frac{\|w\|^2}{2}$$
$$s.t. \ y_i(w^{\mathrm{T}} x_i + b) \geqslant 1, \ i = 1, 2, 3, \cdots, N \tag{9-19}$$

将损失函数转换为拉格朗日函数形态,再将拉格朗日函数转换为拉格朗日对偶函数进行求解。

朗格朗日函数以及对偶函数如下:

$$L(w, b, \alpha) = \frac{\|w\|^2}{2} - \sum_{i=1}^{N} \alpha_i (y_i(w^{\mathrm{T}} x_i + b) - 1)(\alpha_i \geqslant 0) \tag{9-20}$$

$$L(d) = \sum_{i=1}^{N} \alpha_i - \frac{1}{2} \sum_{j=1}^{N} \alpha_i \alpha_j y_i y_j x_i x_j \tag{9-21}$$

通过拉格朗日函数及拉格朗日对偶函数求得我们的目标函数:

$$\max\left(\sum_{i=1}^{N} \alpha_i - \frac{1}{2} \sum_{j=1}^{N} \alpha_i \alpha_j y_i y_j x_i x_j\right)$$
$$s.t. \ y_i(w^{\mathrm{T}} x_i + b) \geqslant 1, \ i = 1, 2, 3, \cdots, N \tag{9-22}$$

再使用梯度下降或 SMO(sequential minimal optimization)等方式对 α 进行求解,最后可以求得决策边界,并得到最终的决策函数:

$$f(x_{test}) = \mathrm{sign}(w x_{test} + b) = \mathrm{sign}\left(\sum_{i=1}^{N} \alpha_i y_i x_i x_{test} + b\right) \tag{9-23}$$

9.2.2　SMO 优化算法

1996 年,John Platt 发布了一个称为 SMO 的强大算法,用于训练 SVM。SMO 表示序列最小优化。SMO 算法是将大优化问题分解为多个小优化问题来求解的。这些小优化问题往往很容易求解,并且对它们进行顺序求解的结果与将它们作为整体来求解的结果是完全一致的。在结果完全相同的情况下,SMO 算法的求解时间短很多。

我们的目标函数如式(9-22):

$$\max(\sum_{i=1}^{N}\alpha_i - \frac{1}{2}\sum_{j=1}^{N}\alpha_i\alpha_j y_i y_j x_i x_j)$$

$$s.t.\ y_i(w^{\mathrm{T}}x_i + b) \geqslant 1,\ i = 1, 2, 3, \cdots, N$$

SMO 算法的目标是求出一系列 α 和 b，一旦求出了这些 α，就很容易计算出权重向量 w 并得到分隔超平面。

SMO 算法的工作原理是：每次循环时选择两个 α 进行优化处理。一旦找到一对合适的 α，那么就增大其中一个同时减小另一个。这里所谓的"合适"就是指两个 α 必须要符合一定的条件，条件之一就是这两个 α 必须要在间隔边界之外，而其第二个条件则是这两个 α 还没有进行过区间化处理或者不在边界上。

在这里我们创建一个文本编辑器，命名为 SVM，并将以下代码添加到 SVM.py 文件中：

程序清单 9-1 SMO 算法中的辅助函数

```
def selectJrand(i, m):
    j = i
    while (j == i):
        j = int(np.random.uniform(0, m))
    return j
def clipAlpha(aj, H, L):
    if aj > H:
        aj = H
    if L > aj:
        aj = L
    return aj
```

第一个函数 selecJrand() 包含两个参数，i 为前一个 α 的下标，m 为全部 α 的数量。函数的随机选取是在函数值与输入值 i 不相等的情况下进行的。

第二个函数 clipAlpha() 用来调节超过 H 或低于 L 的 α 值。虽然上面提到的 3 个辅助性功能不多，但是它们在分类器中是非常有用的。

在输入并保存程序清单 9-1 中的辅助函数后，运行如下命令：

```
In [1]   import demo
         dataArr,labelArr = demo.loadDataSet('SVMRBF0.txt')
         print(dataArr)
Out[1]: [[0.377209601, 0.924488933], [-0.133838213, 0.559631443], [0.420146366,
         0.036213483]……
```

SMO 算法是通过一个外循环来选择第一个 α 值的，并且其选择过程会在两种方式之间进行交替：一种方式是在所有数据集上进行单遍扫描，另一种方式则是在非边界 α 中实现单遍扫描。而所谓非边界 α 指的就是那些不等于边界 0 或 C 的 α 值。对整个数据集的扫描相当容易，而实现非边界 α 值的扫描时，首先需要建立这些 α 值的列表，然后再对这个表进行遍历。同时，该步骤会跳过那些已知的不会改变的 α 值。

在选择第一个 α 值后，算法会通过一个内循环来选择第二个 α 值。在优化过程中，会通过最大化步长的方式来获得第二个 α 值。同时，我们会建立一个全局的缓存用于保存误差值,并从中选择使步长或者 Ei－Ej 最大的 α 值。

下面的程序清单包含一个用于清理代码的数据结构和 3 个用于对 E 进行缓存的辅助函数,将它加到 SVM.py 文件中。

程序清单 9-2　SMO 算法中的支持函数

```
class optStruct:
    # 用参数初始化结构
    def __init__(self, dataMatIn, classLabels, C, toler):
        self.X = dataMatIn
        self.labelMat = classLabels
        self.C = C
        self.tol = toler
        self.m = np.shape(dataMatIn)[0]
        self.alphas = np.mat(np.zeros((self.m, 1)))
        self.b = 0
        # 第一列是有效标志
        self.eCache = np.mat(np.zeros((self.m, 2)))
def calcEk(oS, k):
    fXk = float(np.multiply(oS.alphas, oS.labelMat).T * oS.X[k, :] + oS.b)
    Ek = fXk - float(oS.labelMat[k])
    return Ek
def selectJ(i, oS, Ei):
    maxK = -1;
    maxDeltaE = 0;
    Ej = 0
    # set valid # 选择给出最大 delta E 的 alpha
    oS.eCache[i] = [1, Ei]
    validEcacheList = np.nonzero(oS.eCache[:, 0].A)[0]
    if (len(validEcacheList)) > 1:
        for k in validEcacheList:
            # 不要计算 i,浪费时间
            if k == i: continue
            Ek = calcEk(oS, k)
            deltaE = abs(Ei - Ek)
            if (deltaE > maxDeltaE):
                maxK = k
                maxDeltaE = deltaE
                Ej = Ek
        return maxK, Ej
    else:    # 在这种情况下(第一次),我们没有任何有效的 eCache 值
        j = selectJrand(i, oS.m)
```

```
        Ej = calcEk(oS, j)
    return j, Ej
def updateEk(oS, k):
    Ek = calcEk(oS, k)
    oS.eCache[k] = [1, Ek]
```

我们首先要做的是创建一个可以存储所有关键数值的数据结构,并且只需要一个对象。在此,对象并非用于面向对象编程,而是将其用作数据结构。当向函数传递一个数值时,我们可以把所有的数据转移到一个结构中,从而避免人工输入的麻烦。而此时,数据就可以通过一个对象来进行传递,事实上,它在 Python 的字典中很容易实现。但是,访问对象的成员变量,则需要更多人工输入,通过比较 myObject.x 和 myObject ['x']可以看出这一点。为此,必须创建一个只包含 init 方法的 optStruct 类,它能够填充它的成员变量。添加一个 m×2 的矩阵成员变量 eCache,其中的前一列表示 eCache 的有效标志位,而第二列给出的是实际的 E 值。

对于给定的 α 值,第一个辅助函数 calcEk() 能够计算 E 值并返回。以前,该过程是采用内嵌的方式来完成的,但是由于该过程在这个版本的 SMO 算法中出现频繁,这里必须要将其单独拎出来。

函数 calcEk() 可以对给定的 α 值进行运算,然后返回。

函数 selectJ() 被用来为第二个 α 或内部循环选择 α 值。其目的在于,在每个优化过程中,选取适当的 α 值,确保使用最优步长。这个函数的错误值与第一个 α 值 Ei 和下坐标 i 相关。首先,在高速缓存中设定输入值 Ei 为有效。在此,有效值表示其已被计算。在 eCache 中,nonzero(os.eCache[:,0].A)[0]构造了一个非零表。NumPy 函数 nonzero() 返回了一个列表,而这个列表中包含以输入列表为目录的列表值。nzero() 语句返回与非零 z 值相对应的 α 值,而非 E 值自身。这个程序会对所有的数值进行循环,然后选出变化最大的那个值。如果这是一个循环的话,则可以随机选取 α。当然,还有很多更复杂的方法可以处理第一个循环,上面提到的实践可以达到这个目标。

程序清单 9-2 的最后一个辅助函数是 updateEk(),它会对错误进行运算,并将其存储到缓存中。该数值将用于优化 α 值。程序清单 9-2 中的代码本身没有多大的用处,但结合优化流程和外部循环,可以构成一个强有力的 SMO 算法。

接下来,我们将简单介绍一下用于寻找决策边界的优化例程。打开 SVM.py,添加下列清单中的代码。

程序清单 9-3　SMO 算法的优化例程

```
def innerL(i, oS):
    Ei = calcEk(oS, i)
    if ((oS.labelMat[i] * Ei < - oS.tol) and (oS.alphas[i] < oS.C)) or ((oS.
        labelMat[i] * Ei > oS.tol) and (oS.alphas[i] > 0)):
        #this has been changed from selectJrand
        j,Ej = selectJ(i, oS, Ei)
        alphaIold = oS.alphas[i].copy(); alphaJold = oS.alphas[j].copy();
        if (oS.labelMat[i] ! = oS.labelMat[j]):
```

```
            L = max(0, oS.alphas[j] - oS.alphas[i])
            H = min(oS.C, oS.C + oS.alphas[j] - oS.alphas[i])
        else:
            L = max(0, oS.alphas[j] + oS.alphas[i] - oS.C)
            H = min(oS.C, oS.alphas[j] + oS.alphas[i])
        if L == H:
            print("L = = H");
        return 0
# 更改 kernel
    eta = 2.0 * oS.K[i,j] - oS.K[i,i] - oS.K[j,j]
    if eta >= 0:
        print("eta>=0");
        return 0
    oS.alphas[j] -= oS.labelMat[j] * (Ei - Ej)/eta
    oS.alphas[j] = clipAlpha(oS.alphas[j],H,L)
# 为 Ecache 添加这个
    updateEk(oS, j)
    if (abs(oS.alphas[j] - alphaJold) < 0.00001):
        print("j not moving enough");
        return 0
# 将 i 更新为与 j 相同的数量
    oS.alphas[i] += oS.labelMat[j]*oS.labelMat[i]*(alphaJold - oS.alphas[j])
# 更新方向相反
    updateEk(oS, i)
#added this for the Ecache
    b1 = oS.b - Ei - oS.labelMat[i]*(oS.alphas[i] - alphaIold)*oS.K[i,i] -
            oS.labelMat[j]*(oS.alphas[j] - alphaJold)*oS.K[i,j]
    b2 = oS.b - Ej - oS.labelMat[i]*(oS.alphas[i] - alphaIold)*oS.K[i,j] -
            oS.labelMat[j]*(oS.alphas[j] - alphaJold)*oS.K[j,j]
    if (0 < oS.alphas[i]) and (oS.C > oS.alphas[i]):
        oS.b = b1
    elif (0 < oS.alphas[j]) and (oS.C > oS.alphas[j]):
        oS.b = b2
    else:
        oS.b = (b1 + b2)/2.0
    return 1
else:
    return 0
```

程序清单 9-3 中的代码使用了自己的数据结构,该结构在参数 oS 中传递。使用 SelectJ()函数而不是 selectJrand()函数来选择第二个 alphas 值,并在 alphas 值改变时更新

Ecache。程序清单 9-4 将给出把上述过程打包在一起的代码片段。这就是选择第一个 α 值的外循环。打开文本编辑器将下列代码加入 SVM. py 文件中。

程序清单 9-4　SMO 算法的外循环代码

```
def smoP(dataMatIn, classLabels, C, toler, maxIter, kTup = ('lin', 0)):
    oS = optStruct(np.mat(dataMatIn), np.mat(classLabels).transpose(), C, toler,
            kTup)
    iter = 0
    entireSet = True;
alphaPairsChanged = 0
while (iter < maxIter) and ((alphaPairsChanged > 0) or (entireSet)):
    alphaPairsChanged = 0
    if entireSet:   # go over all
        for i in range(oS.m):
            alphaPairsChanged += innerL(i, oS)
            print("fullSet, iter: % d i: % d, pairs changed % d" % (iter, i,
                alphaPairsChanged))
        iter += 1
    else:
        nonBoundIs = np.nonzero((oS.alphas.A > 0) * (oS.alphas.A < C))[0]
        for i in nonBoundIs:
            alphaPairsChanged += innerL(i, oS)
            print("non - bound, iter: % d i: % d, pairs changed % d" % (iter, i,
                alphaPairsChanged))
        iter += 1
    if entireSet:
        # toggle entire set loop
        entireSet = False
    elif (alphaPairsChanged == 0):
        entireSet = True
    print("iteration number: % d" % iter)
    return oS.b, oS.alphas
```

程序清单 9-4 给出的是完整版的 SMO 算法。函数一开始构建一个数据结构来容纳所有的数据，然后需要对控制函数退出的一些变量进行初始化。整个代码的主体是 while 循环。当迭代次数超过指定的最大值，或者遍历整个集合都未对任意 α 进行修改时，就退出循环。这里的 *maxIter* 变量表示为一次迭代，此时，如果在优化过程中存在波动就会停止。

开始的 for 循环在数据集上遍历任意可能的 α。我们通过调用 innerL() 来选择第二个 α，并在可能时对其进行优化处理。如果有任意一对 α 值发生改变，那么会返回 1。第二个 for 循环遍历所有的非边界 α 值，也就是不在边界 0 或 C 上的值。

接下来,我们对 for 循环在非边界循环和完整遍历之间进行切换,并打印出迭代次数。最后程序将会返回常数 b 和 α 值。

为了观察上述运行效果,在 SVM.py 中输入以下代码:

```
In [2]:  import SVM
         dataArr, labelArr = SVM.loadDataSet('SVMRBF0.txt')
         b, alphas = SVM.smoP(dataArr, labelArr, 0.6, 0.001, 40)
         print(b, alphas)
Out[2]:  L = = H
         fullSet, iter: 0 i:0, pairs changed 0
         fullSet, iter: 0 i:1, pairs changed 1
         L = = H
         fullSet, iter: 0 i:2, pairs changed 1
         fullSet, iter: 0 i:3, pairs changed 2
         j not moving enough
         fullSet, iter: 0 i:4, pairs changed 2
         ……
```

得到 alphas 值及 b 就可以绘制我们的决策边界了。

9.3 非线性 SVM 与核函数

9.3.1 非线性 SVM

为了能够找出非线性数据的线性决策边界,需要将数据从原始的空间 $\boldsymbol{x}$ 投射到新空间 $\boldsymbol{\Phi}(\boldsymbol{x})$ 中。$\boldsymbol{\Phi}(\boldsymbol{x})$ 是一个映射函数,它代表某种非线性的变换,使用这种变换,线性 SVM 的原理很容易被推广到非线性情况下,其推导过程和逻辑都与线性 SVM 一模一样,只不过在定义决策边界之前,必须先对数据进行升维度,即将原始的 $\boldsymbol{x}$ 转换成 $\boldsymbol{\Phi}(\boldsymbol{x})$。 如此,非线性 SVM 的损失函数的初始形态为:

$$\min \frac{\parallel w \parallel^2}{2}$$
$$s.t. \ y_i(w^{\mathrm{T}}\phi(x_i)+b) \geqslant 1, \ i=1, 2, 3, \cdots, N \tag{9-24}$$

同理,非线性 SVM 的拉格朗日函数和拉格朗日对偶函数也可得:

$$L(w, b, \alpha) = \frac{\parallel w \parallel^2}{2} - \sum_{i=1}^{N} \alpha_i(y_i(w^{\mathrm{T}}\phi(x_i)+b)-1)(\alpha_i \geqslant 0) \tag{9-25}$$

$$L(d) = \sum_{i=1}^{N} \alpha_i - \frac{1}{2}\sum_{i,j=1}^{N} \alpha_i \alpha_j y_i y_j \phi(x_i)\phi(x_j) \tag{9-26}$$

通过拉格朗日函数以及拉格朗日对偶函数求得我们的目标函数:

$$\max\Big(\sum_{i=1}^{N}\alpha_i - \frac{1}{2}\sum_{i,j=1}^{N}\alpha_i\alpha_j y_i y_j \phi(x_i)\phi(x_j)\Big)$$
$$s.t.\ y_i(w^{\mathrm{T}}\phi(x_i)+b)\geqslant 1,\ i=1,2,3,\cdots,N \tag{9-27}$$

再同样使用梯度下降或 SMO 等方式对 α 进行求解,最后可以求得决策边界,并得到决策函数:

$$f(x_{test})=\mathrm{sign}(w\phi(x_{test})+b)=\mathrm{sign}(\sum_{i=1}^{N}\alpha_i y_i \phi(x_i)\phi(x_{test})+b) \tag{9-28}$$

9.3.2 核函数

这种变换非常巧妙,但也面临一些现实问题。首先,我们可能不清楚什么样的数据应该使用什么类型的映射函数从而确保可以在变换空间中找出线性决策边界。在极端情况下,数据可能会被映射到无限维度的空间中,这种高维空间可能不是那么友好,维度越多,推导和计算的难度越大。其次,即使已知适当的映射函数,我们想要计算类似于 $\boldsymbol{\Phi}(x_i) * \boldsymbol{\Phi}(x_{test})$ 这样的点积,计算量可能会无比巨大,要找出超平面所付出的代价是非常昂贵的。

而解决这些问题的数学方式,叫作"核技巧"(kernel trick),是一种能够使用数据原始空间中的向量计算来表示升维后的空间中的点积结果的数学方式。具体表现为 $\boldsymbol{K}(\boldsymbol{u},\boldsymbol{v})=\boldsymbol{\Phi}(\boldsymbol{u}) * \boldsymbol{\Phi}(\boldsymbol{v})$,而这个原始空间中的点积函数 $\boldsymbol{K}(\boldsymbol{u},\boldsymbol{v})$,就被叫作"核函数"(kernel function)。

核函数能够帮助我们解决三个问题:

第一,有了核函数之后,我们无须担心 $\boldsymbol{\Phi}$ 究竟应该是什么样的,因为非线性 SVM 中的核函数都是正定核函数(positive definite kernel functions),它们都满足美世定律(Mercer's theorem),确保了高维空间中任意两个向量的点积一定可以被低维空间中的这两个向量的某种计算来表示(多数时候是点积的某种变换);

第二,使用核函数计算低维度中的向量关系比计算原本的 $\boldsymbol{\Phi}(x_i) * \boldsymbol{\Phi}(x_{test})$ 要简单太多了;

第三,因为计算是在原始空间中进行,所以避免了维度诅咒的问题。

选用不同的核函数可以解决不同数据分布下的寻找超平面问题。在 SVC 中,这个功能由参数"kernel"和一系列与核函数相关的参数来进行控制,如表 9-1 所示。

表 9-1 核函数表达式

输入	含义	解决问题	核函数表达式	参数 gamma	参数 degree	参数 coef0
linear	线性核	线性	$K(x,y)=x^{\mathrm{T}}y=x\cdot y$	0	0	0
poly	多项式核	偏线性	$K(x,y)=(\gamma(x\cdot y)+r)^d$	1	1	1
sigmoid	双曲正切核	非线性	$K(x,y)=\tanh(\gamma(x\cdot y)+r)$	1	0	1
rbf	高斯径向基	偏非线性	$K(x,y)=e^{-\gamma\|x-y\|^2},\ \gamma>0$	1	0	0

可以看出,除了"linear"之外,其他核函数都可以处理非线性问题。多项式核函数有次

数 d，当 d 为 1 的时候它就是在处理线性问题，当 d 为更高次项的时候它就是在处理非线性问题。

接着，打开 SVM. py 代码文件并输入函数 kernelTrans()。然后，对 optStruct 类进行修改，得到类似如程序清单 9-5 的代码。

程序清单 9-5　核转换函数

```python
def kernelTrans(X, A, kTup):
    # 计算内核或将数据转换到更高维空间
    m, n = np.shape(X)
    K = np.mat(np.zeros((m, 1)))
    if kTup[0] == 'lin':
        # 线性核函数
        K = X * A.T
    # RBF 核函数
    elif kTup[0] == 'rbf':
        for j in range(m):
            deltaRow = X[j, :] - A
            K[j] = deltaRow * deltaRow.T
        K = np.exp(K / (-1 * kTup[1] ** 2))
    else:
        raise NameError('Houston We Have a Problem -- \That Kernel is not recognized')
    return K

class optStruct:
    # 用参数初始化结构
    def __init__(self, dataMatIn, classLabels, C, toler, kTup):
        self.X = dataMatIn
        self.labelMat = classLabels
        self.C = C
        self.tol = toler
        self.m = np.shape(dataMatIn)[0]
        self.alphas = np.mat(np.zeros((self.m, 1)))
        self.b = 0
        # 第一列是有效标志
        self.eCache = np.mat(np.zeros((self.m, 2)))
        self.K = np.mat(np.zeros((self.m, self.m)))
        for i in range(self.m):
            self.K[:, i] = kernelTrans(self.X, self.X[i, :], kTup)
```

在计算矩阵 K 的时候，这个程序会调用几次函数 kernelTrans()。这个函数有 3 个输入参数：2 个数值性变量和 1 个 tuple，第 1 个参数是一个字符串，用于描述所使用的核函数类型，后面 2 个参数是可选的，它们是核函数运行时所需的额外参数。这个函数先构造一个列向量,再对元组进行检验,从而判断核函数的类型。虽然我们只提供了两个选项,但是可以很容易地通过添加 elif 语句来扩展到更多选项。

对于线性核函数,内积运算是在两个输入之间进行的,即"所有数据集"和"数据集中的一行"。在 for 循环中,针对径向基核函数,计算出每一个元素的高斯函数。然后,在 for 循环的最后,对整个向量进行运算。需要指出的是,在 NumPy 矩阵中,除法表示对矩阵的元素进行运算,而不需要像 MATLAB 那样进行矩阵的逆运算。

最后,当遇到一个不能被识别的元组时,程序就会提示异常。

为了使用核函数,先期的两个函数 innerL() 和 calcEk() 的代码需要作一些修改。修改的结果参见程序清单 9-6。

程序清单 9-6　使用核函数时对 innerL( )和 calcEk( )函数作修改

```
def innerL(i, oS):
    Ei = calcEk(oS, i)
    if ((oS.labelMat[i] * Ei < - oS.tol) and (oS.alphas[i] < oS.C)) or (
            (oS.labelMat[i] * Ei > oS.tol) and (oS.alphas[i] > 0)):
        j, Ej = selectJ(i, oS, Ei)
        alphaIold = oS.alphas[i].copy();
        alphaJold = oS.alphas[j].copy();
        if (oS.labelMat[i] ! = oS.labelMat[j]):
            L = max(0, oS.alphas[j] - oS.alphas[i])
            H = min(oS.C, oS.C + oS.alphas[j] - oS.alphas[i])
        else:
            L = max(0, oS.alphas[j] + oS.alphas[i] - oS.C)
            H = min(oS.C, oS.alphas[j] + oS.alphas[i])
        if L = = H:
            print("L = = H");
        return 0
        eta = 2.0 * oS.K[i, j] - oS.K[i, i] - oS.K[j, j]
        if eta > = 0:
            print("eta> = 0");
        return 0
        oS.alphas[j] - = oS.labelMat[j] * (Ei - Ej) / eta
        oS.alphas[j] = clipAlpha(oS.alphas[j], H, L)
        updateEk(oS, j)
        if (abs(oS.alphas[j] - alphaJold) < 0.00001):
            print("j not moving enough");
        return 0
        oS.alphas[i] + = oS.labelMat[j] * oS.labelMat[i] * (alphaJold - oS.
                        alphas[j])
        updateEk(oS, i)
```

121

```
            b1 = oS.b - Ei - oS.labelMat[i] * (oS.alphas[i] - alphaIold) * oS.K[i,
                i] - oS.labelMat[j] * (oS.alphas[j] - alphaJold) * oS.K[i, j]
            b2 = oS.b - Ej - oS.labelMat[i] * (oS.alphas[i] - alphaIold) * oS.K[i,
                j] - oS.labelMat[j] * (oS.alphas[j] - alphaJold) * oS.K[j, j]
            if (0 < oS.alphas[i]) and (oS.C > oS.alphas[i]):
                oS.b = b1
            elif (0 < oS.alphas[j]) and (oS.C > oS.alphas[j]):
                oS.b = b2
            else:
                oS.b = (b1 + b2) / 2.0
            return 1
        else:
            return 0
    def calcEk(oS, k):
        fXk = float(np.multiply(oS.alphas, oS.labelMat).T * oS.K[:, k] + oS.b)
        Ek = fXk - float(oS.labelMat[k])
        return Ek
```

接下来我们将使用一个数据集进行有效分类的分类器的构建,该分类器使用了径向基核函数。前面提到的径向基核函数有一个用户定义的输入 σ。首先,我们需要确定它的大小,然后利用该核函数构建出一个分类器。整个测试函数如程序清单 9-7 所示。

程序清单 9-7　测试函数

```
    def testRbf(k1 = 0.15):
        dataArr, labelArr = loadDataSet('SVMRBF0.txt')
        b, alphas = smoP(dataArr, labelArr, 200, 0.0001, 10000, ('rbf', k1))
        datMat = np.mat(dataArr)
        labelMat = np.mat(labelArr).transpose()
    svInd = np.nonzero(alphas.A > 0)[0]
    ♯ 获取支持向量的矩阵
        sVs = datMat[svInd]
        labelSV = labelMat[svInd]
        print("there are %d Support Vectors" % np.shape(sVs)[0])
        m, n = np.shape(datMat)
        errorCount = 0
        for i in range(m):
            kernelEval = kernelTrans(sVs, datMat[i, :], ('rbf', k1))
            predict = kernelEval.T * np.multiply(labelSV, alphas[svInd]) + b
            if np.sign(predict) ! = np.sign(labelArr[i]): errorCount += 1
        print("the training error rate is: %f" % (float(errorCount) / m))
        dataArr, labelArr = loadDataSet('SVMRBF1.txt')
        errorCount = 0
```

```
datMat = np.mat(dataArr)
labelMat = np.mat(labelArr).transpose()
m, n = np.shape(datMat)
for i in range(m):
    kernelEval = kernelTrans(sVs, datMat[i, :], ('rbf', k1))
    predict = kernelEval.T * np.multiply(labelSV, alphas[svInd]) + b
    if np.sign(predict) != np.sign(labelArr[i]): errorCount += 1
print("the test error rate is: %f" % (float(errorCount) / m))
```

上面的代码仅具有一个作为高斯径向基核函数的用户自定义变量的可选输入参数。整个代码基本上是由先前定义的函数集组成。首先,程序读取一个文件中的数据,并在这个数据集合上执行 SMO 算法。其核函数的类型为 'rbf'。

在完成了最优解后,矩阵的数学操作建立了矩阵的副本,找到了非零 α 值,得了所需的支持向量;并给出了支持向量和 α 的类别标记。这些数值只是为了对它们进行分类。

在所有的代码中,最关键的是 for 循环开头的两行,这些行说明了怎样使用核函数进行分类。首先,采用在结构初始化法中所用的 KernelTrans() 函数,求出所转换后的数据。其次,将其与之前的 α 和分类标记值相乘。这里还有一个值得关注的地方,那就是在这些代码中,怎样才能仅靠支持向量数据进行分类。其余的都可以忽略不计。

和第一个 for 循环相比,第二个 for 循环的数据集有所差异,其使用的是测试数据集。读者可以比较测试集和训练集中的各种设置的性能。

为测试以上代码的运行效果,输入以下命令:

In [3]　import SVM
　　　　SVM.testRbf()

Out[3]: iteration number: 7
　　　　there are 18 Support Vectors
　　　　the training error rate is: 0.120000
　　　　the test error rate is: 0.190000

于是我们尝试了在不同 $k1$ 值下的测试集错误率,训练错误率及支持向量的个数随 $k1$ 值变化所产生的影响。为方便展示,将测试集的错误率和训练集的错误率扩大了 100 倍,如图 9-5 所示。

从图中可以发现,在参数 $k1$ 在 0.25 附近的时候,模型训练集的错误率及测试集的错误率相对来说较低。

支持向量的数目存在一个最优值。SVM 的优点在于它能对数据进行高效分类。如果支持向量太少,就可能会得到一个很差的决策边界;如果支持向量太多,也就相当于每次都利用整个数据集进行分类,这种分类方法称为 K 近邻。

我们可以对 SMO 算法中的其他设置进行随意修改或者建立新的核函数。在下面二维码中的示例中,我们将在一个更大的数据上应用支持向量机,并与以前介绍的一个分类器进行对比。

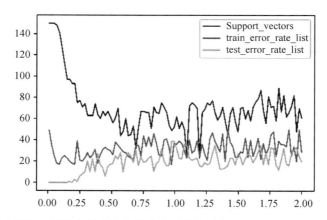

图 9-5　不同 $k1$ 取值下的支持向量个数,训练集错误率及测试集错误率的对比

 价值塑造与能力提升

本章示例:基于支持向
量机的天气数据预测

本章习题

9.4　本章小结

在本章中,我们学习了 SVM 原理,包括决策边界、损失函数、拉格朗日函数、拉格朗日对偶函数、核函数、核函数的使用,以及其在具体案例中的简单应用。

在第二节中使用 SMO 优化算法求得最佳的参数。SVM 试图通过求解一个二次优化问题来最大化分类间隔。在过去,训练支持向量机常采用非常复杂并且低效的二次规划求解方法。John Platt 引入了 SMO 算法,先选择两个变量(在这里变量就是对偶变量 α),要求一个是违反 KKT 条件最严重的,另一个由约束条件生成;其余变量固定;然后不断优化变量的两两组合,直到所有变量满足 KKT 条件,再计算得到原问题的解 w 和 b。

核方法或者说核技巧会将数据(有时是非线性数据)从一个低维空间映射到一个高维空间,可以将一个在低维空间中的非线性问题转换成高维空间下的线性问题来求解。核方法不只在 SVM 中适用,还可以用于其他算法中。而其中的径向基核函数是一个常用的度量两个向量距离的核函数。

之前所有的 SVM 内容,全部是基于二分类的情况来说明的,因为支持向量机是天生二分类的模型。不过,它也可以做多分类,支持向量机在处理多分类问题的时候,是把多分类问题转换成了二分类问题来解决。这种转换有两种模式,一种叫作"一对一"模式,一种叫作"一对多"模式。在"一对一"模式下,标签中的所有类别会被两两组合,每两个类别之间建一个 SVC 模型,每个模型生成一个决策边界,分别进行二分类。在"一对多"模式下,标签中所有的类别会分别与其他类别进行组合,建立 n 个模型,每个模型生成一个决策边界,分别进行二分类。

支持向量机是深奥并且强大的模型,我们还可以在很多地方继续进行探索。

第 10 章　回归预测

　　所谓回归分析是一种预测性的建模技术,它研究的是因变量(目标)和自变量(预测器)之间的关系。这种技术通常用于预测分析、时间序列模型及发现变量之间的因果关系。回归分析一般使用曲线来拟合数据点,目标是使曲线到数据点的距离差异最小。作为自变量的因素与作为因变量的预测对象是否有关,相关程度如何,以及判断这种相关程度的把握性多大,是必须解决的问题。线性回归模型有着可调节的参数,具有线性函数的性质,同时也将会成为本章的关注点。线性回归模型最简单的形式是输入变量的线性函数。但是,通过将一组输入变量的非线性函数进行线性组合,我们可以获得一类更加有用的函数,称为基函数。这样的模型是参数的线性函数,这使其具有一些简单的分析性质,同时关于输入变量是非线性的。本章节会介绍常见的几种回归预测方法。

10.1　线性回归

　　线性回归是指在假设特征满足线性关系的前提下,根据给定的训练数据训练一个模型,并用此模型进行预测。对于 m 个样本,每个样本对应 n 维特征和一个结果输出,如下:

$$(x_1^{(0)}, x_2^{(0)}, \cdots, x_n^{(0)}, y_0), (x_1^{(1)}, x_2^{(1)}, \cdots, x_n^{(1)}, y_1), \cdots, (x_1^{(m)}, x_2^{(m)}, \cdots, x_n^{(m)}, y_m)$$

　　我们的问题是,对于一个新的 $(x_1^{(i)}, x_2^{(i)}, \cdots, x_n^{(i)})$,其所对应的 y_i 是多少呢? 如果这个问题里面的 y 是连续的,则是一个回归问题,否则是一个分类问题。

　　线性回归模型的基本特性就是:模型是参数的线性函数。最简单的线性回归模型就是通过线性函数将输入变量和目标变量联系起来,其中,参数是线性相关的,目标变量与输入变量之间的关系也是线性的。如果我们想要获得更为强大的线性模型,可以通过使用一些输入向量 x 的基函数 $f(x)$ 的线性组合来构建一个线性模型。针对上述模型,由于它是参数的线性函数,所以其数学分析相对较为简单,同时可以是输入变量的非线性函数。从概率的角度来说,回归模型就是估计一个条件概率分布:$p(y|x)$。因为这个分布可以反映出模型对每一个预测值 y 关于对应的 x 的不确定性。基于这个条件概率分布对输入 x 估计其对应的 y 的过程,就是最小化损失函数的期望的过程。对于线性模型而言,一般所选择的损失函数是平方损失(又称均方误差)。

　　由于模型是线性的,所以在模式识别和机器学习的实际应用中存在非常大的局限性,特别是当输入向量的维度特别高的时候,其局限性就更为明显。但同时,线性模型在数学分析上相对较为简单,进而成了很多其他复杂算法的基础。

10.1.1　线性回归拟合最佳曲线

　　线性回归模型可以分为简单线性回归和多重线性回归,区别在于自变量 x 的数量,当 x

只有一个时，称为简单线性回归；反之为多重线性回归，多重线性回归一般也叫"多元线性回归"。在实际应用中很少只纳入一个自变量，因此，线性回归在没有特指的情况下都是指多重线性回归。通过前面小节可以知道线性回归模型就是要构建 y 与 x 的线性关系，主要目的有两个：一是确定 x 对 y 的影响程度（即回归系数的计算）；二是通过 x 来预测 y。

对于数据集 $D = \{(x_i, y_i)\}$，$i = 1, 2, \cdots, N$，$x_i \in R^n$，寻求一条直线：

$$y = f(x) = W^T X + b \tag{10-1}$$

以最小化成本函数：

$$C = \sum_{i=1}^{N} (\hat{y}_i - y_i)^2 \tag{10-2}$$

希望求得最优参数：

$$\hat{w} = (W^*, b^*) = \underset{W, b}{\mathrm{argmin}} \sum_{i=1}^{N} (\hat{y}_i - y_i)^2 \\ = (X^T X)^{-1} X^T y \tag{10-3}$$

其中，$\hat{y}_i = f(x_i)$。

针对这个目标函数一般使用梯度下降法和最小二乘法两种求解方式。

10.1.2　线性回归的示例

本示例简要介绍如何用线性回归实现波士顿房价预测。uci-housing 数据集是经典线性回归的数据集，它共有 7 084 条数据，可以拆分成 506 行，每行 14 列。前 13 列是用来描述房屋的各种信息，最后一列为该类房屋价格中位数。其思路是，假设数据集中的房屋属性和房价之间的关系可以被属性间的线性组合描述。在模型训练阶段，让假设的预测结果和真实值之间的误差越来越小。在模型预测阶段，预测器会读取训练好的模型，对从未遇见过的房屋属性进行房价预测。房屋的属性值如表 10-1 所示。

表 10-1　房屋的属性值

属性名	解释	类型
CRIM	该镇的人均犯罪率	连续值
ZN	占地面积超过 25 000 平方米的住宅用地比例	连续值
INDUS	非零售商业用地比例	连续值
CHAS	是否邻近 Charies River	离散值，1＝邻近；0＝不邻近
NOX	一氧化氮浓度	连续值
RM	每栋房屋的平均客房数	连续值
AGE	1940 年之前建成的自用单位比例	连续值
DIS	到波士顿 5 个就业中心的加权距离	连续值
RAD	到径向公路的可达性指数	连续值
TAX	全值财产税率	连续值

属性名	解释	类型
RTRATIO	学生与教师的比例	连续值
B	$1\,000(BK-0.63)^2$	连续值
LSTAT	低收入人群占比	连续值
MEDV	同类房屋价格的中位数	连续值

通常不是每个数据集的自变量和因变量都具备线性关系,实际中更多的是一部分自变量与因变量之间具有,而另一部分呈现出非线性关系,这会对预测产生不好的影响。当每个自变量都不与因变量有线性关系时,就不需要考虑使用线性回归模型。如果同一自变量的取值范围跨度较大就需要对其进行归一化处理,由此来减小均方误差。首先,创建一个名为 regression.py 的文件;其次,将程序清单 10-1 的函数添加到文件中,方便后续引入。

程序清单 10-1　数据导入函数和变量两两之间的关系函数

```
from numpy import *
import pandas as pd
import matplotlib
import matplotlib.pyplot as plt
def loadDataSet(fileName):
    data = pd.read_csv(fileName)
    dataMat = data.iloc[:,0:-1].values
    labelMat = data.iloc[:,-1].values
    return data,dataMat,labelMat
def standRegres(xArr,yArr):
    xMat = mat(xArr); yMat = mat(yArr).T
    xTx = xMat.T * xMat
    if linalg.det(xTx) == 0.0:
        print ("This matrix is singular, cannot do inverse")
        return
    ws = xTx.I * (xMat.T * yMat)
    return ws
```

首先导入需要的库,包括 NumPy,Pandas 和 Matplotlib。第一个函数 loadDataSet()是用来加载 CSV 类型数据的函数,利用 Pandas 库里面的 read_csv()函数可以直接读取整个数据集。其次将数据集分为两部分,一部分是自变量的数组,一部分是因变量的数组。第二个函数 standRegres()函数用来计算最佳拟合曲线。函数先将读入的矩阵保存下来,方便后面的矩阵运算。然后再计算并判断其行列式是否为 0。只有在行列式不为零的情况下才可以对其进行求逆操作。这里是利用 NumPy 库中的 linalg.det()函数求行列式,比较方便。最后再根据 w 的求解公式返回 w 的值。

```
In [1]:  from regression import loadDataSet
         from regression import standRegres
```

```
          DataSet，X，Y = loadDataSet('Houses.csv')
In [2]：  batch_size = 20
          ratio = 0.8
          offset = int(X.shape[0] * ratio)
          X_train = X[:offset]
          Y_train = Y[:offset]
          X_test = X[offset:]
          Y_test = Y[offset:]
In [3]：  ws = standRegres(X_train, Y_train)
In [4]：  y_Pre = array(X_test * ws)
In [5]：  print(ws)
Out[5]：  [[ - 0.2219, 0.0454, 0.0343, 1.9221, - 1.7126, 6.2277, - 0.0040, - 0.9314,
          0.3456, - 0.0127, - 0.4346, 0.0111, - 0.4603]]
```

利用 loadDataSet() 函数加载出波士顿房价预测的数据。将训练集和测试集按照 4：1 的比例分离，利用 standRegres() 函数对训练集进行训练得到每个自变量 x 的系数值 W。最后通过测试集的自变量值 X_test 预测其房屋价格中位数 y_Pre。

程序清单 10-2　对预测值和真实值绘图做比较以及计算误差函数

```
def plot_pred_ground(pred, ground)：
    plt.figure()
    plt.scatter(ground, pred, alpha = 0.5)
    ♯scatter:散点图,alpha:"透明度"
    plt.plot(ground, ground, c = 'red')
    plt.show()
def rError(yArr,yPreArr)：
    return ((yArr - yPreArr) ** 2).sum()
In [6]：  plot_pred_ground(y_Pre, Y_test)
Out[6]：
```

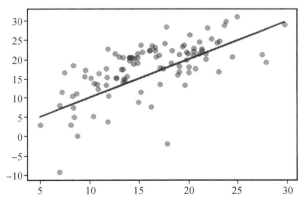

为了便于观察房屋的预测情况，用 plot_pred_ground() 函数绘制出真实值和预测值的二维图形，如 Out[6] 所示。横轴为房屋价格中位数真实值，竖轴为预测值。可以看出，训练出来的模型的预测结果与真实结果是还算是接近的。

In [7]: rError(Y_test,y_Pre)
Out[7]: 818837.3971326068

由 Out[6]可知,标准线性回归对这个房屋价格中位数的预测有一定效果,预测的趋势和真实值是一致的,但预测的均方误差又表现不太好。因此,可以推断自变量与因变量之间的线性关系不算很强,那就需要采取一些其他方式进行优化,常见的方式有局部加权线性回归和正则化等。

10.2 局部加权线性回归

标准线性回归只有在自变量和因变量呈现出比较严格的线性关系时才可以表现很好,因为其所求为最小均方误差的无偏估计。但是在现实生活中两者往往不会表现出良好的线性关系,这样就极有可能会造成结果的欠拟合,所以为了降低均方误差,新的方法就被提出,其中一个非常有效的方法就是局部加权线性回归。

10.2.1 局部线性回归的原理

局部加权线性回归算法是一种非参数学习法,其算法思想是假设对于一个确定的查询点 x,在 x 处对假设 $h(x)$ 求值。在模型的训练过程中,第一步需要检查数据集合,并且只考虑位于 x 周围固定区域内的数据点,然后对这个区域内的点作线性回归,拟合出一条直线,最后将这条拟合直线对 x 的输出作为算法返回的结果,用数学语言描述即:

对于数据集 $D=\{(x_i, y_i)\}$, $i=1, 2, \cdots, N$, $x_i \in R^n$,寻求一条直线:

$$y=f(x)=W^T X + b \tag{10-4}$$

以最小化成本函数:

$$C=\sum_{i=1}^{N} \omega_i (\hat{y}_i - y_i)^2 \tag{10-5}$$

希望求得最优参数:

$$\hat{w}=(W^*, b^*)=\underset{W, b}{\mathrm{argmin}} \omega_i \sum_{i=1}^{N} (\hat{y}_i - y_i)^2 \\ =(X^T W X)^{-1} X^T W y \tag{10-6}$$

其中, $\hat{y}_i=f(x_i)$, ω 为"核"的权重, $\omega_i=\exp\left(-\dfrac{||x_i-x||^2}{2\sigma^2}\right)$。

局部线性回归使用"核"来对待预测点周围的样本点,赋予更高的权重,从而达到局部加权的效果。"核"的选择可以是任意的,常用的核函数一般是高斯核,高斯核对应的权重的计算参照 ω_i 的计算公式,其中,参数 σ 为衰减因子,即权重衰减的速率, σ 越小权重衰减越快。核函数的意义在于,所选取的 x_i 越接近 x,相应的 ω_i 越接近 1; x_i 越远离 x, ω_i 越接近 0。直观地说,就是离得近的点权值大,离得远的点权值小。

10.2.2 局部加权线性回归的实现

同样以前面房价中位数的预测为例,但与前面不同的是,这里要对数据进行归一化处理。因为在计算"核"的权重时，如果待预测点 x_i 与 x 相差甚大就会导致 ω_i 的计算接近于零，从而使 ω_i 的行列式为零。因此，这里要对数据集进行归一化处理。

程序清单 10-3 数据归一化处理函数

```python
from numpy import *
import pandas as pd
import seaborn as sns
def feature_norm(input):
    features_max = input.max(axis = 0)
    features_min = input.min(axis = 0)
    features_avg = input.sum(axis = 0) / input.shape[0]
    f_size = input.shape
    output_features = zeros(f_size, float32)
    for batch_id in range(f_size[0]):
        for index in range(f_size[1]):
            output_features[batch_id][index] = (input[batch_id][index] -
                features_avg[index]) / (features_max[index] - features_min
                [index])
    return output_features
```

feature_norm()函数遍历整个特征集合，利用 Min-Max 归一法对其进行标准化。先计算每个特征属性的最大值、最小值和均值，并进行权重值的计算，使属性值都位于[-1, 1]这个范围，可以很好地减小噪音对预测的影响。然后利用基于 Matplotlib 的 Python 可视化库 Seaborn 中的 boxplot()函数来展示归一化前后的样本特征特点。

$$\omega^{(i)} = \frac{x^{(i)} - x}{x_{\max} - x_{\min}} \tag{10-7}$$

In [1]:
```python
from regression import loadDataSet
from regression import feature_norm
DataSet, X, Y = loadDataSet('Houses.csv')
sns.boxplot(data = DataSet.iloc[:, 0:13])
```

Out[1]:

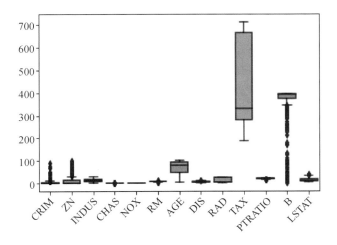

In [2]:
```
housing_features = feature_norm(X)
data_np = c_[housing_features, Y]
feature_names = ['CRIM','ZN','INDUS','CHAS','NOX','RM','AGE','DIS','RAD',
                 'TAX','PTRATIO','B','LSTAT','MEDV']
df = pd.DataFrame(data_np,columns = feature_names)
sns.boxplot(data = df.iloc[:, 0:13])
```

Out[2]:

从 Out[1]可以看出,各属性的数值范围差异太大,甚至不能够在一个画布上充分展示各属性具体的最大、最小值以及异常值等。归一化处理可以解决除前面所说的"核"权重问题,还可以防止过大或过小的数值范围导致的浮点上溢或下溢。不同的数值范围会导致不同属性,不同属性对模型的重要性不同(至少在训练的初始阶段如此),而这个隐含的假设常常是不合理的,这会对优化的过程造成困难,使训练时间大大加长。从 Out[2]可以看到,归一化后的样本特征有了明显的优化。

程序清单 10-4　局部加权线性回归函数

```
def LocalRegres(testPoint,xArr,yArr,k = 1):
    xMat = mat(xArr); yMat = mat(yArr).T
    m = shape(xMat)[0]
    weights = mat(eye((m)))
    for j in range(m):
        diffMat = testPoint - xMat[j,:]
        weights[j,j] = exp(linalg.norm(diffMat,ord = None) * * 2/( - 2.0 * k * * 2))
    xTx = xMat.T * (weights * xMat)
    if linalg.det(xTx) = = 0.0:
        print ("This matrix is singular, cannot do inverse")
        return
    ws = xTx.I * (xMat.T * (weights * yMat))
    return testPoint * ws
def LocalRegresTest(testArr,xArr,yArr,k = 1.0):
```

```
       m = shape(testArr)[0]
       yHat = zeros(m)
       for i in range(m):
           yHat[i] = LocalRegres(testArr[i],xArr,yArr,k)
       return yHat
```

这里的 LocalRegres() 函数与前面的 standRegres() 函数的功能大致差不多,只是在过程中增加了对"核"权重值的计算,并且实现了待预测点对训练集特征集合的遍历。其中,linalg. norm() 函数是 NumPy 库下面一个计算向量模长的方法。而 LocalRegresTest() 函数对测试集的全部待预测点进行遍历。从而用这两个函数实现对测试集预测的功能。

In[3]: from regression import LocalRegres
       from regression import LocalRegresTest
In[4]: ratio = 0.8
       offset = int(X.shape[0] * ratio)
       X_train = housing_features[:offset]
       Y_train = Y[:offset]
       X_test = housing_features[offset:]
       Y_test = Y[offset:]
In[5]: y_Pre = LocalRegresTest(X_test,X_train, Y_train,0.5)
In[6]: plot_pred_ground(y_Pre, Y_test)
Out[6]:

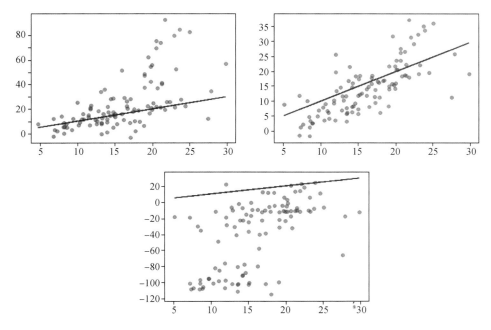

In[7]: rError(Y_test,y_Pre)
Out[7]: 4029.119405234452
```
```

这个程序清单需要将特征集 X 换成归一化处理后的特征集,标签集 Y 保持不变,然后进行预测以及绘图和计算均方误差。为了体现出"核"的作用,k 取了三个不同的数,分别是 0.2,0.5 和 1,得到的均方误差分别是 38 647.819 8,4 029.119 2 和 215 467.249 2。因此,k 值不是越大越好,也不是越小越好。当 k 值过小时,容易出现过拟合,导致预测效果不佳;当 k 值过大时,容易出现欠拟合,导致预测效果不佳。在三种不同 k 值下,房屋价格中位数的真实值与预测值之间的对比如 Out[6]所示。特别的,当 $k=1$ 时,所有数据等权重,相当于标准线性回归。这里的均方误差比前面的小很多,是因为归一化的处理,但是其预测值大部分小于零是不符合现实的,所以这个预测效果也不好。

对于这个数据集,局部加权线性回归比标准线性回归更有效,但效果仍然不够好。因此,下面再介绍两种线性回归的正则化方法。

10.3　正则化方法

10.3.1　什么是正则化

简单来说,正则化就是对损失函数(目标函数)加入一个惩罚项,使模型由多解变为更倾向其中一个解的方法。例如,在最小二乘法中,$X^\mathrm{T}X$ 的行列式可能为零,即不可逆。前面我们通过归一化解决了这个问题,但是这个办法并不是对每个数据集都有用。因此,还可以通过加上正则项,迫使弱的特征系数缩减为 0,进而达到变量选择的目的。

若使用多项式回归,如果多项式最高次项比较大,模型就容易出现过拟合。正则化是一种常见的防止过拟合的方法。正则化方法一般是在损失函数后面加上一个对参数的约束项,这个约束项被叫作正则化项(regularizer)。在线性回归模型中,通常有两种不同的正则化项:

① 加上所有参数(不包括 w_0)的绝对值之和,即 l_1 范数,此时叫作 Lasso 回归;

② 加上所有参数(不包括 w_0)的平方和,即 l_2 范数,此时叫作 Ridge 回归(岭回归)。

10.3.2　Ridge 回归

Ridge 回归是一种专用于共线性数据分析的有偏估计回归方法,实质上是一种改良的最小二乘估计法,通过放弃最小二乘法的无偏性,以损失部分信息、降低精度为代价,获得回归系数更为符合实际、更可靠的回归方法,对病态数据的耐受性远远强于最小二乘法。

总结起来看,Ridge 回归主要解决下面两个问题:

① 当样本少于特征(数据点少于变量个数),输入数据的矩阵 X 非满秩矩阵(即 $|X^\mathrm{T}X| \approx 0$),求逆的时候会出问题;

② 当样本之间存在共线性(也就是强相关性),普通的最小二乘法得到的回归系数估计的方差很大,会导致估计值很不稳定。

图 10-1 分别是 Lasso 回归和 Ridge 回归两种方法的等高线与约束域。椭圆代表的是随着 λ 的变化所得到的残差平方和,椭圆的中心点为对应普通线性模型的最小二乘估计。

左右两个图的区别在于约束域,即对应的正方形与圆形区域。等高线和约束域的切点就是目标函数的最优解,Ridge 方法对应的约束域是圆,其切点只会存在于圆周上,不会与坐标轴相切,它在任一维度上的取值都不为 0,因此没有稀疏;对于 Lasso 方法,其约束域是正方形,会存在与坐标轴的切点,使部分维度特征权重为 0,因此很容易产生稀疏的结果。所以,Lasso 方法可以达到变量选择的效果,将不显著的变量系数压缩至 0,而 Ridge 方法虽然也对原本的系数进行了一定程度的压缩,但是任一系数都不会压缩至 0,最终模型保留了所有的变量。

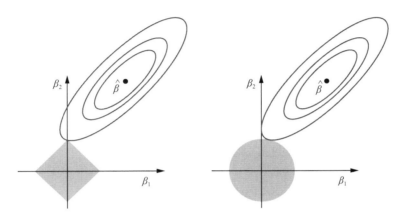

图 10-1　以二维数据空间为例,说明 Lasso 和 Ridge 两种方法的差异

Ridge 回归的数学定义如下:

对于数据集 $D = \{(x_i, y_i)\}$, $i = 1, 2, \cdots, N$, $x_i \in R^n$, 寻求一条直线:

$$y = f(x) = W^{\mathrm{T}}X + b \tag{10-8}$$

以最小化损失函数:

$$C = \sum_{i=1}^{N} (\hat{y}_i - y_i)^2 + \lambda \sum_{i=1}^{n} || w_j ||^2 \tag{10-9}$$

希望求得最优参数:

$$\hat{w} = (W^*, b^*) = \underset{W, b}{\mathrm{argmin}} \left(\sum_{i=1}^{N} (\hat{y}_i - y_i)^2 + \lambda \sum_{i=1}^{n} || w_j ||^2 \right) \tag{10-10}$$
$$= (X^{\mathrm{T}}X + \lambda I)^{-1} X^{\mathrm{T}} y$$

其中,$\hat{y}_i = f(x_i)$;$\lambda > 0$;I 为单位矩阵,单位矩阵 I 的对角线上全是 1,像一条山岭一样,这也是 Ridge(岭)回归名称的由来。

l_2 范数惩罚项的加入使 $(X^{\mathrm{T}}X + \lambda I)^{-1} X^{\mathrm{T}} y$ 满秩,保证了可逆,但是也使回归系数 w 的估计不再是无偏估计。所以 Ridge 回归是以放弃无偏性、降低精度为代价解决病态矩阵问题的回归方法。随着模型复杂度的提升,在训练集上的拟合效果就越好,即模型的偏差(预测值和真实值的差异)就越小,但与此同时模型的方差(回归系数的方差)就越大。对于 Ridge 回归的 λ 而言,随着 λ 的增大,$X^{\mathrm{T}}X + \lambda I$ 就越大,$(X^{\mathrm{T}}X + \lambda I)^{-1}$ 就越小,模型的方差就越小;而 λ 越大使 w 的估计值更加偏离真实值,模型的偏差就越大。所以 Ridge 回归的关键是找到一个合理的 λ 值来平衡模型的方差和偏差。

由上文可知，w 是 λ 的函数，当 $\lambda \in [0, \infty)$ 时，在平面直角坐标系中的 $w-\lambda$ 曲线称为岭迹曲线。w 稳定趋近的点就是所要寻找的 λ 值。

程序清单 10-5　岭回归函数

```
def RidgeRegres(xMat, yMat, lam = 0.5):
    xTx = xMat.T * xMat
    denom = xTx + eye(shape(xMat)[1]) * lam
    if linalg.det(denom) == 0.0:
        print ("This matrix is singular, cannot do inverse")
        return
    ws = denom.I * (xMat.T * yMat)
    return ws
def RidgeTest(xArr, yArr):
    xMat = mat(xArr); yMat = mat(yArr).T
    numTestPts = 30
    wMat = zeros((numTestPts, shape(xMat)[1]))
    for i in range(numTestPts):
        ws = RidgeRegres(xMat, yMat, exp(i - 10))
        wMat[i, :] = ws.T              # 也就是第 0 维度上的 i 个元素,(i 行)
    return wMat
```

程序清单 10-5 中包含两个函数，RidgeRegres() 函数通过给定的 Ridge 回归系数 (lam) 来计算回归系数 w，如果没有指定 Ridge 回归系数值则默认为 0.5。根据 $w = (X^TX + \lambda I)^{-1}X^Ty$ 构建函数，先计算出 $X^TX + \lambda I$，其中，单位矩阵用 NumPy 库中 eye() 函数来表示，检查该矩阵是否可逆，如果矩阵可逆就计算 w 的值并返回。RidgeTest() 函数用来在一组 λ 上测试结果。

```
In [1]:   from regression import loadDataSet
          from regression import feature_norm
          from regression import RidgeRegres
          from regression import RidgeTest
In [2]:   DataSet, X, Y = loadDataSet('book-data/Houses.csv')
          housing_features = feature_norm(X)
          ridgeWeights = RidgeTest(housing_features, Y)
          fig = plt.figure()
          ax = fig.add_subplot(111)
          ax.set(ylabel='w', xlabel='log(lambda)')
          ax.plot(ridgeWeights)
          plt.show()
Out[2]:
```

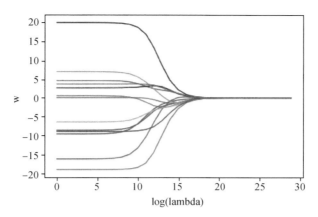

利用前面归一化处理好的数据进行测试,得到的结果如 Out[2]所示,当 λ 值很小时,系数和普通回归一样;当 λ 非常大时,所有回归系数都缩减趋近 0。因此,最好的 λ 值应该在中间寻得,即横坐标值在[10,20]之间。根据"当 w 趋于稳定的点就是所要寻找的 λ 值"的原则,最佳的 λ 值应该在横坐标值[15,20]之间,但是精确的 λ 值还得依靠交叉验证得到。

下面介绍一种基于 sklearn 库中封装好的 Ridge 库,可以直接用 Ridge 回归方法对数据集进行求解。

```
In[3]:    import pandas as pd
          from sklearn import model_selection
          from sklearn.linear_model import Ridge,RidgeCV
          from regression import rError
In[4]:    x_train,x_test,y_train,y_test = model_selection.train_test_split
                                  (housing_features,Y,test_size = 0.2,random_
                                  state = 999)
          #构造不同的 lambda 值
          Lambdas = logspace(-5,2,200)
          #设置交叉验证的参数,使用均方误差评估
          ridge_cv = RidgeCV(alphas = Lambdas,scoring ='neg_mean_squared_error',cv = 10)
          ridge_cv.fit(x_train,y_train)
          #打印 λ 值
          print(ridge_cv.alpha_)
Out[4]:   0.27049597304631373
In[5]:    #基于最佳 lambda 值建模
          ridge = Ridge(alpha = ridge_cv.alpha_,normalize = True)
          ridge.fit(x_train,y_train)
          #打印回归系数
          print(pd.Series(ridge.coef_.tolist()))
Out[5]:   [-6.633855,2.259619,-1.554956,1.979455,-3.405719,19.622686,-0.905783,
          -8.666345,1.476755,-1.880208,-7.057434,2.896005,-14.986833]
```

In [6]: ridge_pred = ridge.predict(x_test)
        rError(y_test, ridge_pred)
Out[6]: 1873.668977715953
In [7]: from regression import plot_pred_ground
        plot_pred_ground(ridge_pred, y_test)
Out[7]:

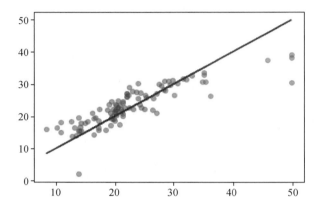

首先引入需要的库，包括 sklearn 中的 model_selection，Ridge 和 RidgeCV。其次将前面经过归一化处理后的特征集和标签集代入 train_test_split() 函数将其分为训练集和测试集两部分，通过 logspace() 函数构造不同的 λ 值，然后利用 10 折交叉验证法对 λ 进行选择。选择好 λ 值就可以利用 Ridge 回归建模对数据集进行预测。模型的均方误差为 1 873.669，比局部加权线性回归更小，说明在该数据集上 Ridge 回归有更好的预测效果。

10.3.3 Lasso 回归

Lasso 回归是以缩小变量集(降阶)为思想的压缩估计方法。它通过构造一个惩罚函数，可以将变量的系数进行压缩并使某些回归系数变为 0，进而达到变量选择的目的，也就是通过降维来实现优化。常见的降维方法——主成分分析法只适用于数据空间维度小于样本量的情况，当数据空间维度很高时，将不再适用。因此，Lasso 作为另一种数据降维方法，该方法不仅适用于线性情况，也适用于非线性情况。Lasso 是基于惩罚方法对样本数据进行变量选择，通过对原本的系数进行压缩，将原本很小的系数直接压缩至 0，从而将这部分系数所对应的变量视为非显著性变量，将不显著的变量直接舍弃。

对于数据集 $D=\{(x_i, y_i)\}$，$i=1, 2, \cdots, N$，$x_i \in R^n$，寻求一条直线：

$$y = f(x) = W^T X + b \tag{10-11}$$

以最小化损失函数：

$$C = \sum_{i=1}^{N} (\hat{y}_i - y_i)^2 + \lambda \sum_{i=1}^{n} |w_j| \tag{10-12}$$

希望求得最优参数：

$$\hat{w} = (W^*, b^*) = \underset{W, b}{\arg\min} \left(\sum_{i=1}^{N} (\hat{y}_i - y_i)^2 + \lambda \sum_{i=1}^{n} |w_j| \right) \tag{10-13}$$

其中，$\hat{y}_i = f(x_i)$，$\lambda > 0$。

通过确定 λ 值可以在方差和偏差之间达到平衡，随着 λ 值的增大，模型方差减小而偏差增大。由于惩罚函数变成了绝对值，损失函数在零点处就变得不可导了，则在求解损失函数的最小值过程中对其进行求导就变得复杂了，需要分阶段求导，再令每个阶段的导函数均为 0，得到使目标函数达到全局最小的 $\hat{w}$，如式(10-14)所示：

$$\hat{w} = \begin{cases} \left(m_j - \dfrac{\lambda}{2}\right)/n_j, & m_j > \dfrac{\lambda}{2} \\ 0, & m_j \in \left[-\dfrac{\lambda}{2}, \dfrac{\lambda}{2}\right] \\ \left(m_j + \dfrac{\lambda}{2}\right)/n_j, & m_j < \dfrac{\lambda}{2} \end{cases} \qquad (10\text{-}14)$$

其中，$m_j = \sum_{i=1}^{n} x_{ij}(y_i - \sum_{k=j} w_k x_{ik})$；$n_j = \sum_{i=1}^{n} x_{ij}^2$。

这里直接应用基于 sklearn 库中封装好的 Lasso 库，可以直接用 Lasso 回归方法对波士顿房价中位数数据集进行求解。

In [1]:
```
from numpy import *
from regression import loadDataSet
from regression import feature_norm
DataSet, X, Y = loadDataSet('book - data/Houses.csv')
housing_features = feature_norm(X)
```

In [2]:
```
import pandas as pd
from sklearn import model_selection
from sklearn.linear_model import Lasso,LassoCV
from regression import rErrorfrom sklearn
```

In [3]:
```
x_train,x_test,y_train,y_test = model_selection.train_test_split
                    (housing_features,Y,test_size = 0.2,random_
                    state = 555)
Lambdas = logspace(-5,2,200)
#设置交叉验证的参数,使用均方误差评估
lasso_cv = LassoCV(alphas = Lambdas, normalize = True, cv = 10,max_iter =
          10000)
lasso_cv.fit(x_train,y_train)
print(lasso_cv.alpha_)
```

Out[3]: 0.001289890261253308

In [4]:
```
lasso = Lasso(alpha = lasso_cv.alpha_,normalize = True, max_iter = 10000)
#基于最佳 lambda 值建模
lasso.fit(x_train,y_train)
#打印回归系数
print(pd.Series(lasso.coef_.tolist()))
```

Out[4]: [-9.224260, 3.602108, -0.000000, 2.786810, -6.394270, 21.862991,

　　　　　　0.000000，－14.451709，5.799361，－5.141237，－8.600088，3.417371，
　　　　　　－19.281515］

In［5］：　lasso_pred = lasso.predict(x_test)
　　　　　rError(y_test,lasso_pred)

Out［5］：　1866.677064780305

In［6］：　from regression import plot_pred_ground
　　　　　plot_pred_ground(lasso_pred, y_test)

Out［6］：

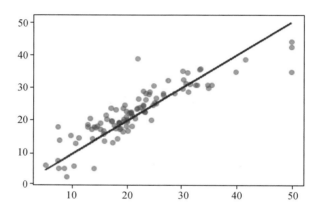

　　引入所需要的库，包括 sklearn 中的 model_selection，Lasso 和 LassoCV。步骤和 Ridge 回归类似，这里就不再赘述。模型的均方误差为 1 866.677 1，是针对波士顿房价中位数预测得到的最优结果。但是不能说这个方法就是最好的，针对不同的数据集情况可能不一样，采样方法不一样也会导致效果不一样。

价值塑造与能力提升

本章示例：基于逻辑回归的
企业欺诈识别

本章习题

10.4　本章小结

　　回归作为统计学中最有力的工具之一，在机器学习中同样有效。在回归方程中，求得特

征对应的最佳回归系数的方法是最小化误差的平方和。本章利用波士顿房价预测实例进行阐述。

标准线性回归模型的预测通常都是欠拟合的，因为它是"一条直线预测到底"，这对四处分布的数据点不太"友好"。所以有了局部加权线性回归，其思想类似于质量相等的天体间的万有引力，距离越近引力越大。这个方法的实现是通过高斯核来对某一个待测数据点周围的数据赋予更大的权重，使预测更加偏向局部，而不是通过整体数据预测，得到的结果会更加准确。

正则化是一种常见的防止过拟合的方法，就是对损失函数（目标函数）加入一个惩罚项，使模型由多解变为更倾向其中一个解，以损失部分信息、降低精度为代价，是获得回归系数更为符合实际、更可靠的回归方法，对病态数据的耐受性远远强于最小二乘法。通常有两种正则化方法，即 Ridge 回归和 Lasso 回归。

逻辑回归是一种带着回归二字的分类方法，并且常用于二分类问题。它的主要目的是寻找一个非线性函数 Sigmoid() 函数的最佳拟合参数，求解过程可以由最优化算法来完成，一般采用梯度下降算法，本章将企业欺诈识别作为示例。

第 11 章 集成学习

我们在日常生活中,作出某个决定之前通常会综合几个"专家"的意见。例如,购买商品之前阅读用户评论;确定复杂疾病的治疗方案之前组织多个专家进行会诊讨论;官方发表一篇正式文章之前要经过多人审阅等。这样做可以尽量避免购买劣质产品、减少医疗事故的发生、降低劣质文章或误导性文章发表的可能性。多年来,综合预测的原则一直被多个领域关注。金融预测界几十年来一直在股票投资组合的场景下分析模型组合,早在 20 世纪90 年代,机器学习社区贡献了自动构造模型和组合模型的方法,这便是我们本章要讨论的集成学习。

集成学习是一种多学习器的组合模型。对于同一组数据,我们可以训练多个相互独立的学习器来进行学习,或者随机采样后,用同种方法多次训练,最终用多种特定方式将其组合,构建起一个比单个模型更加强大的集成模型,这些学习器经过训练输出的预测结果,共同影响着最终的输出结果。集成学习方法可以更大限度挖掘数据中的隐含信息,使预测结果更加接近真实值。

随机森林算法是集成学习领域最为经典的算法之一。想要学会集成学习算法,首先要搞清楚随机森林算法的实现原理和步骤。本章将对随机森林算法的基本原理和实例进行分析。集成学习可以用于分类问题集成、回归问题集成、特征选取集成、异常点检测集成,等等,可以说所有的机器学习领域都可以看到集成学习的身影。

11.1　随机森林算法

随机森林算法是 Bagging 算法的扩展体。Bagging 算法是指一类集成算法,它通过对数据集进行随机抽样产生新的若干个数据集,对这些新数据集进行训练,形成若干个弱学习器,将这些弱学习器的输出结果通过并联的方式形成最终的预测结果。面对分类问题时,人们通常以投票法对学习器的结果进行计算并得出最终的结果;面对回归问题时,人们一般使用平均法对每个学习器的结果进行平均。图 11-1 为 Bagging 算法流程的示意图。

随机森林算法在 Bagging 算法的基础上,以决策树为基学习器,并且在决策树的训练过程中引入了随机属性选择。即将多个决策树结合在一起,每次随机有放回地选出数据集,同时将随机选出部分特征作为输入。图 11-2 为随机森林算法流程的示意图。

随机森林算法的工作流程是:首先从原始训练样本集 N 中有放回地重复随机抽取样本生成 k 个新的训练样本集合,其次根据自助样本集生成 k 个分类树组成随机森林,森林中的每棵树具有相同的分布,并且每棵决策树都随机选择特征属性,分别训练数据后产生 k 个结果,最终使用投票法选取模型最终的结果。

随机森林算法的优缺点包括以下几个。

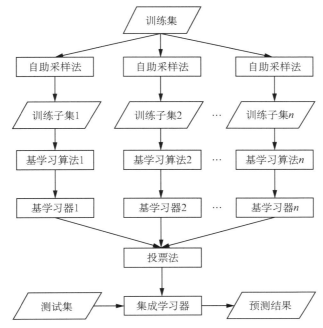

图 11-1　Bagging 算法流程的示意图

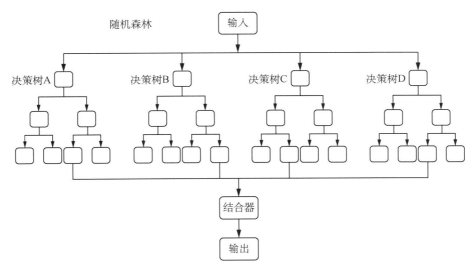

图 11-2　随机森林算法流程的示意图

（1）优点：能够很好地处理高维度数据、速度快、可视化展示、便于分析。

（2）缺点：处理回归问题时表现不好、不太适用小数据或者低维数的分类。

上述过程的伪代码表示如下：

1. 对原始训练样本集 N
2. 有放回地随机抽取样本生成 k 个新的训练样本集
3.　　基于新的训练样本集

143

4.	随机选择特征属性
5.	生成分类决策树
6.	每棵决策树产生一份结果
7.将 k 个分类决策树组合起来,构成随机森林
8.投票法选择随机森林算法的最终结果

随机森林算法的工作流程如下:

① 收集数据:通过各种方法将数据采集;

② 准备数据:随机森林算法只适用于标称型数据,因此数值型数据必须离散化;

③ 分析数据:采用统计学手法或者其他的方法进行数据分析;

④ 训练算法:构造随机森林的数据结构;

⑤ 测试算法:计算错误率,与单个决策树对比结果;

⑥ 使用算法:使用随机森林可以更好地理解数据的内在含义。

集成学习主要分为三大类:Bagging,Boosting 和 Stacking,其中,Bagging 算法的主要思想是多个学习器并联,以随机森林算法为典型代表;Boosting 算法的核心思想是在之前学习器的基础上串联,通过调整错误结果的权重,不断提升算法整体的准确率,以 AdaBoost 为典型代表;Stacking 算法是堆叠模型,聚集多种算法与集成学习的优点。下面给出基于不同集成学习算法的代码实现。先创建一个名为 RandomForest.py 的文件,然后将下面程序清单中的代码添加到文件中。

程序清单 11-1　RandomForest 算法支持的函数

```
import csv
from math import sqrt
# 加载数据,一行行地存入列表
def loadCSV(filename):
    dataSet = []
    with open(filename, 'r') as file:
        csvReader = csv.reader(file)
        for line in csvReader:
            dataSet.append(line)
    return dataSet
# 除了标签列,其他列都转换为 float 类型
def column_to_float(dataSet):
    featLen = len(dataSet[0]) - 1
    for data in dataSet:
        for column in range(featLen):
            data[column] = float(data[column].strip())
# 将数据集随机分成 N 块,方便交叉验证,其中一块是测试集,其他是训练集
def spiltDataSet(dataSet, n_folds):
    fold_size = int(len(dataSet) / n_folds)
    dataSet_copy = list(dataSet)
```

```
        dataSet_spilt = []
        for i in range(n_folds):
            fold = []
            # 这里不能用 if,用 while 执行循环,直到条件不成立
            while len(fold) < fold_size:
                index = randrange(len(dataSet_copy))
                # pop()函数用于移除列表中的一个元素,并且返回该元素的值
                fold.append(dataSet_copy.pop(index))
            dataSet_spilt.append(fold)
        return dataSet_spilt
# 构造数据子集
def get_subsample(dataSet, ratio):
    subdataSet = []
    lenSubdata = round(len(dataSet) * ratio)
    while len(subdataSet) < lenSubdata:
        index = randrange(len(dataSet) - 1)
        subdataSet.append(dataSet[index])
    return subdataSet
# 分割数据集
def data_spilt(dataSet, index, value):
    left = []
    right = []
    for row in dataSet:
        if row[index] < value:
            left.append(row)
        else:
            right.append(row)
    return left, right
# 计算分割代价
def spilt_loss(left, right, class_values):
    loss = 0.0
    for class_value in class_values:
        left_size = len(left)
        if left_size != 0:
        # 防止除数为零
            prop = [row[-1] for row in left].count(class_value) / float(left_size)
            loss += (prop * (1.0 - prop))
        right_size = len(right)
        if right_size != 0:
            prop = [row[-1] for row in right].count(class_value) / float(right_size)
```

145

```
            loss + = (prop * (1.0 - prop))
        return loss
# 选取任意的 n 个特征,在这 n 个特征中,选取分割时的最优特征
def get_best_spilt(dataSet, n_features):
    features = []
    class_values = list(set(row[-1] for row in dataSet))
    b_index, b_value, b_loss, b_left, b_right = 999, 999, 999, None, None
    while len(features) < n_features:
        index = randrange(len(dataSet[0]) - 1)
        if index not in features:
            features.append(index)
    # 找到列的最适合做节点的索引
    for index in features:
        for row in dataSet:
            # 以它为节点的左右分支
            left, right = data_spilt(dataSet, index, row[index])
            loss = spilt_loss(left, right, class_values)
            # 寻找最小分割代价
            if loss < b_loss:
                b_index, b_value, b_loss, b_left, b_right = index, row[index],
                    loss, left, right
    return {'index': b_index, 'value': b_value, 'left': b_left, 'right': b_right}
# 决定输出标签
def decide_label(data):
    output = [row[-1] for row in data]
    return max(set(output), key = output.count)
# 子分割,不断地构建叶节点的过程
def sub_spilt(root, n_features, max_depth, min_size, depth):
    left = root['left']
    # print left
    right = root['right']
    del (root['left'])
    del (root['right'])
    # print depth
    if not left or not right:
        root['left'] = root['right'] = decide_label(left + right)
        # print 'testing'
        return
    if depth > max_depth:
        root['left'] = decide_label(left)
```

```
        root['right'] = decide_label(right)
        return
    if len(left) < min_size:
        root['left'] = decide_label(left)
    else:
        root['left'] = get_best_spilt(left, n_features)
        # print'testing_left'
        sub_spilt(root['left'], n_features, max_depth, min_size, depth + 1)
    if len(right) < min_size:
        root['right'] = decide_label(right)
    else:
        root['right'] = get_best_spilt(right, n_features)
        # print'testing_right'
        sub_spilt(root['right'], n_features, max_depth, min_size, depth + 1)
# 构造决策树
def build_tree(dataSet, n_features, max_depth, min_size):
    root = get_best_spilt(dataSet, n_features)
    sub_spilt(root, n_features, max_depth, min_size, 1)
    return root
```

程序清单 11-1 中的代码包含几个随机森林算法中要用到的辅助函数。

loadCSV()函数用于加载数据,将.csv 文件中的数据导入列表中。每一个列表会被添加到 dataSet 中,最后返回 dataSet。该返回值是一个包含许多其他列表的列表。这种格式可以很容易将很多值封装到矩阵中。

column_to_float()函数对数据进行预处理,除了标签列以外,其他所有数据都转换为浮点型。

spiltDataSet()函数将数据集随机分成 N 块,方便交叉验证,其中一块是测试集,其他是训练集。

get_subsample()函数构造数据子集,data_spilt()函数分割数据集,之后借用 spilt_loss()函数计算分割代价,再根据代价值调用 get_best_spilt()函数选取任意的 n 个特征,在这 n 个特征中选取分割时的最优特征,这部分不仅体现了与前文第 7 章决策树相同的算法思想,同时也体现了随机森林算法选取特征时的随机性。

之后调用 sub_spilt()函数进行子分割,不断构造叶子节点,最后利用 build_tree()函数构造决策树。

接下来看一下这些函数的实际效果。保存 RandomForest.py 文件,然后在 Python 提示符下输入:

```
In [1]:  import csv
         from random import seed
         from random import randrange
         from math import sqrt
```

```
In [2]:  dataSet = [[1,2,3,4],
                     [3,2,3,1],
                     [5,2,3,6]]
In [3]:  print(dataSet)
Out[3]:  [[1,2,3,4]
          [3,2,3,1]
          [5,2,3,6]]
In [4]:  dataSet = loadCSV('sonar-all-data.csv')
In [5]:  print(dataSet)
Out[5]:  [[['0.0200','0.0371','0.0428','0.0207','0.0954','0.0986','0.1539',
            '0.1601','0.3109','0.2111','0.1609','0.1582','0.2238','0.0645',
            '0.0660','0.2273','0.3100','0.2999','0.5078','0.4797','0.5783',
            '0.5071','0.4328','0.5550','0.6711','0.6415','0.7104','0.8080',
            '0.6791','0.3857','0.1307','0.2604','0.5121','0.7547','0.8537',
            '0.8507','0.6692','0.6097','0.4943','0.2744','0.0510','0.2834',
            '0.2825','0.4256','0.2641','0.1386','0.1051','0.1343','0.0383',
            '0.0324','0.0232','0.0027','0.0065','0.0159','0.0072','0.0167',
            '0.0180','0.0084','0.0090','0.0032','R'],……]
```

接着了解一下 column_to_float() 函数的模块,将列表中所有非标签列转换为浮点型。

```
In [6]:  dataSet = [['0.0200','0.0371','0.0428','0.0032','R'],
                    ['0.0500','0.0981','0.2628','0.0032','M'],
                    ['0.5600','0.1981','0.5628','0.0232','R']]
In [7]:  print(column_to_float(dataSet))
Out[7]:  None
```

从上述结果可以判断得出来,column_to_float() 函数与预想的运行方式是一样的。再测试一下随机划分数据集的方法:

```
In [8]:  print(spiltDataSet(dataSet,2))
Out[8]:  [[[0.56, 0.1981, 0.5628, 0.0232, 'R']], [[0.05, 0.0981, 0.2628, 0.0032, 'M']]]
```

从上述结果可以看出,spiltDataSet() 函数可以正常运行划分数据集。再测试一下对数据集的分割过程:

```
In [9]:  print(data_spilt(dataSet, 1, 0))
Out[9]:  ([], [[0.02, 0.0371, 0.0428, 0.0032, 'R'], [0.05, 0.0981, 0.2628, 0.0032, 'M'], [0.56, 0.1981, 0.5628, 0.0232, 'R']])
```

接下来计算分割代价:

```
In [10]:  print(spilt_loss([], [[0.02, 0.0371, 0.0428, 0.0032, 'R'], [0.05, 0.0981, 0.2628, 0.0032, 'M'], [0.56, 0.1981, 0.5628, 0.0232, 'R']], ['R','M']))
Out[10]:  0.4444444444444445
```

最后选取分割时的最优特征,并输出标签:

```
In [11]:  print(get_best_spilt(dataSet, 2))
```

Out[11]:　{'index': 3, 'value': 0.0032, 'left': [], 'right': [[0.02, 0.0371, 0.0428,
　　　　　　0.0032, 'R'], [0.05, 0.0981, 0.2628, 0.0032, 'M'], [0.56, 0.1981,
　　　　　　0.5628, 0.0232,'R']]}

In[12]:　print(decide_label(dataSet))

Out[12]:　R

由上述结果可以判断出,支持随机森林算法的函数是正常运行的,因此,接下来就可以准备 RandomForest 算法,该算法会基于给出的数据集,随机选取数据和特征,构造多个决策树分类器,最后集成得到最终的分类结果。打开 RandomForest. py 文件输入下面的程序清单。

程序清单 11-2　RandomForest 算法实战

```python
# 预测测试集结果
def predict(tree, row):
    predictions = []
    if row[tree['index']] < tree['value']:
        if isinstance(tree['left'], dict):
            return predict(tree['left'], row)
        else:
            return tree['left']
    else:
        if isinstance(tree['right'], dict):
            return predict(tree['right'], row)
        else:
            return tree['right']
def bagging_predict(trees, row):
    predictions = [predict(tree, row) for tree in trees]
    return max(set(predictions), key = predictions.count)
# 创建随机森林
def random_forest(train, test, ratio, n_feature, max_depth, min_size, n_trees):
    trees = []
    for i in range(n_trees):
        # 从切割的数据集中选取子集
        train = get_subsample(train, ratio)
        tree = build_tree(train, n_features, max_depth, min_size)
        trees.append(tree)
    predict_values = [bagging_predict(trees, row) for row in test]
    return predict_values
# 计算准确率
def accuracy(predict_values, actual):
    correct = 0
    for i in range(len(actual)):
```

```
            if actual[i] = = predict_values[i]:
                correct + = 1
    return correct / float(len(actual))
```

上述清单给出了随机森林算法。random_forest()函数接受 7 个输入参数,分别为训练集、测试集、选取比例、特征个数、最大深度、最小尺寸和树的个数。random_forest()函数先在每一个分割好的数据集中选取子集作为当前决策树的训练集,然后基于新的训练子集搭建决策树分类器,之后迭代,并将每一棵决策树存入 tree 列表中,构成随机森林。用 bagging 算法将其并联组合集成,使用测试集进行预测,最终输出预测结果,并计算准确率。

本章选取 15 个特征,给定最大树的深度为 15,构造 10 棵决策树,共同搭建随机森林模型。具体步骤如下:首先传入数据,对数据进行随机分割,其次对切分好的数据集进行遍历,基于每个数据子集构造决策树作为基学习器,并且随机选取特征,直到每个决策树学习完成,将其并联集成,构成随机森林,最后输入测试集进行验证,输出树的个数、测试准确率及模型的平均得分。

```
In [1]:  if __name__ = = '__main__':
            seed(1)
            dataSet = loadCSV('sonar-all-data.csv')
            column_to_float(dataSet)
            n_folds = 5
            max_depth = 15
            min_size = 1
            ratio = 1.0
            n_features = 15
            n_trees = 10
            folds = spiltDataSet(dataSet, n_folds)
            scores = []
            for fold in folds:
                train_set = folds[:]
                train_set.remove(fold)
                train_set = sum(train_set, [])
                test_set = []
                for row in fold:
                    row_copy = list(row)
                    row_copy[-1] = None
                    test_set.append(row_copy)
                actual = [row[-1] for row in fold]
                predict_values = random_forest(train_set, test_set, ratio, n_
                                features, max_depth, min_size, n_trees)
                accur = accuracy(predict_values, actual)
                scores.append(accur)
```

```
In [2]：  print('Trees is %d' % n_trees)
In [3]：  print('scores：%s' % scores)
In [4]：  print('mean score：%s' % (sum(scores) / float(len(scores))))
Out[4]：  Trees is 10
          scores：[0.6341463414634146，0.6829268292682927，0.6341463414634146，
                  0.5853658536585366，0.5853658536585366]
          mean score：0.624390243902439
```

11.2　Bagging 模型

上一节对 Bagging 模型的原理和工作流程作了简单介绍。Bagging 的核心就是训练多个分类器,将其并联集成,选取最优结果作为最终的模型结果。如果要解决分类问题,一般选取投票法得到最终结果,遵循少数服从多数的原则,在多个基学习器的测试结果中选择众数结果作为 Bagging 模型的最终结果;如果要解决的是回归问题,则采用简单平均的方法综合多个学习器的训练结果,得到一个较均衡的结果作为 Bagging 模型的最终结果,即训练多个学习器取平均。公式如下:

$$f(x) = \frac{1}{M} \sum_{m=1}^{M} f_m(x) \tag{11-1}$$

一般的 Bagging 模型与随机森林不同的地方在于,Bagging 不需要强调样本选取与特征选择环节的随机性,更多地注重多个学习器分别训练,最后集成即可。程序清单 11-3 给出一个由三个学习器(逻辑回归、随机森林和支持向量机)集成得到的 Bagging 模型。

程序清单 11-3　Bagging 模型实战

```
In [1]：  import numpy as np
          import os
          import matplotlib
          import matplotlib.pyplot as plt
          plt.rcParams['axes.labelsize'] = 14
          plt.rcParams['xtick.labelsize'] = 12
          plt.rcParams['ytick.labelsize'] = 12
In [2]：  import warnings
          warnings.filterwarnings('ignore')
          np.random.seed(42)
In [3]：  from sklearn.model_selection import train_test_split
          from sklearn.datasets import make_moons
In [4]：  X,y = make_moons(n_samples = 500, noise = 0.30, random_state = 42)
          X_train, X_test, y_train, y_test = train_test_split(X, y, random_state = 42)
In [5]：  plt.plot(X[:,0][y == 0],X[:,1][y == 0],'yo',alpha = 0.6)
```

```
plt.plot(X[:,0][y == 0],X[:,1][y == 1],'bs',alpha = 0.6)
plt.savefig("11 - 3.svg", dpi = 1200, format = "svg")
plt.show()
```
Out[5]:

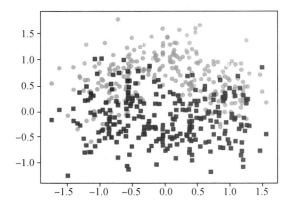

In [6]:
```
from sklearn.ensemble import RandomForestClassifier, VotingClassifier
from sklearn.linear_model import LogisticRegression
from sklearn.svm import SVC
log_clf = LogisticRegression(random_state = 42)
rnd_clf = RandomForestClassifier(random_state = 42)
svm_clf = SVC(random_state = 42)
voting_clf = VotingClassifier(estimators = [('lr',log_clf),('rf',rnd_clf),
                                             ('svc',svm_clf)],voting = 'hard')
```
In [7]:
```
voting_clf.fit(X_train,y_train)
```
Out[7]:
```
VotingClassifier(estimators = [('lr',LogisticRegression(C = 1.0, class_
weight = None, dual = False, fit_intercept = True, intercept_scaling = 1, max
_iter = 100, multi_class = 'warn', n_jobs = None, penalty = 'l2', random_
state = 42, solver = 'warn', tol = 0.0001, verbose = 0, warm_start = False)),
('rf', RandomFore...rbf', max_iter = - 1, probability = False, random_
state = 42, shrinking = True, tol = 0.001, verbose = False))], flatten_
transform = None, n_jobs = None, voting = 'hard', weights = None)
```
In [8]:
```
from sklearn.metrics import accuracy_score
for clf in (log_clf,rnd_clf,svm_clf,voting_clf):
    clf.fit(X_train,y_train)
    y_pred = clf.predict(X_test)
    print (clf.__class__.__name__,accuracy_score(y_test,y_pred))
```
Out[8]:
```
LogisticRegression 0.864
RandomForestClassifier 0.872
SVC 0.888
VotingClassifier 0.896
```

```
In [9]:   from sklearn.ensemble import BaggingClassifier
          from sklearn.tree import DecisionTreeClassifier

          bag_clf = BaggingClassifier(DecisionTreeClassifier(),
                          n_estimators = 500,
                          max_samples = 100,
                          bootstrap = True,
                          n_jobs = - 1,
                          random_state = 42)
          bag_clf.fit(X_train,y_train)
          y_pred = bag_clf.predict(X_test)
In [10]:  tree_clf = DecisionTreeClassifier(random_state = 42)
          tree_clf.fit(X_train,y_train)
          y_pred_tree = tree_clf.predict(X_test)
          accuracy_score(y_test,y_pred_tree)
Out[10]:  0.856
In [11]:  from matplotlib.colors import ListedColormap
          def plot_decision_boundary(clf,X,y,axes = [ - 1.5,2.5, - 1,1.5], alpha =
                                  0.5,contour = True):
              x1s = np.linspace(axes[0],axes[1],100)
              x2s = np.linspace(axes[2],axes[3],100)
              x1,x2 = np.meshgrid(x1s,x2s)
              X_new = np.c_[x1.ravel(),x2.ravel()]
              y_pred = clf.predict(X_new).reshape(x1.shape)
              custom_cmap = ListedColormap(['#fafab0','#9898ff','#a0fa a0'])
              plt.contourf(x1,x2,y_pred,cmap = custom_cmap,alpha = 0.3)
              if contour:
                  custom_cmap2 = ListedColormap(['#7d7d58','#4c4c7f','#507d50'])
              plt.contour(x1,x2,y_pred,cmap = custom_cmap2,alpha = 0.8)
              plt.plot(X[:,0][y = = 0],X[:,1][y = = 0],'yo',alpha = 0.6)
              plt.plot(X[:,0][y = = 0],X[:,1][y = = 1],'bs',alpha = 0.6)
              plt.axis(axes)
              plt.xlabel('x1')
              plt.xlabel('x2')
In [12]:  plt.figure(figsize = (12,5))
          plt.subplot(121)
          plot_decision_boundary(tree_clf,X,y)
          plt.title('Decision Tree')
          plt.subplot(122)
          plot_decision_boundary(bag_clf,X,y)
```

```
        plt.title('Decision Tree With Bagging')
        plt.savefig("11-5.svg", dpi = 1200, format = "svg")
        plt.show()
```

Out[12]:　Text(0.5, 1.0, 'Decision Tree With Bagging')

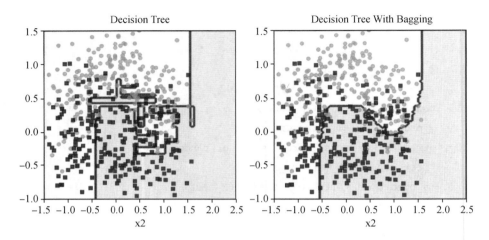

本次实验中,采用 sklearn 中的 BaggingClassifier 模块,分别训练 RandomForestClassifier,LogisticRegression 和 SVC 三种学习器,使用并联方式将其组合,最终的实验结果调用 VotingClassifier 投票决定。如 Out[12]所示,Bagging 模型与单个的决策树模型相比,对数据的分类效果更优。

11.3　AdaBoost 提升树

AdaBoost 是集成学习中 Boosting 算法的典型代表。Boosting 是一簇可将弱学习器提升为强学习器的算法。其工作机制为:先从初始训练集训练出一个基学习器,再根据基学习器的表现对样本分布进行调整,使先前的基学习器做错的训练样本在后续受到更多的关注,然后基于调整后的样本分布训练下一个基学习器;如此重复进行,直至基学习器数目达到实现指定的值 T,或整个集成结果达到退出条件,然后将这些学习器进行加权结合。图 11-3 为 Boosting 算法流程的示意图。

Adaboost 采用迭代的思想,每次迭代只训练一个弱分类器,训练好的弱分类器将参与下一次迭代的使用。在第 N 次迭代中,一共有 N 个弱分类器,其中 N−1 个是以前训练好的,其各种参数都不再改变,本次训练第 N 个分类器。弱分类器的关系是:第 N 个弱分类器更可能分对前 N−1 个弱分类器没分对的数据,最终分类输出要看这 N 个分类器的综合效果。图 11-4 为 Adaboost 算法流程的示意图。

Adaboost 算法的工作流程是:首先用第一个弱学习器训练全部数据集,在第一个弱训练器的预测结果中寻找错误结果,改变这些错误结果在数据集中的权重,使其关注度和权重更高,构造出新的改变部分数据权重的新的数据集。其次使用第二个弱学习器继续训练,同样在其训练结果中加大错误结果的权重,再次训练,依次迭代,直至错误率达到标准或触及算法结束条件,此

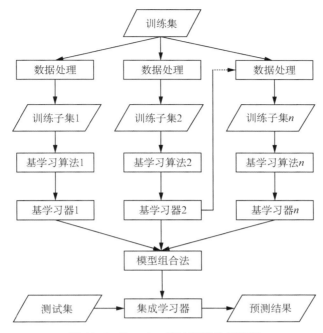

图 11-3　**Boosting** 算法流程的示意图

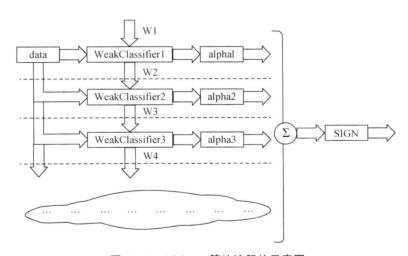

图 11-4　**Adaboost** 算法流程的示意图

时算法结束。最终模型得到的结果是由多个学习器加权相加得来的。公式如下：

$$F_m(x) = F_{m-1}(x) + \text{argmin}_h \sum_{i=1}^{n} L(y_i, F_{m-1}(x_i) + h(x_i)) \tag{11-2}$$

其工作原理是，加入一个学习器得到的结果至少不比原来的结果差。

Adaboost 算法的优缺点包括以下几个。

（1）优点：可以将不同的分类算法作为弱分类器、具有很高的精度、充分考虑每个分类器的权重。

（2）缺点：迭代次数也就是弱分类器数目不太好设定、数据不平衡导致分类精度下降、训练比较耗时,每次需要重新选择当前分类器最好切分点。

上述过程的伪代码表示如下:

---

1. 对原始训练样本集 N

2. 用弱学习器对数据进行训练

3.   查看错误结果

4.   找到判断错误的数据

5.   提高错误数据权重,构成新的数据集

6.   使用下一个弱学习器继续训练

7. 触及迭代停止条件

7. 将多个弱学习器的训练结果有权重地相加

8. 得到 AdaBoost 算法模型的最终结果

AdaBoost 算法的工作流程如下:

① 收集数据:通过各种方法采集数据;

② 准备数据:AdaBoost 算法只适用于标称型数据,因此数值型数据必须离散化;

③ 分析数据:采用统计学手法或者其他的方法进行数据分析;

④ 训练算法:构造 AdaBoost 的数据结构;

⑤ 测试算法:计算错误率,与单学习器算法对比结果;

⑥ 使用算法:使用 AdaBoost 算法可以更好地理解数据的内在含义。

程序清单 11-4 给出了 AdaBoost 算法实验。

程序清单 11-4　AdaBoost 算法实战

```
In [1]: from sklearn.svm import SVC
In [2]: m = len(X_train)
        plt.figure(figsize = (14,5))
        for subplot,learning_rate in ((121,1),(122,0.5)):
            sample_weights = np.ones(m)
            plt.subplot(subplot)
            for i in range(5):
                svm_clf = SVC(kernel ='rbf',C = 0.05,random_state = 42)
                svm_clf.fit(X_train,y_train,sample_weight = sample_weights)
                y_pred = svm_clf.predict(X_train)
                sample_weights[y_pred ! = y_train] * = (1 + learning_rate)
                plot_decision_boundary(svm_clf,X,y,alpha = 0.2)
                plt.title(' learning_rate = {}'.format(learning_rate))
            if subplot = = 121:
                plt.text(- 0.7, - 0.65, "1", fontsize = 14)
                plt.text(- 0.6, - 0.10, "2", fontsize = 14)
                plt.text(- 0.5,  0.10, "3", fontsize = 14)
                plt.text(- 0.4,  0.55, "4", fontsize = 14)
                plt.text(- 0.3,  0.90, "5", fontsize = 14)
```

```
plt.savefig("11 − 6.svg", dpi = 1200, format = "svg")
plt.show( )
```

Out[2]：

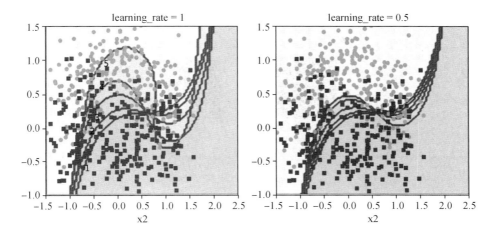

上述代码构建了基于两种不同学习率的 AdaBoost 算法,并产生了可视化的分类结果。其实 sklearn 库中同样有 AdaBoostClassifier( )函数可以供大家直接调用。

```
In [3]:  from sklearn.ensemble import AdaBoostClassifier
         ada_clf = AdaBoostClassifier(DecisionTreeClassifier(max_dep th = 1),
                                      n_estimators = 200,
                                      learning_rate = 0.5,
                                      random_state = 42)
```

```
In [4]:  ada_clf.fit(X_train, y_train)
         plot_decision_boundary(ada_clf, X, y)
         plt.savefig("11 − 7.svg", dpi = 1200, format = "svg")
         plt.show( )
```

Out[4]：

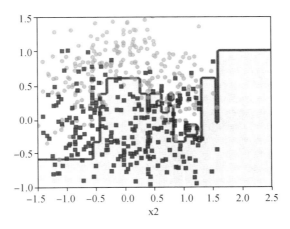

从 Out[4]可以看出，AdaBoost 算法确实具备优秀的分类能力，集成后的算法模型比单个模型预测结果更优。

 价值塑造与能力提升

本章示例：使用集成学习
进行幸福感预测

本章习题

11.4　本章小结

集成学习是一种功能很强大的综合性学习方法，它可以将多种机器学习方法根据自有结构组合起来，集百家之众长，是一种高效的学习方法。

集成学习主要分为三大类别：Bagging，Boosting 和 Stacking，三种模式各有千秋。Bagging 更注重模型的并联，以随机森林算法为典型代表，它强调数据集和特征获取的随机性，提高模型的泛化能力；Boosting 强调不断优化和提升模型的准确率，以 AdaBoost 为典型代表；Stacking 更加注重多层和多模型的组合，模型更加庞大。集成学习致力于提高模型的性能，更适于处理高维度、复杂性强的数据集，同时也会因为集成多组学习器导致计算时间延长。在分析数据时需要合理选择适合的学习方法。

第 12 章　神经网络

随着社会的不断进步，以及各方面对于快速有效地实现自动身份验证的迫切要求，生物特征识别技术在近几十年得到了飞速的发展。有了它们，人们可以快捷、精准、卫生地进行身份认定。生物特征具有不可复制性，即使做了整容手术，该技术也能从几百项脸部特征中找出"原来的你"，而人脸识别正是神经网络应用的之一。生活中的各个方面，如机器学习、图像识别、智能推荐也都有着神经网络的身影。接下来，就让我们去了解神经网络的原理与应用。

人工神经网络（artificial neural network，ANN），简称神经网络（neural network，NN），是一种模仿生物神经网络的结构和功能的数学模型或计算模型。神经网络由大量的人工神经元联结进行计算。大多数情况下，人工神经网络能在外界信息的基础上改变内部结构，是一种自适应系统。现代神经网络是一种非线性统计性数据建模工具，常用来对输入和输出间复杂的关系进行建模，或用来探索数据的模式。

12.1　神经网络概述

神经网络是一种运算模型，由大量的节点（或称"神经元"）相互连接构成。每个节点代表一种特定的输出函数，称为激励函数或激活函数。每两个节点间的连接都代表一个对通过该连接信号的加权值，称之为权重，这相当于人工神经网络的记忆。网络的输出则因网络的连接方式、权重值和激励函数的不同而不同。而网络自身通常是对自然界某种算法或者函数的逼近，也可能是对一种逻辑策略的表达。

神经网络的构筑理念是受到生物（人或其他动物）神经网络功能的运作启发而产生的。一方面，人工神经网络通常通过一个基于数学统计学类型的学习方法得以优化，所以人工神经网络也是数学统计学方法的一种实际应用。通过统计学的标准数学方法，我们能够得到大量的可以用函数来表达的局部结构空间。另一方面，在人工智能学的人工感知领域，我们通过数学统计学的应用可以研究人工感知方面的决定问题，这种方法比起正式的逻辑学推理演算更具有优势。

12.1.1　神经网络模型

用图来表示神经网络的话，如图 12-1 所示。我们把最左边的一列称为输入层，最右边的一列称为输出层，中间的一列称为中间层。中间层有时也称为隐藏层。"隐藏"一词的意思是，隐藏层的神经元（和输入层、输出层不同）肉眼看不见。图中的网络一共由三层神经元构成，但实质上只有两层神经元有权重，因此将其称为"两层网络"。

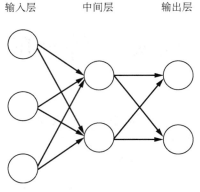

图 12-1　神经网络模型

12.1.2　单层神经网络

单层神经网络又叫感知器。在神经元模型中的输入层位置添加神经元节点,标志其为"输入单元",如图 12-2 所示,我们将权值 $\omega 1$,$\omega 2$,$\omega 3$ 写到"连接线"的中间。

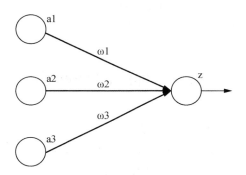

图 12-2　单层神经网络

在"感知器"中,有两个层次,分别是输入层和输出层。输入层里的"输入单元"只负责传输数据,不作计算。输出层里的"输出单元"则需要对前面一层的输入进行计算。我们把需要计算的层次称为"计算层",并把拥有一个计算层的网络称为"单层神经网络"。

图 12-2 中的感知机接收 a1、a2、a3 的输入信号,输出 z。如果用数学式来表示图 12-2 中的感知机,如式(12-1)所示:

$$z = a_1\omega_1 + a_2\omega_2 + a_3\omega_3 \tag{12-1}$$

如果我们仔细看输出的计算公式,会发现公式就是线性代数方程,因此可以用矩阵乘法来表达这个公式。

12.1.3　两层神经网络

两层神经网络又叫多层感知器。两层神经网络除了包含一个输入层、一个输出层,还有一个中间层。此时,中间层和输出层都是计算层。我们扩展上文的单层神经网络,在右边新加一个层次(只含有一个节点),如图 12-3 所示。

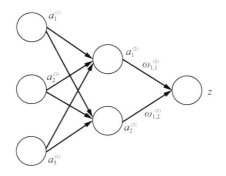

图 12-3 两层神经网络

那么根据上文,中间层的计算方法如式(12-2)所示:

$$\begin{cases} a_1^{(2)} = g(a_1^{(1)} \times \omega_{1,1}^{(1)} + a_2^{(1)} \times \omega_{1,2}^{(1)} + a_3^{(1)} \times \omega_{1,3}^{(1)}) \\ a_2^{(2)} = g(a_1^{(1)} \times \omega_{2,1}^{(1)} + a_2^{(1)} \times \omega_{2,2}^{(1)} + a_3^{(1)} \times \omega_{2,3}^{(1)}) \end{cases} \tag{12-2}$$

计算最终输出 z 的方式是利用中间层的 $a_1^{(2)}$, $a_2^{(2)}$ 和第二个权值矩阵计算得到的,如式 (12-3):

$$z = g(a_1^{(2)} \times \omega_{1,1}^{(2)} + a_2^{(2)} \times \omega_{1,2}^{(2)}) \tag{12-3}$$

假设我们的预测目标是一个向量,那么与前面类似,只需要在"输出层"再增加节点即可。由此可见,使用矩阵运算来表达是很简洁的,而且也不会受到节点数增多的影响(无论有多少节点参与运算,乘法两端都只有一个变量)。因此,神经网络的教程中大量使用矩阵运算来描述。

需要说明的是,迄今为止,我们对神经网络的结构图的讨论都没有提到偏置节点。事实上,这些节点是默认存在的。它本质上是一个只含有存储功能,且存储值永远为 1 的单元。在神经网络的每个层次中,除了输出层,都会含有这样一个偏置单元。正如线性回归模型与逻辑回归模型中的一样。

12.1.4 激活函数

激活函数对于人工神经网络模型学习、理解非常复杂和非线性的函数来说具有十分重要的作用,它们将非线性特性引入网络中。在神经元中,输入的 inputs 通过加权求和后,还会通过一个特定的数学函数进行处理,这个函数就是激活函数。引入激活函数是为了增加神经网络模型的非线性,没有激活函数的每层都相当于矩阵相乘。就算叠加了若干层,也不过是矩阵相乘罢了。

12.1.4.1 sigmoid()函数

神经网络中经常使用的一个激活函数是式(12-4)表示的 sigmoid()函数。

$$h(x) = \frac{1}{1 + \exp(-x)} \tag{12-4}$$

神经网络中用 sigmoid()函数作为激活函数进行信号的转换,转换后的信号被传送给下一个神经元。其他方面,如神经元的多层连接的构造、信号的传递方法等,基本上和感知机

是一样的。接下来,让我们通过和阶跃函数的比较来详细学习作为激活函数的 sigmoid( )
函数。

12.1.4.2　阶跃函数的实现

这里我们试着用 Python 画出阶跃函数的图(从视觉上确认函数的形状对理解函数而言
很重要)。阶跃函数如式(12-5)所示,当输入超过 0 时,输出 1;否则输出 0。可以用
式(12-5)简单地实现阶跃函数。

$$h(x) = \begin{cases} 0(x \leqslant 0) \\ 1(x > 0) \end{cases} \tag{12-5}$$

程序清单 12-1　阶跃函数的简单实现

```
def step_function(x):
    if x > 0:
        return 1
    else:
        return 0
```

这个简单实现易于理解,但是参数 x 只能接受实数(浮点数)。也就是说,允许形如 step_
function(3.0)的调用,但不允许参数取 NumPy 数组,如 step_function(np. array([1.0,
2.0]))。为了便于后面的操作,我们把它修改为支持 NumPy 数组的实现。为此,可以考虑
下述实现。

程序清单 12-2　阶跃函数支持 NumPy 数组的实现

```
def step_function(x):
    y = x > 0
return y.astype(np.int)
```

上述函数的内容只有两行。由于使用了 NumPy 中的"技巧",可能会有点难理解。下面
这个例子中准备了 NumPy 数组 x,并对这个 NumPy 数组进行了不等号运算。

程序清单 12-3　对 NumPy 数组进行不等号运算

```
In [1]:   import numpy as np
In [2]:   x = np.array([-1.0, 1.0, 2.0])
In [3]:   x
Out[3]:   array([-1., 1., 2.])
In [4]:   y = x > 0
In [5]:   y
Out[5]:   array([False, True, True])
```

对 NumPy 数组进行不等号运算后,数组的各个元素都会进行不等号运算,生成一个布
尔型数组。这里,数组 x 中大于 0 的元素被转换为 True,小于等于 0 的元素被转换为
False,从而生成一个新的数组 y。

12.1.4.3　阶跃函数的图形

下面我们就用图来表示上面定义的阶跃函数,为此需要使用 Matplotlib 库。

程序清单 12-4　用图表示上述定义阶跃函数

```
In [1]: import numpy as np
        import matplotlib.pylab as plt
        def step_function(x):
            return np.array(x > 0, dtype = np.int)
        x = np.arange(-5.0, 5.0, 0.1)
        y = step_function(x)
        plt.plot(x, y)
        # 指定 y 轴的范围
        plt.ylim(-0.1, 1.1)
        plt.show()
Out[3]:
```

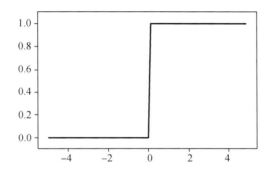

阶跃函数以 0 为界，输出从 0 切换为 1（或者从 1 切换为 0）。它的值呈阶梯式变化，所以称为阶跃函数。

12.1.4.4　sigmoid( )函数的实现

下面，我们来实现 sigmoid( )函数。

程序清单 12-5　sigmoid( )函数的表示

```
def sigmoid(x):
return 1 / (1 + np.exp(-x))
```

实际上，如果在这个 sigmoid( )函数中输入一个 NumPy 数组，则结果如下。

程序清单 12-6　在 sigmoid 函数中输入 NumPy 数组

```
In [1]: def sigmoid(x):
            return 1 / (1 + np.exp(-x))
In [2]: x = np.array([-1.0, 1.0, 2.0])
In [3]: sigmoid(x)
Out[3]: array([0.26894142, 0.73105858, 0.88079708])
```

下面我们把 sigmoid( )函数画在图上。画图的代码和刚才的阶跃函数的代码几乎是一样的，唯一不同的地方是把输出 y 的函数换成了 sigmoid( )函数。

程序清单 12-7　画出 sigmoid( )函数

```
In [1]:  x = np.arange( - 5.0, 5.0, 0.1)
         y = sigmoid(x)
         plt.plot(x, y)
         ♯ 指定 y 轴的范围
         plt.ylim( - 0.1, 1.1)
         plt.show( )
```

Out[1]:

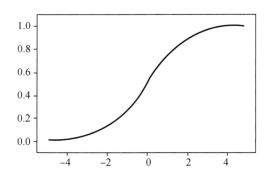

12.2　卷积神经网络

本节将介绍卷积神经网络（convolutional neural networks，CNN），它是计算机视觉应用普遍使用的一种深度学习模型，常被用于图像识别、语音识别等各种场合。接下来将详细介绍 CNN 的结构，并用 Python 实现其处理内容。你将学到如何将卷积神经网络应用于图像分类问题，特别是那些训练数据集较小的问题。

12.2.1　卷积神经网络整体结构

CNN 和之前介绍的神经网络一样，可以像乐高积木一样通过组装层来构建。不过，CNN 中新出现了卷积层和池化层。

在之前介绍的神经网络中，相邻层的所有神经元之间都有连接，这称为全连接。那么，CNN 会是什么样的结构呢？图 12-4 是 CNN 的一个例子。

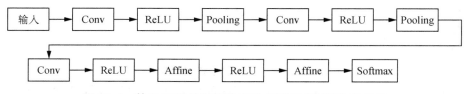

图 12-4　基于 CNN 的网络的例子：新增了卷积层和池化层

CNN 中新增了卷积（conv）层和池化（pooling）层。CNN 的层的连接顺序是"Convolution-ReLU-（Pooling）"（pooling 层有时会被省略）。此外，最后的输出层中使用了之前的"Affine-Softmax"组合。这些都是一般的 CNN 中比较常见的结构。

12.2.2　卷积层

卷积层的作用是提取一个局部区域的特征,不同的卷积核相当于不同的特征提取器,由于卷积网络主要应用在图像处理上,而图像为二维结构,因此,为了更充分地利用图像的局部信息,通常将神经元组织为三维结构的神经层,其大小为高度 $M×$宽度 $N×$深度 D,由 D 个 $M×N$ 大小的特征映射构成。

特征映射为一幅图像(或其他特征映射)在经过卷积提取到的特征,每个特征映射可以作为一类抽取的图像特征。为了提高卷积网络的表示能力,可以在每一层使用多个不同的特征映射,以更好地表示图像的特征。

12.2.3　卷积运算

卷积是一种有效提取图片特征的方法,一般用一个正方形卷积核遍历图片上的每一个像素点。图片与卷积核重合区域内相对应的每一个像素值乘卷积核内相对应点的权重,然后求和,再加上偏置后,最后得到输出图片中的一个像素值。在卷积运算时,我们来看一个具体的例子(图 12-5)。

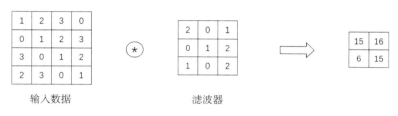

输入数据　　　　　　　　滤波器

图 12-5　卷积运算示例

如图 12-5 所示,卷积运算对输入数据应用滤波器。在这个例子中,输入数据是有长宽方向的形状的数据,滤波器也一样,有长宽方向上的维度。假设用(height,width)表示数据和滤波器的形状,则在本例中,输入大小是(4,4),滤波器大小是(3,3),输出大小是(2,2)。

现在来解释一下图 12-5 的卷积运算的例子中都进行了什么样的计算。图 12-6 展示了卷积运算的计算顺序。

对于输入数据,卷积运算以一定间隔滑动滤波器的窗口并应用。这里所说的窗口是指图 12-6 中黑色的 3×3 的部分。如图 12-6 所示,将各个位置上滤波器的元素和输入的对应元素相乘,然后再求和(有时将这个计算称为乘积累加运算)。之后,将这个结果保存到输出的对应位置。将这个过程在所有位置都进行一遍,就可以得到卷积运算的输出。

在全连接的神经网络中,除了权重参数,还存在偏置。在 CNN 中,滤波器的参数就对应之前的权重。并且,CNN 中也存在偏置。图 12-5 的卷积运算的例子展示到了应用滤波器的阶段。包含偏置的卷积运算的处理流程如图 12-7 所示。

如图 12-7 所示,卷积运算的偏置向应用了滤波器的数据加上了偏置。偏置通常只有 1 个(1×1)(本例中,相对于应用了滤波器的 4 个数据,偏置只有 1 个),这个值会被加到应用了滤波器的所有元素上。

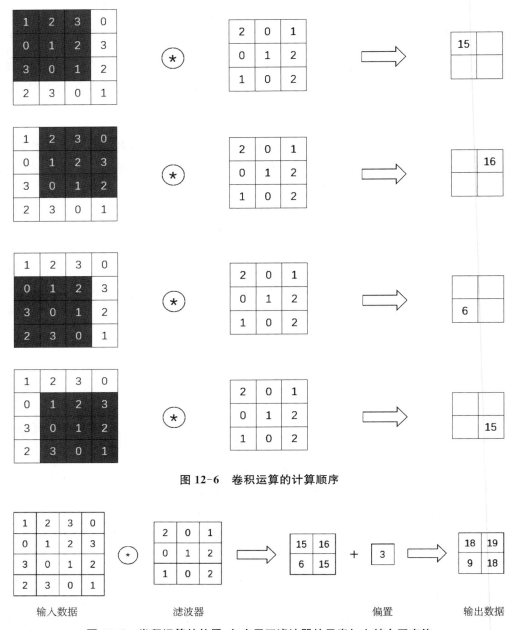

图 12-6　卷积运算的计算顺序

输入数据　　　　滤波器　　　　　　　偏置　　　　输出数据

图 12-7　卷积运算的偏置：向应用了滤波器的元素加上某个固定值

12.2.4　填充

在进行卷积层的处理之前，有时要向输入数据的周围填入固定的数据（如 0 等），这称为填充，是卷积运算中经常会用到的处理。比如，在图 12-8 的例子中，卷积运算对大小为 (4,4) 的输入数据应用了幅度为 1 的填充。"幅度为 1 的填充"是指用幅度为 1 像素的 0 填充周围。

如图 12-8 所示,通过填充,大小为(4,4)的输入数据变成了(6,6)的形状。然后,应用大小为(3,3)的滤波器,生成了大小为(4,4)的输出数据。这个例子将填充设成了 1,不过填充的值也可以设置成 2、3 等任意的整数。在图 12-7 的例子中,如果将填充设为 2,则输入数据的大小变为(8,8);如果将填充设为 3,则大小变为(10,10)。

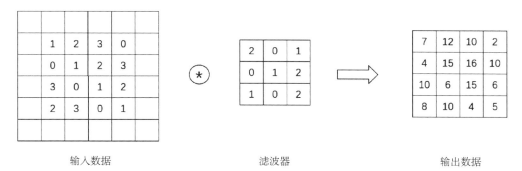

输入数据　　　　　　　　　　滤波器　　　　　　　　　　输出数据

图 12-8　卷积运算的填充处理:向输入数据的周围填入 0(途中空白表格表示填充"0")

12.2.5　步幅

应用滤波器的位置间隔称为步幅。之前的例子中步幅都是 1,如果将步幅设为 2,则如图 12-9 所示,应用滤波器的窗口的间隔变为 2 个元素。

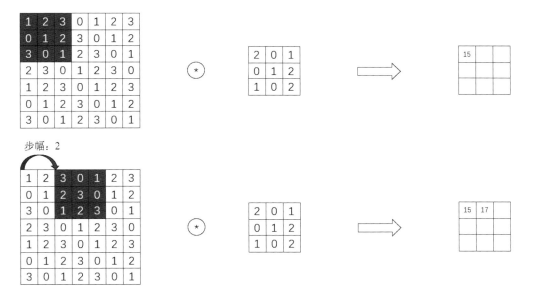

图 12-9　步幅为 2 的卷积运算示例

图 12-9 中的例子对输入大小为(7,7)的数据,以步幅 2 应用了滤波器。通过将步幅设为 2,输出大小变为(3,3)。像这样,步幅可以指定应用滤波器的间隔。

综上,增大步幅后,输出大小会变小。而增大填充后,输出大小会变大。如果将这样的关系写成算式,会如何呢? 接下来,我们看一下对于填充和步幅,如何计算输出大小。

这里,假设输入大小为(H,W),滤波器大小为(FH,FW),输出大小为(OH,OW),填

充为 P ，步幅为 S 。此时，输出大小可通过式(12-6)进行计算。

$$\begin{cases} OH = \dfrac{H + 2P - FH}{S} + 1 \\ OW = \dfrac{W + 2P - FW}{S} + 1 \end{cases} \quad (12\text{-}6)$$

现在，我们使用这个算式，试着作几个计算：

【例12-1】 图12-8的例子。输入大小：(4，4)；填充：1；步幅：1；滤波器大小：(3，3)。

$$\begin{cases} OH = \dfrac{4 + 2 \times 1 - 3}{1} + 1 = 4 \\ OW = \dfrac{4 + 2 \times 1 - 3}{1} + 1 = 4 \end{cases}$$

【例12-2】 图12-9的例子。输入大小：(7，7)；填充：0；步幅：2；滤波器大小：(3，3)。

$$\begin{cases} OH = \dfrac{7 + 2 \times 0 - 3}{2} + 1 = 3 \\ OW = \dfrac{7 + 2 \times 0 - 3}{2} + 1 = 3 \end{cases}$$

【例12-3】 输入大小：(28，31)；填充：2；步幅：3；滤波器大小：(5，5)。

$$\begin{cases} OH = \dfrac{28 + 2 \times 2 - 5}{3} + 1 = 10 \\ OW = \dfrac{31 + 2 \times 2 - 5}{3} + 1 = 11 \end{cases}$$

如这些例子所示，通过在式(12-6)中代入值，就可以计算输出大小。这里需要注意的是，虽然只要代入值就可以计算输出大小，但是所设定的值必须使式(12-6)中的 $\dfrac{W + 2P - FW}{S}$ 和 $\dfrac{H + 2P - FH}{S}$ 分别可以除尽。当输出大小无法除尽时(结果是小数时)，需要采取报错等对策。顺便说一下，根据深度学习的框架的不同，当值无法除尽时，CNN 有时会向最接近的整数四舍五入，不进行报错而继续运行。

12.2.6 池化层

池化是缩小高、长方向上的空间的运算。图12-10将 2×2 的区域集约成 1 个元素，缩小空间大小。

图12-10的例子是按步幅 2 进行 2×2 的 Max 池化时的处理顺序。"Max 池化"是获取最大值的运算，"2×2"表示目标区域的大小，即从 2×2 的区域中取出最大的元素。此外，这个例子中将步幅设为了 2，所以 2×2 的窗口的移动间隔为 2 个元素。另外，一般来说，池化的窗口大小会和步幅设定成相同的值。比如，3×3 的窗口的步幅会设为 3，4×4 的窗口的步幅会设为 4 等。

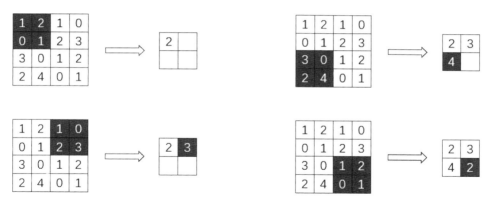

图 12-10 Max 池化的处理顺序

12.2.7 池化层的实现

池化层的实现使用了 im2col 展开输入数据，且在通道方向上是独立的，具体地讲，如图 12-11 所示，池化的应用区域按通道单独展开。

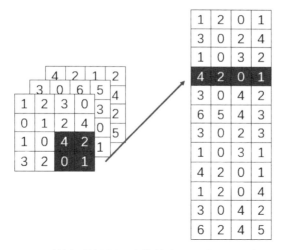

图 12-11 对输入数据展开池化的应用区域(2×2 池化示例)

像这样展开之后，只需对展开的矩阵求各行的最大值，并转换为合适的形状即可(图 12-12)。

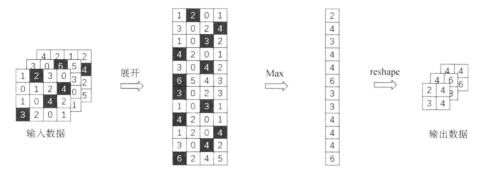

图 12-12 池化层的实现流程

169

上面就是池化层的 forward 处理的实现流程。下面来看一下 Python 的实现示例。

程序清单 12-8　池化层 forword 处理的实现流程

```
class Pooling：
def __init__(self, pool_h, pool_w, stride = 1, pad = 0)：
    self.pool_h = pool_h
    self.pool_w = pool_w
    self.stride = stride
    self.pad = pad
def forward(self, x)：
    N, C, H, W = x.shape
    out_h = int(1 + (H - self.pool_h) / self.stride)
    out_w = int(1 + (W - self.pool_w) / self.stride)
    ♯ 展开(1)
    col = im2col(x, self.pool_h, self.pool_w, self.stride, self.pad)
    col = col.reshape(-1, self.pool_h * self.pool_w)
    ♯ 最大值(2)
    out = np.max(col, axis = 1)
    ♯ 转换(3)
    out = out.reshape(N, out_h, out_w, C).transpose(0, 3, 1, 2)
    return out
```

池化层的实现按下面 3 个阶段进行：

① 展开输入数据；

② 求各行的最大值；

③ 转化为合适的输出大小。

12.2.8　卷积神经网络处理图片

学习了这么多，接下来让我们应用卷积神经网络来将图 12-13 调至为高亮，来看一下 Python 的实现示例。

图 12-13　例图

程序清单 12−9　用卷积神经网络将图片处理为高亮

```
In [1]:  import matplotlib.pyplot as plt
         import pylab
         import numpy as np

In [2]:  # 分别提取三个通道
         def convolve(img, fil, mode = 'same'):
             if mode == 'fill':
                 h = fil.shape[0] // 2
                 w = fil.shape[1] // 2
                 img = np.pad(img, ((h, h), (w, w), (0, 0)), 'constant')
             # 然后去进行卷积操作
             conv_b = _convolve(img[:, :, 0], fil)
             conv_g = _convolve(img[:, :, 1], fil)
             conv_r = _convolve(img[:, :, 2], fil)
             # 将卷积后的三个通道合并
             dstack = np.dstack([conv_b, conv_g, conv_r])
             # 返回卷积后的结果
             return dstack

In [3]:  def _convolve(img, fil):
             # 获取卷积核(滤波)的高度
             fil_heigh = fil.shape[0]
             # 获取卷积核(滤波)的宽度
             fil_width = fil.shape[1]
             # 确定卷积结果的大小
             conv_heigh = img.shape[0] - fil.shape[0] + 1
             conv_width = img.shape[1] - fil.shape[1] + 1
             conv = np.zeros((conv_heigh, conv_width), dtype = 'uint8')
             for i in range(conv_heigh):
                 # 逐点相乘并求和得到每一个点
                 for j in range(conv_width):
                     conv[i][j] = wise_element_sum(
                         img[i:i + fil_heigh, j:j + fil_width], fil)
                     return conv

In [4]:  def wise_element_sum(img, fil):
             res = (img * fil).sum()
             if (res < 0):
                 res = 0
             elif res > 255:
                 res = 255
             return res
```

```
In [5]:   # 在这里读取图片
          img = plt.imread("test.jpg")
In [6]:   # 卷积核应该是奇数行,奇数列的
          fil = np.array([[0.0, 0.5, 0.0],
                          [0.5, 0.5, 0.5],
                          [0, 0.5, 0]])
In [6]:   # 显示卷积后的图片
          res = convolve(img, fil, 'fill')
          plt.imshow(res)
          pylab.show()
Out[6]:
```

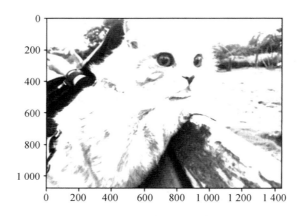

12.3　循环神经网络

首先,我们来看一个自然语言处理很常见的问题,即命名实体的识别(named entity recognition,NER),举个例子,现在有两句话:

第一句话:I like eating apple!(我喜欢吃苹果!)

第二句话:The Apple is a great company!(苹果真是一家很棒的公司!)

现在的任务是要给 apple 打 Label,我们都知道第一个 apple 是一种水果,第二个 apple 是苹果公司。假设我们现在有大量的已经标记好的数据以供训练模型,当我们使用全连接的神经网络时,我们的做法是把 apple 这个单词的特征向量输入我们的模型中,在输出结果时,让我们的 label 里正确的 label 概率最大。但我们的语料库中,有的 apple 的 label 是水果,有的 apple 的 label 是公司,这将导致模型在训练的过程中预测的准确程度取决于训练集中哪个 label 多一些,这样的模型对于我们来说完全没有作用。问题就出在了我们没有结合上下文去训练模型,而是单独地在训练 apple 这个单词的 label,这也是全连接神经网络模型所不能做到的,于是就有了我们的循环神经网络。

循环神经网络(recurrent neural network,RNN)处理序列的方式是:遍历所有序列元素,并保存一个状态(state),其中包含与已查看内容相关的信息。实际上,RNN 是一类具有

内部环的神经网络。在处理两个不同的独立序列时,RNN 状态会被重置,因此,我们仍可以将一个序列看作单个数据点,即网络的单个输入。真正改变的是,数据点不再是在单个步骤中进行处理,相反,网络内部会对序列元素进行遍历。

12.3.1　什么是循环神经网络

RNN 背后的逻辑是利用顺序信息。在传统的神经网络中,我们假设所有输入(和输出)彼此独立。但对于许多任务而言,这是一个非常糟糕的想法。如果我们想预测句子中的下一个单词,那我们最好知道它前面有哪些单词。RNN 被称为"循环",因为它们对序列的每个元素执行相同的任务,输出取决于先前的计算。考虑 RNN 的另一种方式是它们有一个"记忆",它可以捕获到目前为止计算的信息。理论上,RNN 可以利用任意长序列中的信息,但实际上它们仅限于回顾几个步骤。典型的 RNN 在 t 时刻展开的样子如图 12-14 所示。

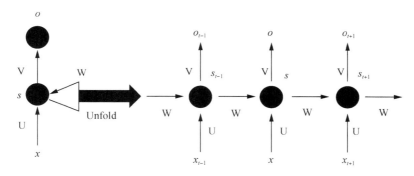

图 12-14　RNN 在 t 时刻展开

其中:

x_t 是输入层的输入;

s_t 是隐藏层的输出,其中 s_0 是计算第一个隐藏层所需的,通常初始化为全零;

o_t 是输出层的输出。

从上图可以看出,RNN 的关键一点是 s_t 的值不仅仅取决于 x_t,还取决于 s_{t-1}。

假设:

f 是隐藏层激活函数,通常是非线性的,如 tanh 函数或 ReLU 函数;

g 是输出层激活函数,可以是 softmax 函数。

那么,循环神经网络的前向计算过程用公式表示如下:

$$o_t = g(V \cdot s_t + b_2) \tag{12-7}$$

$$s_t = f(U \cdot x_t + W \cdot s_{t-1} + b_1) \tag{12-8}$$

通过两个公式的循环迭代,有以下推导:

$$o_t = g(V \cdot f(U \cdot x_t + W \cdot f(U \cdot x_{t-1} + W \cdot f(U \cdot x_{t-2} + \cdots))) + b_2) \tag{12-9}$$

可以看到,当前时刻的输出包含历史信息,这说明循环神经网络对历史信息进行了保存。

为了将循环解释清楚,我们用 NumPy 来实现一个简单 RNN 的前向传递。这个 RNN 的输入是一个张量序列,我们将其编码成(timesteps,input-features)的二维张量。它对时间步进行遍历,在每个时间步,它考虑 t 时刻的当前状态与 t 时刻的输入,对两者计算得到 t 时刻的输出。然后,我们将下一个时间步的状态设置为上一个时间步的输出。对于第一个时间步,上一个时间步的输出没有定义,所以它没有当前状态。因此,我们需要将状态初始化为一个全零向量,这叫作网络的初始状态。

RNN 的伪代码如下所示。

程序清单 12-10　RNN 伪代码

```
# t 时刻的状态
state_t = 0
# 对序列元素进行遍历
for input_t in input_sequence:
    output_t = f(input_t, state_t)
# 前一次的输出变成下一次迭代的状态
    state_t = output_t
```

我们甚至可以给出具体的函数 $f()$:从输入和状态到输出的变换,其参数包括两个矩阵(W 和 U)和一个偏置向量。它类似于前馈网络中密集连接层所作的变换。

程序清单 12-11　更详细的 RNN 伪代码

```
state_t = 0
for input_t in input_sequence:
    output_t = activation(dot(W, input_t) + dot(U, state_t) + b)
state_t = output_t
```

为了将这些概念的含义解释得更加清楚,我们为简单 RNN 的前向传播编写一个简单的 NumPy 实现。

程序清单 12-12　简单 RNN 的 NumPy 实现

```
import numpy as np
# 输入序列的时间步数
timesteps = 100
# 输入特征空间的维度
input_features = 32
# 输出特征空间的维度
output_features = 64 #
输入数据:随机噪声(仅作为示例)
inputs = np.random.random((timesteps, input_features))
# 初始状态:全零向量
state_t = np.zeros((output_features,))
# 创建随机的权重矩阵
W = np.random.random((output_features, input_features))
U = np.random.random((output_features, output_features))
```

```
b = np.random.random((output_features,))
successive_outputs = []
# input_t 是形状为（input_features,）的向量
for input_t in inputs:
# 由输入和当前状态(前一个输出)计算得到当前输出
    output_t = np.tanh(np.dot(W, input_t) + np.dot(U, state_t) + b)
# 将这个输出保存到一个列表中
    successive_outputs.append(output_t)
# 更新网络的状态,用于下一个时间步
    state_t = output_t
# 最终输出是一个形状为（timesteps, output_features）的二维张量
final_output_sequence = np.stack(successive_outputs, axis=0)
```

总之,RNN 是一个 for 循环,它重复使用循环前一次迭代的计算结果,仅此而已。当然,可以构建许多不同的 RNN,它们都满足上述定义。这个例子只是最简单的 RNN 表述之一。

12.3.2　了解 LSTM

假设有一条传送带,其运行方向平行于所处理的序列。序列中的信息可以在任意位置跳上传送带,然后被传送到更晚的时间步,并在需要时原封不动地跳回来。这实际上就是 LSTM 的原理:它保存信息以便后面使用,从而防止较早期的信号在处理过程中逐渐消失。

为了详细了解 LSTM,我们先从 SimpleRNN 单元(图 12-15)开始讲起。因为有许多个权重矩阵,所以对单元中的 W 和 U 两个矩阵添加下标字母 o(W_o 和 U_o),表示输出。

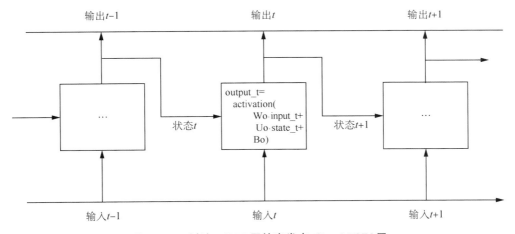

图 12-15　讨论 LSTM 层的出发点:SimpleRNN 层

我们向图 12-15 中添加额外的数据流,其携带着跨越时间步的信息。它在不同的时间步的值叫作 C_t,其中,C 表示携带(carry)。这些信息将会对单元产生以下影响:它将与输入连接和循环连接进行运算(通过一个密集变换,即与权重矩阵作点积,然后加上一个偏置,再应用一个激活函数),从而影响传递到下一个时间步的状态(通过一个激活函数和一个乘法运算)。从概念上来看,携带数据流(图 12-16)是一种调节下一个输出和下一个状态的方法。

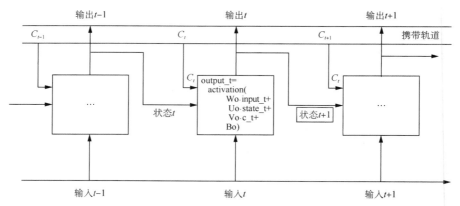

图 12-16　从 SimpleRNN 到 LSTM：添加一个携带轨道

12.3.3　Keras 中一个 LSTM 的具体例子

下面来看这一方法的精妙之处，即携带数据流情形下一个值的计算方法。它涉及三个不同的变换，这三个变换的形式都和 SimpleRNN 单元相同。

y = activation(dot(state_t,U) + dot(input_t,W) + b)

但这三个变换都具有各自的权重矩阵，我们分别用字母 i, j 和 k 作为下标。目前的模型架构如下：

程序清单 12-13　LSTM 架构的详细伪代码(1/2)

output_t = activation(dot(state_t,Uo) + dot(input_t,Wo) + dot(C_t,Vo) + bo)

i_t = activation(dot(state_t,Ui) + dot(input_t,Wi) + bi)

f_t = activation(dot(state_t,Uf) + dot(input_t,Wf) + bf)

k_t = activation(dot(state_t,Uk) + dot(input_t,Wk) + bk)

对 i_t、f_t 和 k_t 进行组合，可以得到新的携带状态(下一个 c_t)

程序清单 12-14　LSTM 架构的详细伪代码(2/2)

c_t+1 = i_t * k_t + c_t * f_t

图 12-17 给出了添加上述架构之后的图示。

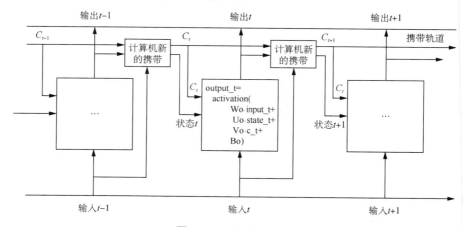

图 12-17　剖析 LSTM

12.3.4　双向 RNN

目前为止,我们考虑的所有循环神经网络有一个"因果"结构,意味着在时刻 t 的状态只能从过去的序列 $x^{(1)}$, $\cdots$, $x^{(t-1)}$ 及当前的输入 $x^{(t)}$ 捕获信息。

然而,在许多应用中,我们要输出的 $y^{(t)}$ 的预测可能依赖于整个输入序列。例如,在语音识别中,由于协同发音,当前声音作为音素的正确解释可能取决于未来几个音素,甚至潜在的可能取决于未来的几个词,因为词与附近的词之间存在语义依赖。如果当前的词有两种声学上合理的解释,我们可能要在更远的未来(和过去)寻找信息区分它们。

双向循环神经网络(或双向 RNN)为满足这种需要而被发明。它们在需要双向信息的应用中非常成功,如手写识别及生物信息学。

顾名思义,双向 RNN 结合时间上从序列起点开始移动的 RNN 和另一个时间上从序列末尾开始移动的 RNN。图 12-18 展示了典型的双向 RNN,其中,$h^{(t)}$ 代表通过时间向前移动的子 RNN 的状态,$g^{(t)}$ 代表通过时间向后移动的子 RNN 的状态。这允许输出单元 $o^{(t)}$ 能够计算同时依赖于过去和未来且对时刻 t 的输入值最敏感的表示,而不必指定 t 周围固定大小的窗口(这是前馈网络、卷积网络或具有固定大小的先行缓存器的常规 RNN 所必须要做的)。

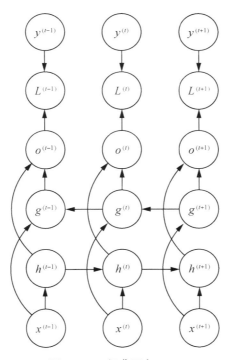

图 12-18　经典双向 RNN

这个想法可以自然地扩展到二维输入,例如,图像由四个 RNN 组成,每一个沿着四个方向中的一个计算:上、下、左、右。如果 RNN 能够学习到承载长期信息,那在二维网格每个点 (i, j) 的输出 $O_{i,j}$ 就能计算一个能捕捉到大多局部信息但仍依赖于长期输入的表示。相比卷积网络,应用于图像的 RNN 计算成本通常更高,但允许同一特征图的特征之间存在长期横向的相互作用。实际上,对于这样的 RNN,前向传播公式可以写成使用卷积的形式,计算自底向上到每一层的输入(在整合横向相互作用的特征图的循环传播之前)。

12.3.5　深度循环网络

大多数 RNN 中的计算可以分解成三块参数及其相关的变换:

① 从输入到隐藏状态;

② 从前一隐藏状态到下一隐藏状态;

③ 从隐藏状态到输出。

Graves 等(2013)第一个展示了将 RNN 的状态分为多层的显著好处,如图 12-19(a)所示。我们可以认为,在图 12-19(a)所示层次结构中较低的层起到了将原始输入转化为对更高层的隐藏状态更合适表示的作用。Pascanu 等(2014)更进一步提出了在上述三个块中各使用一个单独的 MLP(可能是深度的),如图 12-19(b)所示。考虑到表示容量,我们建议在这三块中都分配足够的容量,但增加深度可能会因为优化困难而损害学习效果。在一般情况下,更容易优化较浅的架构,加入图 12-19(b)的额外深度导致从时间步 t 的变量到时间步 $t+1$ 的最短路径变得更长。例如,如果具有单个隐藏层的 MLP 被用于状态到状态的转换,我们就会加倍任何两个不同时间步变量之间最短路径的长度。然而,Pascanu 等(2014)认为,在隐藏到隐藏的路径中引入跳跃连接可以缓和这个问题,如图 12-19(c)所示。

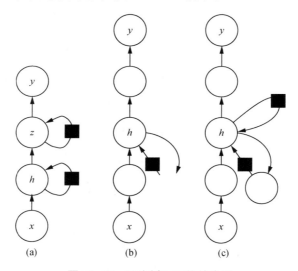

(a)　　　　　(b)　　　　　(c)

图 12-19　深度循环网络的发展

 价值塑造与能力提升

本章示例:基于神经
网络的股票预测

本章习题

12.4　本章小结

　　神经元是构成神经网络的基本单元,它模拟生物神经元的结构和特性,接收输入信号并且产生输出。输入信号要进行加权和激活函数,然后才输出神经元的活性值。

　　神经网络就是按照一定规则连接起来的多个神经元。并且神经元按照层来分布,最左面的叫作输入层,最右面叫作输出层,输入层和输出层之间的层叫作隐藏层。同一层的神经元之间没有连接。全连接神经网络的这一层和上一层的所有神经元相连。每个连接都有一个权值。

　　激活函数用来增强网络的表示能力和学习能力,是需要连续可求导(允许少数点不可导)的非线性函数。可导的激活函数可以直接利用数值优化的方法来学习网络参数(反向传播算法)。并且,激活函数及其导数要尽可能简单,减少计算复杂度。同时,激活函数的导函数要在一个合适区间内,保证训练的效率和稳定性。

　　卷积神经网络(CNN)主要用来识别位移、缩放及其他形式扭曲不变性的二维图形。由于 CNN 的特征检测层通过训练数据进行学习,所以在使用 CNN 时,避免了显式的特征抽取,而隐式地从训练数据中进行学习。再者,由于同一特征映射面上的神经元权值相同,所以网络可以并行学习,这也是卷积网络相对于神经元彼此相连网络的一大优势。卷积神经网络以其局部权值共享的特殊结构在语音识别和图像处理方面有着独特的优越性,其布局更接近于实际的生物神经网络,权值共享降低了网络的复杂性,特别是多维输入向量的图像可以直接输入网络这一特点避免了特征提取和分类过程中数据重建的复杂度。

第13章 机器学习的应用——文本分析

自然语言处理(natural language processing，NLP)是指研究使用自然语言的计算机和人类之间的交互。在实践中,使用自然语言处理技术来处理和分析文本数据是非常常见的。

在深入学习自然语言处理之前,我们首先需要理解什么是自然语言。简单地说,它是我们表达思想和想法的一种方式。更具体地说,语言是一组相互遵循的协议,包括我们用来相互交流的单词或者声音。在这个数字化时代,我们不断地通过各种方式与周围的机器互动,比如:语音命令和文字形式的打字指令。因此,开发计算机能够准确理解人类语言的机制已经变得至关重要。NLP 帮助我们做到了这一点。自然语言处理可以被定义为计算机科学的一个领域,它专注于使计算机算法能够理解、分析和生成自然语言。

你可能和 Siri 互动过,如向 Siri 询问球赛比分时,它会以当前的比分回复。这背后的技术是 NLP,Siri 在搜索引擎的帮助下使用语音到文本这样的技术来实现这一神奇的功能。顾名思义,从语音到文本(speech to text)是自然语言处理的一种应用,在这种应用中,计算机被训练来理解口头说出来的单词。

自然语言处理在不同的层面工作,这意味着机器在不同的层面处理和理解自然语言。层次如下:

① 形态层:这一层次涉及理解单词结构和单词信息;
② 词汇层:这一层次涉及理解单词的词性;
③ 句法层:这一层次涉及理解句子的句法分析,或解析句子;
④ 语义层:这一层次涉及理解句子的实际意义;
⑤ 语境层:这一层次涉及理解句子的意义,而不仅仅是句子层面,也就是考虑上下文;
⑥ 应用层:这一层次涉及使用真实世界的知识来理解句子。

自然语言处理是一个从人工智能、语言学和数据科学等领域涌现出来的领域。随着计算技术的进步和数据量的提高,自然语言处理发生了巨大的变化。以前,计算使用传统的基于规则的系统,在这种系统中,必须显式地编写硬编码的规则。今天,自然语言的计算正在使用机器学习和深度学习技术来完成。

假设我们必须从一组娱乐新闻文章中提取一些明星的名字。如果我们想要应用基于规则的语法,则必须基于人类对语言的理解手动地制定某些规则。提取人名的一些规则可以是:单词应该是专有名词,对于国外明星而言,每个单词还应该以大写字母开头,等等。正如我们所看到的,使用这样一个基于规则的系统不会产生非常准确的结果。基于规则的系统在某些情况下确实运行良好,但弊远大于利。一个主要的缺点是,考虑到大多数语言的复杂和微妙的本质,同样的规则不可能适用于所有情况。这些缺点可以通过使用机器学习来克服,比如编写一个算法,使用文本语料库(自然语言处理中的训练数据)来学习一门语言,而不需要编程。

文本分析和 NLP 的区别是什么?

文本分析(text analytics)是一种从文本数据中提取有意义的见解并回答问题的方法,比如:那些与句子长度、单词长度、单词计数和从文本中寻找单词有关的数据。假设,我们正在使用新闻文章做一个调查,我们需要找出过去五年在空间技术领域贡献最大的前五个国家。为此,我们将使用互联网新闻 API 收集过去五年所有与太空技术相关的新闻。现在,我们必须提取这些新闻文章中的国家名称。首先,我们可以使用一个包含世界上所有国家列表的文件来执行这个任务。其次,我们将创建一个字典,其中,"键"将是国家名称,"键值"将是国家名称在新闻文章中出现的次数。要在新闻文章中搜索一个国家,我们可以使用一个简单的单词正则表达式"regex"。在搜索完所有新闻文章之后,我们可以根据与之关联的值对国家名称进行排序。通过这种方式,我们将列出过去五年对太空技术贡献最大的前五个国家。这是文本分析的一个典型例子,在这个例子中,我们只是从文本中生成数据洞察,也就是以字符串为对象进行统计,但却不涉及语言的语义。当然,我们还可以使用各种丰富的数据可视化手段,来展示相关的文本分析结果。

需要注意文本分析和 NLP 之间的区别。从任何给定的文本数据中提取有用见解的技术可以称为文本分析。而自然语言处理帮助我们理解语义和文本的潜在意义,比如:句子的情感、文本中的顶级关键词,以及不同单词的词性。它不仅仅局限于文本数据,语音识别与分析也属于自然语言处理的范畴。

NLP 可以大致分为两类:自然语言理解(NLU)和自然语言生成(NLG)。

NLU 是指一个具有计算能力的无生命物体能够理解口语的过程。如前所述,Siri 使用从语音到文本等技术来回答不同的问题,包括天气、最新新闻、实时比赛分数等。

NLG 是指一个具有计算能力的无生命物体能够用一种它们能够理解的语言与人类交流,或者能够从数据集中生成人类可以理解的文本的过程。继续以 Siri 为例,向它询问城市的降雨概率,它会给出类似这样的回复:"目前,您所在的城市没有降雨的可能。"它使用搜索引擎从不同来源获得答案,总结结果后使用从文本到语音(text to speech)将结果以口头表达出来。

所以,当人类和机器说话时,机器会在 NLU 程序的帮助下解释语言。通过使用 NLG 过程,机器产生适当的响应并与人类共享,从而使人类更容易理解机器。这些任务是 NLP 的一部分,而不是文本分析的一部分。

在接下来的学习中,我们将大量用到 Python 中的自然语言工具包(natural language toolkit,NLTK)库。所以,我们在学习前要确保已经安装了 NLTK,安装步骤可以参考 http://wwwnltk.org/install.html。还需要安装 NLTK 数据,这些数据中包含很多语料和训练模型,这也是文本分析不可分割的部分,安装步骤可以参考 http://www.nltk.org/data.html。

13.1　文本分词

我们已经讨论过用自然语言完成的计算类型了。除了这些基本任务之外,还可以根据自己的需求设计自己的任务。在接下来的连续几个案例中,我们将详细讨论各种预处理任务,并通过实验操作来实现。为了执行这些任务,我们将使用 NLTK 库,它是一个功能强大的开源工具,它提供了一组方法和算法来执行广泛的 NLP 任务,包括标记化、词性标记、词干化等。

1. 分词的概念

分词是自然语言处理中的重要部分。分词就是将句子、段落、文章这种长文本分解为以字词为单位的数据结构,方便后续的处理分析工作。它不同于简单地用空格分割句子,而是实际上将句子分割为单词、数字和标点符号,这些符号可能并不总是用空格分隔。例如,考虑这句话:

I am reading a book.

在这里,我们的任务是从这个句子中提取单词/标记,将这个句子传递给标记化程序后,提取的单词/标记将是:I,am,reading,a,book 和. 。这个例子每次提取一个令牌(token)。这样的标记称为一元分(unigram)。

2. 分词的作用

1)将复杂问题转换为数学问题

机器学习之所以看上去可以解决很多复杂的问题,是因为它把这些问题都转化为数学问题。而 NLP 也是相同的思路,文本都是一些非结构化数据,我们需要先将这些数据转化为结构化数据,之后,结构化数据就可以转化为数学问题了,而分词就是转化的第一步。

2)词是一个比较合适的粒度

词是表达完整含义的最小单位。字的粒度太小,无法表达完整含义,比如,鼠可以是老鼠,也可以是鼠标。而句子的粒度太大,承载的信息量大,很难复用。

3)深度学习时代,部分任务中也可以分字

在深度学习时代,随着数据量和算力的爆炸式增长,很多传统的方法被颠覆。分词一直是 NLP 的基础,但是现在也被用于很多其他的方面。

3. 三种典型的分词方法

1)基于词典匹配的分词方式

其基本思想是基于词典匹配,将待分词的中文文本根据一定规则切分和调整,然后跟词典中的词语进行匹配,匹配成功则按照词典的词分词,匹配失败则进行调整或者重新选择,如此反复循环即可。代表方法有基于正向最大匹配、基于逆向最大匹配及双向匹配法。

基于词典匹配的分词方法的优缺点包括以下几个。

(1)优点:速度快、成本低。

(2)缺点:适应性不强,不同领域效果差异大。

2)基于统计的分词方法

这类目前常用的是算法是 HMM,CRF,SVM,深度学习等算法,比如,stanford,Hanlp 分词工具是基于 CRF 算法。以 CRF 为例,其基本思路是对汉字进行标注训练,不仅考虑了词语出现的频率,还考虑了上下文,具备较好的学习能力,因此,其对歧义词和未登录词的识别都具有良好的效果。

基于统计的分词方法的优缺点包括以下几个。

(1)优点:适应性较强。

(2)缺点:成本较高,速度较慢。

3）基于深度学习的分词方法

例如，有人尝试使用双向 LSTM＋CRF 实现分词器，其本质上是序列标注，所以有通用性，命名实体识别等都可以使用该模型，据报道，其分词器字符准确率可高达 97.5％。

基于深度学习的分词方法的优缺点包括以下几个。

（1）优点：准确率高，适应性强。

（2）缺点：成本高，速度慢。

常见的分词器都是将机器学习算法和词典相结合的，一方面能够提高分词准确率，另一方面能够改善领域适应性。

程序清单 13-1　文本分词

NLTK 提供了 word_tokenize()函数将给定的文本标记为单词。它实际上是根据标点符号和单词之间的空格，将文本分割成不同的单词。在以下案例中，我们将在 NLTK 的帮助下对给定句子中的单词进行标记。详细步骤如下。

（1）创建一个 Python 文件。我们将使用"Tomorrow is another day. "来完成代码展示，之后，我们还将通过 jieba 分词工具实现对中文语句分词。

（2）导入 NLTK 模块。

下载我们在以下操作中需要的不同类型 NLTK 数据：

```
In [1]:  from nltk import data, word_tokenize, download
         data.path.append(r'../nltk_data')
```

我们也可以在自己本地的实验环境中，使用 NLTK 的 download()函数，从 NLTK 下载给定的数据。NLTK 数据包含不同的语料库和训练模型。我们可以下载 stopwords,punkt 和 averaged_perceptron_tagger,实现使用结构化算法的词性标记。数据会下载到根目录 /nltk_data 下，然后从相同的路径加载。关于 download()函数的详细说明，请查阅官方文档 (https://www.nltk.org/data.html)。

（3）定义分词函数。

调用 word_tokenize()函数对语料库进行分词，它将句子拆分为单词/标记。我们需要添加一个句子作为 word_tokenize()函数的输入，以便它执行任务。得到的结果将是一个列表，我们将把它存储在一个 word 变量中。

```
In [2]:  def get_tokens(sentence):
             words = word_tokenize(sentence)
             return words
```

（4）英文语句分词。

调用函数对英文语句进行分词：

```
In [3]:  print(get_tokens("Tomorrow is another day."))
Out[3]:  ['Tomorrow', 'is', 'another', 'day', '.']
```

（5）中文语句分词。

实际上，相对于英文语句，中文分词才是真正的挑战。

① 中英文分词的典型区别。

区别 1：分词方式不同，中文更难。

英文有天然的空格作为分隔符，但是中文没有，所以，如何切分是一个难点。再加上中文里一词多义的情况非常多,很容易出现歧义。

区别 2:英文单词有多种形态。

英文单词存在丰富的变形变换。为了应对这些复杂的变换,英文 NLP 相比中文存在一些独特的处理步骤,我们称为词形还原(lemmatization)和词干提取(stemming),这两部分将在后面提到,中文则不需要。

区别 3:中文分词需要考虑粒度问题。

例如,"中国科学技术大学"就有很多种分法:

中国科学技术大学

中国 \ 科学技术 \ 大学

中国 \ 科学 \ 技术 \ 大学

粒度越大,表达的意思就越准确,但是也会导致召回比较少。所以,处理中文需要根据不同的场景和要求选择不同的粒度,这个在英文中是没有的。

② 中文分词的难点。

难点 1:没有统一的标准。

目前中文分词没有统一的标准,也没有公认的规范。不同的公司和组织各有各的方法和规则。

难点 2:歧义词如何切分。

例如,"乒乓球拍卖完了"就有 2 种表达了不同含义的分词方式:

乒乓球 \ 拍卖 \ 完了

乒乓 \ 球拍 \ 卖 \ 完了

难点 3:新词的识别。

在信息爆炸的时代,三天两头就会冒出来一堆新词,如何快速地识别出这些新词是一大难点。

③ jieba 中文语句分词。

jieba 分词支持的分词模式包括以下几个。

(1) 精确模式:试图将句子最精确地切开,适合文本分析。

(2) 全模式:把句子中所有的可以成词的词语都扫描出来,速度非常快,但是不能解决歧义。

(3) 搜索引擎模式:在精确模式的基础上,对长词再次切分,提高召回率,适合用于搜索引擎分词。

下面分别采用这三种模式,对同一句话进行分词,从而直观地了解这几种模式的输出效果。

```
In [4]:   import jieba.analyse
          # 全模式
          seg_list = jieba.cut("信息爆炸的时代,三天两头就会冒出来一堆新词,如何快
          速地识别出这些新词是一大难点。", cut_all = True)
          print("【全模式】:" + "/ ".join(seg_list))

          Building prefix dict from the default dictionary ...
          Dumping model to file cache /tmp/jieba.cache
```

Loading model cost 1.242 seconds.

Prefix dict has been built successfully.

Out[4]：　【全模式】:信息/ 爆炸/ 的/ 时代/ ,/ 三天/ 三天两头/ 两头/ 就/ 会/ 冒出/ 冒出/ 来/ 出来/ 一堆/ 新词/ ,/ 如何/ 快速/ 地/ 识别/ 出/ 这些/ 新词/ 是/ 一大/ 大/ 难/ 难点/ 。

In [5]：　# 精确模式

seg_list = jieba.cut("信息爆炸的时代,三天两头就会冒出来一堆新词,如何快速地识别出这些新词是一大难点。", cut_all = False)

print("【精确模式】:" + "/ ".join(seg_list))

Out[5]：　【精确模式】:信息/ 爆炸/ 的/ 时代/ ,/ 三天两头/ 就/ 会/ 冒出来/ 一堆/ 新词/ ,/ 如何/ 快速/ 地/ 识别/ 出/ 这些/ 新词/ 是/ 一大/ 难点/ 。

In [6]：　# 搜索引擎模式

seg_list = jieba.cut_for_search("信息爆炸的时代,三天两头就会冒出来一堆新词,如何快速地识别出这些新词是一大难点。")

print("【搜索模式】:" + "/ ".join(seg_list))

Out[6]：　【搜索模式】:信息/ 爆炸/ 的/ 时代/ ,/ 三天/ 两头/ 三天两头/ 就/ 会/ 冒出/ 出/ 来/ 冒出来/ 一堆/ 新词/ ,/ 如何/ 快速/ 地/ 识别/ 出/ 这些/ 新词/ 是/ 一大/ 难点/ 。

除了 NLTK 与 jieba 以外,NLP 中常用的分词工具还包括：

中文分词工具：

1. [Hanlp](https://github.com/hankcs/HanLP)
2. [Stanford 分词](https://github.com/stanfordnlp/CoreNLP)
3. [ansj 分词器](https://github.com/NLPchina/ansj_seg)
4. [哈工大 LTP](https://github.com/HIT-SCIR/ltp)
5. [KCWS 分词器](https://github.com/koth/kcws)
6. [jieba](https://github.com/yanyiwu/cppjieba)
7. [IK](https://github.com/wks/ik-analyzer)
8. [清华大学 THULAC](https://github.com/thunlp/THULAC)
9. [ICTCLAS](https://github.com/thunlp/THULAC)

英文分词工具：

1. [Keras](https://github.com/keras-team/keras)
2. [Spacy](https://github.com/explosion/spaCy)
3. [Gensim](https://github.com/RaRe-Technologies/gensim)
4. [NLTK](https://github.com/nltk/nltk)

13.2　去除停用词

停用词是任何语言中出现频率最高的词,它们只是用来支持句子的结构,对句子的语义没有多大意义。因此,在不牺牲句子含义的情况下,我们可以在 NLP 过程之前从任何文本中删除停用词,帮助我们清理数据,使其分析更有效率。例如:the,he,have,一个,了,等等的单词。

在以下案例中,我们将检查 NLTK 库提供的停用词列表。基于这个列表,我们将过滤掉文本中包含的停用词。

程序清单 13-2　去除停用词

(1) 创建一个 Python 文件,我们将使用这个句子来完成代码展示,之后,我们将结合 jieba 分词实现中文语句停用词过滤。

I am learning Python. It is one of the most popular programming languages

(2) 导入 NLTK 模块。

使用 NLTK 加载停用词:

```
In [1]:   from nltk import data, word_tokenize
          data.path.append(r'../nltk_data')
          from nltk.corpus import stopwords
In [2]:   # from nltk import download
          # download('stopwords')
```

(3) 加载英语停用词。

检查为英语提供的停用词列表,我们将其作为参数,传递给 words()函数。

```
In [3]:   stop_words = stopwords.words('english')
```

(4) 查看 NLTK 英语停用词典。

在代码中,english 提供的停用词列表存储在 stop_words 变量中。为了查看列表,我们使用 print()函数。

```
In [4]:   print(stop_words)
Out[4]:   ['i', 'me', 'my', 'myself', 'we', 'our', 'ours', 'ourselves', 'you', "you're",
          "you've", "you'll", "you'd", 'your', 'yours', 'yourself', 'yourselves',
          'he', 'him', 'his', 'himself', 'she', "she's", 'her', 'hers', 'herself', 'it',
          "it's", 'its', 'itself', 'they', 'them', 'their', 'theirs', 'themselves', 'what',
          'which', 'who', 'whom', 'this', 'that', "that'll", 'these', 'those', 'am', 'is',
          'are', 'was', 'were', 'be', 'been', 'being', 'have', 'has', 'had', 'having', 'do',
          'does', 'did', 'doing', 'a', 'an', 'the', 'and', 'but', 'if', 'or', 'because',
          'as', 'until', 'while', 'of', 'at', 'by', 'for', 'with', 'about', 'against',
          'between', 'into', 'through', 'during', 'before', 'after', 'above', 'below',
          'to', 'from', 'up', 'down', 'in', 'out', 'on', 'off', 'over', 'under', 'again',
          'further', 'then', 'once', 'here', 'there', 'when', 'where', 'why', 'how', 'all',
          'any', 'both', 'each', 'few', 'more', 'most', 'other', 'some', 'such', 'no',
          'nor', 'not', 'only', 'own', 'same', 'so', 'than', 'too', 'very', 's', 't', 'can',
          'will', 'just', 'don', "don't", 'should', "should've", 'now', 'd', 'll', 'm', 'o',
          're', 've', 'y', 'ain', 'aren', "aren't", 'couldn', "couldn't", 'didn', "didn't",
          'doesn', "doesn't", 'hadn', "hadn't", 'hasn', "hasn't", 'haven', "haven't", 'isn
```

```
', "isn't", 'ma', 'mightn', "mightn't", 'mustn', "mustn't", 'needn', "needn't",
'shan', "shan't", 'shouldn', "shouldn't", 'wasn', "wasn't", 'weren', "weren
't", 'won', "won't", 'wouldn', "wouldn't"]
```

（5）文本分词。

调用 word_tokenize()函数对语句进行分词处理：

```
In [5]:   sentence = "I am learning Python. It is one of the most
          popular programming languages"
          sentence_words = word_tokenize(sentence)
```

查看分词结果：

```
In [6]:   print(sentence_words)
Out[6]:   ['I', 'am', 'learning', 'Python', '.', 'It', 'is', 'one', 'of', 'the', 'most', '
          popular', 'programming', 'languages']
```

（6）定义停用词过滤函数。

从分词结果中过滤掉停用词。为了去掉停用词，我们需要循环遍历句子中的每个单词，检查是否有停用词，最后将它们组合成一个完整的句子。

```
In [7]:   def remove_stop_words(sentence, stop_words):
          return ''.join([word for word in sentence if word not in stop_words])
```

为了检查停用词是否从我们的句子中过滤出来，输出 remove_stop_words()停用词过滤函数返回值：

```
In [8]:   print(remove_stop_words(sentence_words, stop_words))
          # 以分词后的列表与停用词字典作为输入变量
Out[8]:   I learning Python . It one popular programming languages
```

我们也可以自己在原来停用词基础上自行添加停用词并进行过滤：

```
In [9]:   stop_words.extend(['I', 'It', 'one'])
          print(remove_stop_words(sentence_words, stop_words))
Out[9]:   learning Python . popular programming languages
```

从上面的输出结果可以看到，现在像 I，It 和 One 这样的单词被删除了，因为我们已经将它们添加到自定义停止词列表中。

（7）中文语句停用词过滤。

从本地停用词字典中导入停用词，并创建列表：

```
In [10]:   import jieba
           # 创建停用词列表
           def stopwordslist():
               stopwords = [line.strip() for line in
               open('stop_words.txt', encoding='UTF-8').readlines()]
               return stopwords
```

定义分词与停用词过滤函数：

```
In [11]:   # 对句子进行中文分词
           def seg_depart(sentence):
           # 对文档中的每一行进行中文分词
```

```
print("正在分词")
sentence_depart = jieba.cut(sentence.strip())
# 调用停用词列表函数
stopwords = stopwordslist()
# 输出分词结果为 outstr
outstr = ''
# 过滤停用词
for word in sentence_depart:
    if word not in stopwords:
        if word != '\t':
            outstr += word
            outstr += " "
            # 返回过滤结果
            return outstr
```

执行中文语句停用词过滤:

In [12]: sentence = "我们的共同愿望是重回那个没有战争的世界"
         seg_depart(sentence)

Building prefix dict from the default dictionary ...
Loading model from cache /tmp/jieba.cache
正在分词
Loading model cost 0.730 seconds.
Prefix dict has been built successfully.

Out[12]: '共同愿望 重回 没有 战争 世界'

由于我们的停用词字典就在一个文本文件中定义,可以通过编辑文本文件实现对停用词的增加或者删除。

13.3　词干提取

词干提取(stemming)是英文语料预处理的一个必要步骤(中文不存在这个问题),因为英语单词在句子中可能会转化成各种形式。例如,单词 product 可能会转化为 production,或者转化为复数形式的 products。所以,有必要将这些词转换为它们的基本形式,因为它们在任何情况下都具有相同的含义。词干提取就是帮助我们这样做的。譬如,当我们搜索,

＞play basketball 时,

实际上,

＞Bob is playing basketball 也符合要求,但 play 和 playing 对于计算机来说是两种完全不同的东西,我们可能搜索不到期望的结果。为了避免这种情况出现,我们需要将 playing

转换成 play,使计算机返回包含所有与 play 相关联的形式的结果,包括:plays,playing, played,player 等,而 play 就是这些单词的词干。

1. 词干提取与词形还原

词干提取与词形还原往往被紧密地结合在一起作为语料库预处理的步骤。

词干提取(stemming)是指去除单词的前后缀得到词根的过程。常见的前后缀有:名词的复数、进行时、过去分词等

词形还原(lemmatisation)是指基于词典将单词的复杂形态转变成最基础的形态的过程。词形还原不是简单地将前后缀去掉,而是会根据词典将单词进行转换。比如,将 is,are, been 还原为 be。

词干提取和词形还原的目的就是将形态不同,但是含义相同的词统一起来,方便后续的处理和分析。

2. 词干提取和词形还原的共同点

(1) 目标一致。词干提取和词形还原的目标均为将词的屈折形态或派生形态简化或归并为词干(stem)或原形的基础形式,都是一种对词的不同形态的统一归并的过程。

(2) 结果部分交叉。词干提取和词形还原不是互斥关系,其结果是有部分交叉的。一部分词利用这两类方法都能达到相同的词形转换效果。例如,dogs 的词干为 dog,其原形也为 dog。

(3) 主流实现方法类似。目前,实现词干提取和词形还原的主流实现方法均是利用语言中存在的规则或利用词典映射提取词干或获得词的原形。

(4) 应用领域相似。词干提取和词形还原都主要应用于信息检索和文本、自然语言处理等方面。

3. 词干提取和词形还原的区别

(1) 在原理上,词干提取主要是采用缩减的方法,将词转换为词干。例如,将 cats 处理为 cat,将 effective 处理为 effect。而词形还原主要采用转变的方法,将词转变为其原形。例如,将 drove 处理为 drive,将 driving 处理为 drive。

(2) 在复杂性上,词干提取方法相对简单,词形还原则需要返回词的原形,需要对词形进行分析,不仅要进行词缀的转化,还要进行词性识别,区分相同词形但原形不同的词的差别。词性标注的准确率也直接影响词形还原的准确率,因此,词形还原更为复杂。

(3) 在实现方法上,虽然词干提取和词形还原实现的主流方法类似,但两者在具体实现上各有侧重。词干提取的实现方法主要是利用规则变化进行词缀的去除和缩减,从而达到词的简化效果。词形还原则相对较复杂,有复杂的形态变化,单纯依据规则无法很好地完成。其更依赖于使用词典进行词形变化和原形的映射,生成词典中的有效词。

(4) 在结果上,词干提取和词形还原也有部分区别。词干提取的结果可能并不是完整的、具有意义的词,而只是词的一部分。例如,revival 词干提取的结果为 reviv,ailiner 词干提取的结果为 airlin。而经词形还原处理后获得的结果是具有一定意义的、完整的词,一般为词典中的有效词。

(5) 在应用领域上,同样各有侧重。虽然两者均被应用于信息检索和文本处理中,但侧重不同。词干提取更多被应用于信息检索领域,如 Solr, Lucene 等,用于扩展检索,粒度较粗。词形还原更主要被应用于文本挖掘、自然语言处理,用于更细粒度、更为准确的文本分析和表达。

4. 主流词干提取算法

Porter 这种词干算法比较旧。它是从 20 世纪 80 年代开始的,其主要关注点是删除单词的共同结尾,以便将它们解析为通用形式。通常情况下,它是一个很好的起始基本词干分析器,但并不建议将它用于复杂的应用。它在研究中作为一种很好的基本词干算法,可以保证重复性。与其他算法相比,它也是一种非常温和的词干算法。

Snowball 算法也称为 Porter2 词干算法。它被普遍认为比 Porter 更好,甚至发明 Porter 的开发者也这么认为。Snowball 在 Porter 的基础上加了很多优化,其与 Porter 相比差异约为 5%。

Lancaster(Paice-Husk)算法比较激进,有时候会处理成一些比较奇怪的单词。如果在 NLTK 中使用词干分析器,则可以非常轻松地将自己的自定义规则添加到此算法中。

程序清单 13-3　词干提取

我们将使用 NLTK 库提供的各种算法:Porter Stemmer,Snowball Stemmer 及 Lancaster Stemmer 实现词干提取。其中,Porter Stemmer 是一种基于规则的算法,它通过删除单词的后缀将单词转换为基本形式。Snowball Stemmer 是对 Porter 的改进,它的速度更快,使用的内存更少。在 NLTK 中,这是通过 stem()函数实现的,具体步骤如下:

(1) 导入 NLTK 模块。

```
In [1]:  from nltk import stem
```

(2) 使用 Porter 提取词干。

使用 Porter 方法提取 production 的词干,将其作为参数传递给 stem()函数。

```
In [2]:  def get_stems(word, stemmer):
             return stemmer.stem(word)
         porterStem = stem.PorterStemmer()  # 定义词干提取为 porter
         get_stems("production", porterStem)
Out[2]:  'product'
```

类似地,调用函数提取 coming 及其他单词的词干:

```
In [3]:  get_stems("coming", porterStem)
Out[3]:  'come'
In [4]:  get_stems("firing", porterStem)
Out[4]:  'fire'
In [5]:  get_stems("battling", porterStem)
Out[5]:  'battl'
```

(3) 使用 Snowball 提取词干。

使用 Snowball 提取 battling 的词干,只需要将变量 stemmer 更换为 stem.SnowballStemmer("english")。

```
In [6]:  stemmer = stem.SnowballStemmer("english")  # 定义词干提取为 snowball,语言
         为英文
```

重新代入 get_stems()函数,得到与 Porter 相同的输出。

```
In [7]:  get_stems("battling", stemmer)
```

Out[7]: 'battl'

Snowball 词干提取算法是当前公认推荐使用的算法。在使用 Snowball 时，必须提供 English 参数。因为 Snowball 支持多种语言，我们还可以将词干用于西班牙语、法语等。更多详细信息请查阅官方文档（https://www.nltk.org/_modules/nltk/stem/snowball.html）。

（4）使用 Lancaster 提取词干。

类似地，将变量 stemmer 更换为 LancasterStemmer，实现通过 Lancaster 算法提取词干：

```
In[8]:  stemmer = stem.LancasterStemmer() # 定义词干提取为 Lancaster
In[9]:  get_stems("fishes", stemmer)
Out[9]: 'fish'
```

13.4 词形还原

有时，词干提取的过程会导致不正确的结果。例如，在之前的案例中，单词 battling 被转换为 battl，这不是一个单词。为了解决词干提取的这类问题，我们需要使用词形还原（lemmatization）。词形还原是将单词转换为基本语法形式的过程，如 battling 到 battle，而不是简单地缩减单词。在这个过程中，算法通过额外查阅字典，来提取单词的基本形式。同时，为了获得更准确的结果需要一些额外的信息，例如，单词的词性标注标签将有助于获得更好的结果。

词形还原和词干提取比较相似，都是将一个任意形式的单词转换为语法基础形式。然而，词形还原是基于词典的，每种语言都需要经过语义分析、词性标注来建立完整的词库，目前，英文词库是很完善的。Python 中的 NLTK 库包含英语单词的词汇数据库，这些单词基于它们的语义关系链接在一起，链接取决于单词的含义。特别是，我们可以利用 WordNet（https://wordnet.princeton.edu/）。WordNet 是由 Princeton 大学的心理学家、语言学家和计算机工程师联合设计的一种基于认知语言学的英语词典。它不是光把单词以字母顺序排列，而且按照单词的意义组成一个单词的网络。

我们将使用 WordNetLemmatizer，它是 WordNet 的 NLTK 接口。WordNet 是一个免费的英语词汇数据库，可以用来生成单词之间的语义关系。NLTK 的 WordNetLemmatizer 提供了 lemmatize() 函数，它使用 WordNet 返回给定单词的语法基础形式（lemma）。

程序清单 13-4 词形还原

（1）导入 NLTK 库与 WordNet。

指定 nltk_data 路径，并导入所需要的 wordnet 模块，在这里我们只导入 WordNetLemmatizer。

```
In[1]:  from nltk import download, data
        data.path.append(r'../nltk_data')
        # download('wordnet')
        from nltk.stem.wordnet import WordNetLemmatizer
```

（2）词形还原器。

创建一个 WordNetLemmatizer 类的对象。

In [2]: lemmatizer = WordNetLemmatizer()

（3）定义词形还原函数。

调用 lemmatize 进行词形还原：通过使用 WordNetLemmatizer 类的 lemmatize()函数对单词执行词形还原。

In [3]: def get_lemma(word):
            return lemmatizer.lemmatize(word)

（4）执行词形还原。

接下来，通过调用 get_lemma()函数，对一些单词进行词形还原测试。

① WordNet 名词还原：

In [4]: get_lemma('products')

Out[4]: 'product'

In [5]: get_lemma('leaves')

Out[5]: 'leaf'

从上面的输出可以看到，Wordnet 对于名词的词形还原基本上能达到我们的预期，下面测试一下对动词的还原。

② WordNet 动词还原：

In [6]: get_lemma('battling')

Out[6]: 'battling'

In [7]: get_lemma('drank')

Out[7]: 'drank'

In [8]: get_lemma('coming')

Out[8]: 'coming'

返回的结果有点差强人意，WordNet 对于不同时态的动词似乎不敏感，实际上，我们只需要添加词性标注就可以帮助 WordNet 提升词形还原的效果。

（5）配合词性标注优化还原结果。

如前所述，为了从 WordNet 的词形还原中获得更准确的结果需要一些额外的信息，其中，单词的词性标注标签(PoS)将有助于获得更好的结果。

重新定义词形还原函数，增加一个参数 *pos*，让 lemmatize()函数同时将单词与标签传给 WordNet。

In [9]: def get_lemma(word, pos):
            return lemmatizer.lemmatize(word, pos)

这里需要注意的是，由于最终的词形还原是在 WordNet 上执行的，而不是 NLTK（它仅提供一个 API 接口）上，因此，我们传入的标签需要遵循 WordNet 的词性标注标准。然而其实 WordNet 的词性很简单，主要是以下四种：

名词：n

动词：v

形容词：a

副词：r

对之前词形还原不理想的几个单词,将动词标签 v 再次代入 get_lemma( )函数进行测试。

① 测试 battle:

In [10]:　get_lemma('battling','v')

Out[10]:　'battle'

② 测试 drink:

In [11]:　get_lemma('drinking','v')

Out[11]:　'drink'

In [12]:　get_lemma('drank','v')

Out[12]:　'drink'

可以看到,输出结果将各种时态下的动词形式进行了词形还原。

13.5　命名实体识别

命名实体识别又称作专名识别,是指识别文本中具有特定意义的实体,主要包括人名、地名、机构名、专有名词等。简单地讲,就是识别自然文本中的实体指称的边界和类别。NER 在许多 NLP 任务中都有应用,包括给新闻文章分配标签、搜索算法等。NER 可以用来分析一篇新闻文章,提取其中讨论的主要人物、组织和地点,并将它们作为新文章的标记。

在搜索算法的例子中,假设我们必须创建一个专门针对书籍的搜索引擎。如果我们提交一个针对所有单词的给定查询,那么搜索将花费大量时间。相反,如果我们使用 NER 从所有的书中提取顶级实体,并对这些实体而不是所有内容进行搜索查询,系统的速度将显著提高。

早期的命名实体识别方法基本都是基于规则的。之后,由于基于大规模的语料库的统计方法在自然语言处理各个方面取得了不错的效果,一大批机器学习的方法也出现在命名实体识别方法中。其中,基于机器学习的命名实体识别方法粗略划分为以下几类。

(1) 有监督的学习方法:这一类方法需要利用大规模的已标注语料对模型进行参数训练。目前常用的模型或方法包括隐马尔可夫模型、语言模型、最大熵模型、支持向量机、决策树和条件随机场等。值得一提的是,基于条件随机场的方法是命名实体识别中最成功的方法。

(2) 半监督的学习方法:这一类方法利用标注的小数据集(种子数据)自主学习。

(3) 无监督的学习方法:这一类方法利用词汇资源(如 WordNet)等进行上下文聚类。

(4) 混合方法:这一类方法把几种模型相结合或利用统计方法和人工总结的知识库。

Chunking 是把单词组合成分块(chunk)的过程,可以用来查找名词组和动词组,也可以用来分割句子。在本代码中,我们将使用 chunk,在给定的句子中找到命名实体。

程序清单 13-5　命名实体识别

(1) 导入库。

In [1]:　from nltk import data

　　　　data.path.append(r'../nltk_data')

```
from nltk import pos_tag
from nltk import ne_chunk
from nltk import word_tokenize
# from nltk import download
# download('maxent_ne_chunker')
# download('words')
```

（2）创建语料库。

声明 sentence 变量,并将其赋值为字符串。

In [2]： sentence = "Alice's Adventures in Wonderland is a popular novel in England."

（3）命名实体识别。

这里分为几个步骤：

① 首先利用 word_tokenize 对语句进行分词；

② 其次利用 pos_tag 对每个分词进行词性标注；

③ 最后使用 ne_chunk 进行命名识别。

In [3]：
```
def get_ner(text):
    i = ne_chunk(pos_tag(word_tokenize(text)), binary = True)
    return [a for a in i if len(a) = = 1]
get_ner(sentence)
```

Out [3]：
```
[Tree('NE', [('Alice', 'NNP')]),
 Tree('NE', [('Wonderland', 'NNP')]),
 Tree('NE', [('England', 'NNP')])]
```

从上面的输出结果可以看到,当前识别出的实体包括 Alice,Wonderland 和 England,其词性均为 NNP,即专有名词。

（4）中文命名实体提取。

大部分中文分词工具都具有 NER 提取功能,不过实现方式各有区别,我们还是使用 Jieba 分词器进行演示,导入相关库。

In [4]：
```
import jieba
import jieba.analyse
import jieba.posseg as posg
```

使用 jieba.analyse.extract_tags() 函数提取中文语句内的关键字,其中：

sentence:需要提取的字符串,必须是 str 类型,不能是 list；

topK:提取前多少个关键字；

withWeight:是否返回每个关键词的权重；

allowPOS:允许提取的词性,默认为 allowPOS = ('ns', 'n', 'vn', 'v'),提取地名、名词、动名词和动词。

我们在这里选择人名 nr 和地名 ns。

In [5]：
```
sentence = u'''爱丽丝梦游仙境是一部在英国很受欢迎的小说'''
kw = jieba.analyse.extract_tags(sentence, topK = 10,
withWeight = True, allowPOS = ('nr', 'ns'))  # 允许人名和地名
```

```
for item in kw：
print(item[0], item[1])
Building prefix dict from the default dictionary ...
Loading model from cache /tmp/jieba.cache
Loading model cost 0.653 seconds.
Prefix dict has been built successfully.
```
Out[5]：　爱丽丝 5.321290557

　　　　英国 2.513184806695

　　与英文原句相比，"仙境"这个词没有被提取出来。jieba. analyse. extract_tags()函数提取关键字的原理是使用 TF-IDF 算法，我们暂时不在这里作深入讨论。

13.6　文本向量化——词袋模型

　　词袋(bag of words，Bow)模型是信息检索领域常用的文档表示方法。在信息检索中，BOW 模型假定，对于一个文档，忽略它的单词顺序和语法、句法等要素，仅仅将其看作是若干个词汇的集合，文档中每个单词的出现都是独立的，不依赖于其他单词是否出现。也就是说，文档中任意一个位置出现的任何单词，都不受该文档语义影响而独立选择的。词袋模型基于一个假设：只要确定了单词在语句中是否出现，无论最终单词的排列顺序是怎么样的，最终表达的意思都将保持大致接近。如以下三个文档所示。

（1）The elephant sneeze at the sight of potatoes.

（2）Bat can see via echolocation. See the bat sight sneeze!

（3）Wondering，she opened the door to the studio.

基于这三个文本文档，构造一个词典：

Dictionary = {1：at，

　　　　　　2：bat，

　　　　　　3：can，

　　　　　　4：door，

　　　　　　5：echolocation，

　　　　　　6：elephant，

　　　　　　7：of，

　　　　　　8：opened，

　　　　　　9：potatoes，

　　　　　　10：see，

　　　　　　11：she，

　　　　　　12：sight，

　　　　　　13：sneeze，

　　　　　　14：studio，

　　　　　　15：the，

195

16：to，

17：via，

18：wondering｝

这个词典一共包含 18 个不同的单词,利用词典的索引号,上面两个文档中的每一个都可以用一个十八维向量表示,用整数数字 0～n(n 为正整数)表示某个单词在文档中出现的次数：

0. [1, 0, 0, 0, 0, 1, 1, 0, 1, 0, 0, 1, 1, 0, 2, 0, 0, 0]

1. [0, 2, 1, 0, 1, 0, 0, 0, 0, 2, 0, 1, 1, 0, 1, 0, 1, 0]

2. [0, 0, 0, 1, 0, 0, 0, 1, 0, 0, 1, 0, 0, 1, 2, 1, 0, 1]

需要注意以下几点。

(1) 向量的维度根据词典中不重复词的个数确定。

(2) 向量中每个元素顺序与原来文本中单词出现的顺序没有关系,而是与词典中的顺序一一对应。

(3) 向量中每个数字是词典中每个单词在文本中出现的频率,即词频表示。

(4) 向量表示法不会保存原始句子中词的顺序。该表示法有许多成功的应用,如邮件过滤。

在接下来的代码中,我们将使用 sklearn 的 CountVectorizer,为文档中的所有单词都创建一个 BoW 表示,并确定十个最常见的单词。主要任务包括以下几个。

(1) 创建需要执行文本分词的文档集合,也称为语料库。

(2) 构建语料库中每个独立单词的词汇表。

(3) 使用构建的词汇表将文档转换为 BoW 向量。

(4) 提取前十个出现频率最高的词袋。

程序清单 13-6　词袋模型

(1) 导入库。

导入 Pandas 和 sklearn 创建词袋模型：

```
In [1]：  import pandas as pd
          from sklearn.feature_extraction.text import CountVectorizer
```

(2) 定义词袋函数。

CountVectorizer 属于常见的特征数值计算类,是一个文本特征提取方法。对于每一个训练文本,它只考虑每种词汇在该训练文本中出现的频率。

CountVectorizer 会将文本中的词语转换为词频矩阵,它通过 fit_transform()函数计算各个词语出现的次数。

关于 CountVectorizer 的详细信息,请查阅官方文档(https://scikit-learn. org/stable/modules/generated/sklearn. feature_extraction. text. CountVectorizer. html)。

```
In [2]：  def vectorize_text(corpus):
          """

          返回每一行的 dataframe,结果以向量形式返回
          :corpus：输入文本语料库
          :return：向量的 dataframe
```

```
"""
bag_of_words_model = CountVectorizer()
# 统计词频
dense_vec_matrix = bag_of_words_model.fit_transform(corpus).
todense()
# 转换为 dataframe
bag_of_word_df = pd.DataFrame(dense_vec_matrix)
# 给 dataframe 添加列名
bag_of_word_df.columns = sorted(bag_of_words_model.
vocabulary_)
return bag_of_word_df
```

（3）定义语料库。

```
In [3]: corpus = ['The elephant sneeze at the sight of potatoes.',
        'Bat can see via echolocation. See the bat sight sneeze! ',
        'Wondering, she opened the door to the studio.']
```

（4）创建词袋。

调用 vectorize_text()函数将文档语料库作为参数并返回一个 DataFrame,其中每一行都将是语料库中文档的向量表示。

```
In [4]: df = vectorize_text(corpus)
        df.head()
```

Out[4]:

	at	bat	can	door	echolocation	elephant	of	opened	potatos	see	she	Sight	sneeze
0	1	0	0	0	0	1	1	0	1	0	0	1	1
1	0	2	1	0	1	0	0	0	0	2	2	1	1
2	0	0	0	1	0	0	0	1	0	0	0	0	0

（5）定义 TopN 词袋。

检查每个句子中出现频率最高的 TopN 个单词,并从中创建一个 DataFrame。

```
In [5]: def bow_top_n(corpus, n):
            """
            返回每一行的 dataframe
            返回前 10 个出现频率最高词并以向量形式返回
            :corpus: 输入文本语料库
            :return: 向量 dataframe
            """
            # 对所有关键词的 frequency 进行降序排序,只取前 10 个作为关键词集
            bag_of_words_model_small = CountVectorizer(max_features = n)
            # 统计词频并转换为 dataframe
            bag_of_word_df_small =
            pd.DataFrame(bag_of_words_model_small.fit_transform
            (corpus).todense())
```

```
              #给 dataframe 添加列名
              bag_of_word_df_small.columns =
              sorted(bag_of_words_model_small.vocabulary_)
              return bag_of_word_df_small
          #筛选出 Top10 词袋
In [6]：   df_2 = bow_top_n(corpus, 10)
          df_2.head()
```

Out[6]：

	bat	door	echolocation	opened	see	she	sight	sneeze	the	wondering
0	0	0	0	0	0	0	1	1	2	0
1	2	0	1	0	2	0	1	1	1	0
2	0	1	0	1	0	1	0	0	2	1

（6）中文词袋模型应用。

函数同样可以应用于中文文本,实现词袋模型向量化表示。但需要注意的是,在输入函数前需要先执行分词。

```
In [7]：   corpus_cn = ['小孩 喜欢 吃零食。',
                      '小孩 喜欢 玩游戏,不喜欢 运动。',
                      '大人 不喜欢 吃零食,喜欢 运动。']
In [8]：   df_3 = vectorize_text(corpus_cn)
          df_3.head()
```

Out[8]：

	不喜欢	吃零食	喜欢	大人	小孩	玩游戏	运动
0	0	1	1	0	1	0	0
1	1	0	1	0	1	1	1
2	1	1	1	1	0	0	1

```
In [9]：   df_4 = bow_top_n(corpus_cn, 10)
          df_4.head()
```

Out[9]：

	不喜欢	吃零食	喜欢	大人	小孩	玩游戏	运动
0	0	1	1	0	1	0	0
1	1	0	1	0	1	1	1
2	1	1	1	1	0	0	1

13.7　文本向量化——TF-IDF 表示法

通俗而言,向量空间模型就是希望把查询关键字和文档都表达成向量,然后利用向量之间的运算来进一步表达向量间的关系。比如,一个比较常用的运算就是计算查询关键字所对应的向量和文档所对应的向量之间的相关度。词频-逆文档频率(term frequency-inverse document frequency,TF-IDF)就是另一种以向量格式表示文本数据的方法。

1. 单词频率

单词频率(term frequency，TF)是指一个查询关键词中某一个单词在目标文档中出现的次数。举例说来，如果我们要查询 Car Insurance，那么对于每一个文档，我们都计算 Car 这个单词在其中出现了多少次，Insurance 这个单词在其中出现了多少次。这就是 TF 的计算方法。

TF 背后隐含的假设是，查询关键词中的单词应该相对于其他单词更加重要，而文档的重要程度，也就是相关度，与单词在文档中出现的次数成正比。比如，Car 这个单词在文档 A 里出现了 5 次，而在文档 B 里出现了 20 次，那么 TF 计算就认为文档 B 可能更相关。

然而，信息检索工作者很快就发现，仅有 TF 不能比较完整地描述文档的相关度。因为语言的因素，有一些单词可能会比较自然地在很多文档中反复出现，如英语中的 The，An，But，等等。这些词大多起到了链接语句的作用，是保持语言连贯不可或缺的部分。然而，如果我们要搜索 How to Build A Car 这个关键词，其中的 How，To 及 A 都极可能在绝大多数的文档中出现，这个时候 TF 就无法帮助我们区分文档的相关度了。

2. 逆文档频率

真正携带相关信息的单词往往仅出现在相对比较少，甚至极少数的文档里。这个特性很容易用文档频率来计算，即有多少文档涵盖了这个单词。很明显，如果有越多文档都涵盖了某个单词，这个单词也就越不重要，或者说这个单词就越没有信息量。因此，我们需要对 TF 的值进行修正。而逆文档频率(inverse document frequency，IDF)是用文档频率(document frequency，DF)的倒数来进行修正的。倒数的应用正好表达了这样的思想，DF 值越大越不重要。以"手机"这个分词为例，如果你是从一个手机论坛采集的评论语料库，这个词很可能出现在很高比例的评论中。但如果你的任务是识别评论中的情感，"手机"这个词可能不会添加很多信息。所以，我们可以提高在特定文档中频繁出现，但在整个文档数据集中很少出现的分词的重要性，而降低在其他大多数文档中出现的分词的重要性。譬如，"华为""小米"这些分词明显比"手机"这一泛称更能体现某个特定文档的主题。

TF-IDF 算法主要适用于英文，由于首先要分词，分词后要解决多词一义，以及一词多义问题，这两个问题通过简单的 TF-IDF 方法不能很好地解决。于是就有了后来的词嵌入方法，用向量来表征一个词。TF-IDF 算法详细步骤如下。

(1) 计算词频。

$$词频(TF) = 某个词在文章中的出现次数 \div 文章的总词数$$

(2) 计算逆文档频率。

这时，需要一个语料库(corpus)，用来模拟语言的使用环境。

$$逆文档频率(IDF) = \log[语料库的文档总数 \div (包含该词的文档数 + 1)]$$

如果一个词越常见，那么分母就越大，逆文档频率就越小越接近 0。分母之所以要加 1，是为了避免分母为 0(即所有文档都不包含该词)。log 表示对得到的值取对数。

(3) 计算 TF-IDF。

$$TF\text{-}IDF = 词频(TF) \times 逆文档频率(IDF)$$

3. TF-IDF 的四个变种

(1) 变种 1：通过对数函数避免 TF 线性增长。

可以注意到，TF 的值在原始的定义中没有任何上限。虽然我们一般认为，一个文档包含多次查询关键词相对来说表达了某种相关度，但这样的关系很难说是线性的。拿我们刚才举过的关于 Car Insurance 的例子来说，文档 A 可能包含 Car 这个词 100 次，而文档 B 可能包含 200 次，是不是说文档 B 的相关度就是文档 A 的 2 倍呢？其实，很多人意识到，超过了某个阈值之后，这个 TF 也就没那么有区分度了。

用 Log() 函数，也就是对数函数对 TF 进行变换，就是一个不让 TF 线性增长的技巧。具体来说，人们常常用 $1+Log(TF)$ 这个值来代替原来的 TF 取值。在这样新的计算下，假设 Car 出现一次，新的值是 1，出现 100 次，新的值是 5.6，而出现 200 次，新的值是 6.3。很明显，这样的计算保持了一个平衡，既有区分度，但也不至于使 TF 完全线性增长。

(2) 变种 2：标准化解决长文档、短文档问题。

经典的计算并没有考虑长文档和短文档的区别。假如文档 A 有 3 000 个单词，文档 B 有 250 个单词，很明显，即便 Car 在这两个文档中都同样出现过 20 次，也不能说这两个文档都同等相关。对 TF 进行标准化（normalization），特别是根据文档的最大 TF 值进行的标准化，成了另外一个比较常用的技巧。

(3) 变种 3：对数函数处理 IDF。

第三个常用的技巧也是利用了对数函数进行变换的，但是是对 IDF 进行处理。相对于直接使用 IDF 来作为惩罚因素，我们可以使用 $N+1$ 然后除以 DF 作为一个新的 DF 的倒数，再在这个基础上通过一个对数变化，这里的 N 是所有文档的总数。这样做的好处一个是使用了文档总数来做标准化，很类似上面提到的标准化的思路，另一个是利用对数来达到非线性增长的目的。

(4) 变种 4：查询词及文档向量标准化。

还有一个重要的 TF-IDF 变种，则是对查询关键字向量，以及文档向量进行标准化，使得这些向量能够不受向量里有效元素多少的影响，也就是不同的文档可能有不同的长度。在线性代数里，可以把向量都标准化为一个单位向量的长度。这个时候再进行点积运算，就相当于在原来的向量上进行余弦相似度的运算。所以，从另外一个角度利用这个规则就是直接在多数时候进行余弦相似度运算，以代替点积运算。

程序清单 13-7　TF-IDF 表示法

在接下来的代码中，我们将使用 TF-IDF 向量表示输入文本，并使用一个名为 TfidfVectorizer 的 sklearn 模块，它将文本转换为 TF-IDF 向量。详细步骤如下。

1) 导入库

导入 sklearn 中的 TfidfVectorizer。

In [1]: from sklearn.feature_extraction.text import TfidfVectorizer

2) 定义函数

定义函数，获取 TF-IDF 向量矩阵。

```
In [2]: def get_tf_idf_vectors(corpus):
            tfidf_model = TfidfVectorizer()
            vector_list = tfidf_model.fit_transform(corpus).todense()
            return vector_list
```

关于 TfidfVectorizer 的详细说明，请查阅官方文档（https://scikit-learn. org/stable/ modules/generated/sklearn. feature_extraction. text. TfidfVectorizer. html）。

3）定义语料库

```
In[3]:  corpus = ['Data Science is an overlap between Arts and Science', 'Generally,
                   Arts graduates are right-brained and Science graduates are left-
                   brained', 'Excelling in both Arts and Science at a time becomes
                   difficult', 'Natural Language Processing is a part of Data Science']
```

4）计算 TF-IDF

在前面的代码中，get_tf_idf_vectors()函数从语料中生成 TF-IDF 向量。接下来的代码将在给定的语料库上调用此方法。

```
In[4]:  vector_list = get_tf_idf_vectors(corpus)
        print(vector_list)
Out[4]:  [[0.40332811  0.25743911  0.          0.25743911  0.          0.
          0.40332811  0.          0.          0.31798852  0.          0.
          0.          0.          0.31798852  0.          0.          0.
          0.          0.          0.40332811  0.          0.          0.
          0.42094668  0.          ]
         [0.          0.159139    0.49864399  0.159139    0.          0.
          0.          0.          0.49864399  0.          0.          0.
          0.24932199  0.49864399  0.          0.          0.          0.24932199
          0.          0.          0.          0.          0.          0.24932199
          0.13010656  0.          ]
         [0.          0.22444946  0.          0.22444946  0.35164346  0.35164346
          0.          0.35164346  0.          0.          0.          0.35164346  0.35164346
          0.          0.          0.35164346  0.          0.          0.
          0.          0.          0.          0.
          0.18350214  0.35164346]
         [0.          0.          0.          0.          0.          0.
          0.          0.          0.          0.30887228  0.          0.
          0.          0.          0.30887228  0.39176533  0.
          0.39176533  0.39176533  0.          0.39176533  0.39176533  0.
          0.2  044394 0. ]]
```

上面的输出结果表示每一行的 TF-IDF 向量。从结果中可以看到，每个文档（语料库中的每个语句）都由一个列表表示，该列表的长度等于语料库和每个列表（向量）中的唯一单词（与词袋一样）。该向量包含单词对应索引处的 TF-IDF 值。

```
In[5]:  vector_list.shape
Out[5]:  (4,26)
```

首先它会为整个语料库创建一个词汇表，词汇表长度为 26（唯一单词数量），其次它会计算每个语句中对应词汇的 TF-IDF，最后组成矩阵形式。

5）中文 TF-IDF 表示

定义中文语料库。

```
In [6]： corpus_cn = ['小孩 喜欢 吃零食。',
                      '小孩 喜欢 玩游戏，不喜欢 运动。',
                      '大人 不喜欢 吃零食，喜欢 运动。']
```

调用 get_tf_idf_vectors() 函数从语料中生成 TF-IDF 向量。

```
In [7]： vector_list = get_tf_idf_vectors(corpus_cn)
         print(vector_list)
Out[7]： [[0.          0.61980538 0.48133417 0.          0.61980538 0.         0.        ]
         [0.43306685 0.          0.33631504 0.          0.43306685 0.56943086 0.43306685]
         [0.43306685 0.43306685 0.33631504 0.56943086 0.         0.         0.43306685]]
```

其形状同样为语料库中的文档（语句）数，这里是 3（句话），以及语料库中的分词 Token 数量，这里是 7。

```
In [8]： vector_list.shape
Out[8]： (3, 7)
```

6）词袋与 TF-IDF 结合

IDF 值的公式会使其存在一些天然的缺陷，主要包括以下几方面。

（1）没有考虑特征词的位置因素对文本的区分度，词条出现在文档的不同位置时，对区分度的贡献大小是不一样的。

（2）按照传统 TF-IDF 函数标准，往往一些生僻词的 IDF（反文档频率）会比较高，因此，这些生僻词常会被误认为是文档关键词。

换句话说，如果一个特征项只在某一个类别中的个别文本中大量出现，在类内的其他大部分文本中出现的很少，那么不排除这些个别文本是这个类中的特例情况，因此，这样的特征项不具有代表性。

（3）TF-IDF 没有考虑到特征项在类间和类内的分布情况，比如：某个特征项在某类文档中大量分布，而在其他文档中少量分布，那么该特征项其实能很好地作为区分特征，但根据 TF-IDF 的公式，该特征就会受到抑制。

TF-IDF 的主要作用就是找出某个词或某些词用以区别于其他文本，而词袋模型恰好又是找出文本中出现频率高的词语。那我们可以试想：如果先用词袋模型筛选出一些高热度词汇，再用 TF-IDF 计算其权值，我们将得到词袋模型中词汇的 TF-IDF 值，值越高说明该词区分每条语句的效果越好。

接下来从人机对话系统中的短文本语料中截取一小段作为新的语料库。

```
In [9]： corpus_cn = ["帮我 查下 明天 北京 天气 怎么样",
                      "帮我 查询 去北京 的 机票",
                      "帮我 查看 到 广州 的 机票",
                      "帮我 搜索 广州 长隆 在哪"]
```

（1）将语料转换为词袋向量。

本实验使用的是 CountVectorizer，默认情况下，CountVectorizer 仅统计长度超过两个字符的词，但是在短文本中，任何一个字都可能十分重要，如"去""到"等。所以，要想让

CountVectorizer 也支持单字符的词,需要加上参数:token_pattern='\\b\\w＋\\b'。

In [10]:　from sklearn.feature_extraction.text import CountVectorizer
　　　　　＃ 声明一个向量化工具 vectorizer
　　　　　vectoerizer = CountVectorizer(min_df = 1, max_df = 1.0,
　　　　　token_pattern = '\\b\\w + \\b')＃使 CountVectorizer 支持单字符的词
　　　　　＃ 根据语料集统计(fit)词袋
　　　　　vectoerizer.fit(corpus_cn)
　　　　　＃ 输出语料集的词袋信息
　　　　　bag_of_words = vectoerizer.get_feature_names()
　　　　　print("词袋:", bag_of_words)
　　　　　＃ 将语料集转化为词袋向量(transform)
　　　　　X = vectoerizer.transform(corpus_cn)
　　　　　print("\n")
　　　　　print("语料库向量:")
　　　　　print(X.toarray())
　　　　　＃ 查看每个词在词袋中的索引
　　　　　print("\n")
　　　　　print("广州 索引号:{}".format(vectoerizer.vocabulary_.get('广州')))
　　　　　print("北京 索引号:{}".format(vectoerizer.vocabulary_.get('北京')))

Out[10]:　词袋:['到', '北京', '去', '在哪', '天气', '帮我', '广州', '怎么样', '搜索', '明天', '机
　　　　　票', '查下', '查看', '查询', '的', '长隆']
　　　　　语料库向量:
　　　　　[[0 1 0 0 1 1 0 1 0 1 0 1 0 0 0 0]
　　　　　 [0 1 1 0 0 1 0 0 0 0 1 0 0 1 1 0]
　　　　　 [1 0 0 0 0 1 1 0 0 0 1 0 1 0 1 0]
　　　　　 [0 0 0 1 0 1 1 0 1 0 0 0 0 0 0 1]]
　　　　　'广州' 索引号:6
　　　　　'北京' 索引号:1

(2) 根据词袋向量统计 TF-IDF。

In [11]:　from sklearn.feature_extraction.text
　　　　　import TfidfTransformer
　　　　　＃ 声明一个 TF-IDF 转化器(TfidfTransformer)
　　　　　tfidf_transformer = TfidfTransformer()
　　　　　＃ 根据语料集的词袋向量计算(fit)TF-IDF
　　　　　tfidf_transformer.fit(X.toarray())
　　　　　＃ 输出 TF-IDF 信息:比如:结合词袋信息,可以查看每个词的 TF-IDF 分值(权重值)
　　　　　for idx, word in enumerate(vectoerizer.get_feature_names()):
　　　　　print("{}\t{}".format(word, tfidf_transformer.idf_[idx]))
　　　　　＃ 将语料集的词袋向量表示转换为 TF-IDF 向量表示
　　　　　tfidf = tfidf_transformer.transform(X)

```
          print("\n")
          print("语料库 TD-IDF 矩阵:")
          print(tfidf.toarray())
```

Out[11]: 到 1.916290731874155

北京 1.5108256237659907

去 1.916290731874155

在哪 1.916290731874155

天气 1.916290731874155

帮我 1.0

广州 1.5108256237659907

怎么样 1.916290731874155

搜索 1.916290731874155

明天 1.916290731874155

机票 1.5108256237659907

查下 1.916290731874155

查看 1.916290731874155

查询 1.916290731874155

的 1.5108256237659907

长隆 1.916290731874155

语料库 TD-IDF 矩阵:

```
[[0.          0.3563895  0.          0.          0.45203489  0.23589056
  0.          0.45203489  0.          0.45203489  0.          0.45203489
  0.          0.          0.          0.        ]
 [0.          0.38761905  0.49164562  0.          0.          0.25656108
  0.          0.49164562  0.38761905  0.          0.38761905  0.
  0.          0.49164562  0.38761905  0.        ]
 [0.49164562  0.          0.          0.          0.          0.25656108
  0.38761905  0.          0.          0.          0.38761905  0.
  0.49164562  0.          0.38761905  0.        ]
 [0.          0.          0.          0.50676543  0.          0.26445122
  0.39953968  0.          0.50676543  0.          0.          0.
  0.          0.          0.          0.50676543]]
```

从上面的输出结果可以看到,由于每句话里面都包含"帮我",很明显它没法将不同的语句区分出来,所以其分值最低。而"北京""广州""机票""的"分别出现在两句话中,因此分值次低。剩下的词汇只在某一句话中出现,通过这些词汇就能定位到某个语句,因此它们的分值最高。TF-IDF 分值高代表该单词在所有文档中都很少见,但在单个文档中很常见。

13.8 文本向量化——one-hot 编码与词嵌入

深度学习用于自然语言处理是将模式识别应用于单词、句子和段落,这与计算机视觉是将模式识别应用于像素大致相同。与其他所有神经网络一样,深度学习模型不会接收原始文本作为输入,它只能处理数值张量。"文本向量化"是指将文本转换为数值张量的过程。它有多种实现方法:

① 将文本分割成单词,并将每个单词转换成一个向量;

② 将文本分割成字符,并将每个字符转换成一个向量;

③ 提取单词或字符的 n-gram,并将每个 n-gram 转换成一个向量。

将文本分解而成的单元(单词、字符或 n-gram)叫作标记,将文本分解成标记的过程叫作分词。所有文本向量化过程都是应用某种分词方案,然后将数值向量与生成的标记相关联的。本节将介绍两种主要方法:one-hot 编码与标记嵌入(通常只用于单词,叫作词嵌入)。

13.8.1　单词和字符的 one-hot 编码

one-hot 编码又叫独热编码,其为一位有效编码,主要采用 N 位状态寄存器来对 N 个状态进行编码,每个状态都有它独立的寄存器位,并且在任意时候只有一位有效。one-hot 编码是分类变量作为二进制向量的表示。这首先要求将分类值映射到整数值,其次每个整数值被表示为二进制向量,除了整数的索引之外都是零值,它被标记为 1。

在机器学习算法中,我们经常会遇到分类特征。例如,人的性别有男女;国家有中国、俄罗斯、美国等。这些特征值并不是连续的,而是离散的、无序的。

当然,也可以进行字符级的 one-hot 编码。为了阐述什么是 one-hot 编码及如何实现 one-hot 编码,程序清单 13-8 和程序清单 13-9 给出了两个简单示例,一个是单词级的 one-hot 编码,另一个是字符级的 one-hot 编码。

程序清单 13-8　单词级的 one-hot 编码

```
In [1]:   import numpy as np
          samples = ['i eat an apple today.', 'i love you.']
          token_index = {}
          #构建数据中所有标记的索引
          for sample in samples:
              for word in sample.split():
          #利用 split 方法对样本进行分词。在实际应用中,还需要从样本中去掉标点和
          特殊字符
                  if word not in token_index:
                      token_index[word] = len(token_index) + 1
          #为每个唯一单词指定一个唯一索引。注意,没有为索引编号指定单词
          max_length = 10
          #对样本进行分词。只考虑每个样本前 max_length 个单词
          results = np.zeros(shape = (len(samples),
          max_length,
          max(token_index.values()) + 1))
          #将结果保存在 results 中
          for i, sample in enumerate(samples):
```

```
              for j, word in list(enumerate(sample.split()))[:max_length]:
                  index = token_index.get(word)
                  results[i, j, index] = 1
```

In [2]: results

Out[2]: array([[[0., 1., 0., 0., 0., 0., 0., 0.],
                [0., 0., 1., 0., 0., 0., 0., 0.],
                [0., 0., 0., 1., 0., 0., 0., 0.],
                [0., 0., 0., 0., 1., 0., 0., 0.],
                [0., 0., 0., 0., 0., 1., 0., 0.],
                [0., 0., 0., 0., 0., 0., 0., 0.],
                [0., 0., 0., 0., 0., 0., 0., 0.],
                [0., 0., 0., 0., 0., 0., 0., 0.],
                [0., 0., 0., 0., 0., 0., 0., 0.],
                [0., 0., 0., 0., 0., 0., 0., 0.]],
               [[0., 1., 0., 0., 0., 0., 0., 0.],
                [0., 0., 0., 0., 0., 0., 1., 0.],
                [0., 0., 0., 0., 0., 0., 0., 1.],
                [0., 0., 0., 0., 0., 0., 0., 0.],
                [0., 0., 0., 0., 0., 0., 0., 0.],
                [0., 0., 0., 0., 0., 0., 0., 0.],
                [0., 0., 0., 0., 0., 0., 0., 0.],
                [0., 0., 0., 0., 0., 0., 0., 0.],
                [0., 0., 0., 0., 0., 0., 0., 0.],
                [0., 0., 0., 0., 0., 0., 0., 0.]]])
```

## 程序清单 13-9　字符级的 one-hot 编码

In [1]: import numpy as np

import string

samples = ['i eat an apple today.', 'i love you.']

characters = string.printable

#所有可打印的 ASCII 字符

token_index = dict(zip(range(1, len(characters) + 1), characters))

max_length = 50

results = np.zeros((len(samples), max_length, max(token_index.keys()) + 1))

for i, sample in enumerate(samples):

　　for j, character in enumerate(sample):

　　　　index = token_index.get(character)

　　　　results[i, j, index] = 1

In [2]: results

Out[2]: array([[[1., 1., 1., ..., 1., 1., 1.],
```

```
              [1., 1., 1., ..., 1., 1., 1.],
              [1., 1., 1., ..., 1., 1., 1.],
              ...,
              [0., 0., 0., ..., 0., 0., 0.],
              [0., 0., 0., ..., 0., 0., 0.],
              [0., 0., 0., ..., 0., 0., 0.]],
            [[1., 1., 1., ..., 1., 1., 1.],
              [1., 1., 1., ..., 1., 1., 1.],
              [1., 1., 1., ..., 1., 1., 1.],
              ...,
              [0., 0., 0., ..., 0., 0., 0.],
              [0., 0., 0., ..., 0., 0., 0.],
              [0., 0., 0., ..., 0., 0., 0.]]])
```

13.8.2 词嵌入

词嵌入是一种将文本中的词转换成数字向量的方法,为了使用标准机器学习算法来对它们进行分析,就需要把这些被转换成数字的向量以数字形式作为输入。词嵌入过程就是把一个维数为所有词数量的高维空间嵌入一个维数低得多的连续向量空间中,每个单词或词组就被映射为实数域上的向量,词嵌入的结果就生成了词向量。

1. one-hot 编码的不足之处

在上文中,我们使用 one-hot 编码来表示词。假设词典中不同词的数量为 N,每个词对应一个从 0 到 $N-1$ 的不同整数。为了得到索引为 i 的任意词的 one-hot 向量表示,我们创建了一个全为 0 的长度为 N 的向量,并将位置 i 的元素设置为 1。这样,每个词都被表示为一个长度为 N 的向量,可以直接由神经网络使用。

虽然 one-hot 向量很容易构建,但它们通常不是一个好的选择。一个主要原因是 one-hot 向量不能准确地表达不同词之间的相似度,如我们经常使用的"余弦相似度"。对于向量 $\boldsymbol{x}$,$\boldsymbol{y} \in R^d$,它们的余弦相似度是它们之间角度的余弦:

$$\frac{\boldsymbol{x}^{\mathrm{T}}\boldsymbol{y}}{\|\boldsymbol{x}\|\|\boldsymbol{y}\|} \in [-1, 1] \tag{13-1}$$

由于任意两个不同词的独热向量之间的余弦相似度为 0,所以独热向量不能编码词之间的相似性。

2. 自监督的 word2vec

word2vec 工具是为了解决上述问题而提出的。它将每个词映射到一个固定长度的向量,这些向量能更好地表达不同词之间的相似性和类比关系。word2vec 工具包含两个模型,即跳元模型(skip-gram)和连续词袋(CBOW)模型。对于在语义上有意义的表示,它们的训练依赖于条件概率,条件概率的隐含逻辑是使用语料库中一些词来预测另一些单词。由于处理的是不带标签的数据,跳元模型和连续词袋模型都是自监督模型。下面我们将详细介绍两种模型。

（1）跳元模型。

跳元模型假设一个词可以用来在文本序列中生成其周围的单词。以文本序列"the""man""loves""his""son"为例。假设中心词选择"loves"，并将上下文窗口设置为 2，跳元模型考虑生成上下文词"the""man""his""son"的条件概率：

$$P("the", "man", "his", "son"/"loves") \tag{13-2}$$

假设上下文词是在给定中心词的情况下独立生成的（即条件独立性）。在这种情况下，上述条件概率可以重写为：

$$P("the"/"loves") \cdot P("man"/"loves") \cdot P("his"/"loves") \cdot P("son"/"loves") \tag{13-3}$$

在跳元模型中，每个词都由两个 d 维向量表示，用于计算条件概率。更具体地说，对于词典中索引为 i 的任何词，分别用 $v_i \in R^d$ 和 $u_i \in R^d$ 表示其用作中心词和上下文词时的两个向量。给定中心词 ω_c（词典中的索引 c），生成任何上下文词 ω_o（词典中的索引 o）的条件概率可以通过对向量点积的 softmax 操作来建模：

$$P(\omega_o/\omega_c) = \frac{\exp(u_o^T v_c)}{\sum_{i \in v} \exp(u_i^T v_c)} \tag{13-4}$$

其中，词表索引集 $v = \{0, 1, \cdots, |v|-1\}$。给定长度为 T 的文本序列，时间步 t 处的词表示为 ω^t。假设上下文词是在给定任何中心词的情况下独立生成的，对于上下文窗口 m，跳元模型的似然函数是在给定任何中心词的情况下生成所有上下文词的概率：

$$\prod_{t=1}^{T} \prod_{-m \leqslant j \leqslant m, j \neq 0} P(\omega^{(t+j)}/\omega^{(t)}) \tag{13-5}$$

可以省略小于 1 或大于 T 的任何时间步。

（2）连续词袋模型。

连续词袋模型类似于跳元模型。与跳元模型的主要区别在于，连续词袋模型假设中心词是基于其在文本序列中的周围上下文词生成的。例如，在文本序列"the""man""loves""his""son"中，在"loves"为中心词且上下文窗口为 2 的情况下，连续词袋模型考虑基于上下文词"the""man""him""son"生成中心词"loves"的条件概率，即：

$$P("loves"/"the", "man", "his", "son") \tag{13-6}$$

由于连续词袋模型中存在多个上下文词，因此，在计算条件概率时对这些上下文词向量进行平均。具体地说，对于字典中索引 i 的任意词，分别用 $\boldsymbol{v}_i \in R^d$ 和 $\boldsymbol{u}_i \in R^d$ 表示用作上下文词和中心词的两个向量（符号与跳元模型中相反）。给定上下文词 $\omega_{o1}, \cdots, \omega_{o2m}$（在词表中索引是 $o_1, \cdots, o_{2m}$）生成任意中心词 ω_c（在词表中索引是 c）的条件概率可以由以下公式建模：

$$P(\omega_c/\omega_{o1}, \cdots, \omega_{o2m}) = \frac{\exp\left(\frac{1}{2m} u_c^T (v_{o1} + \cdots + v_{o2m})\right)}{\sum_{i \in v} \exp\left(\frac{1}{2m} u_i^T (v_{o1} + \cdots + v_{o2m})\right)} \tag{13-7}$$

为了简洁起见,我们设 $W_o = \{\omega_{o1}, \cdots, \omega_{o2m}\}$ 和 $\overline{v}_o = (v_{o1} + \cdots + v_{o2m})/(2m)$。 那么式(13-7)可以简化为:

$$P(\omega_c / W_o) = \frac{\exp(u_c^T \overline{v}_o)}{\sum_{i \in v} \exp(u_i^T \overline{v}_o)} \tag{13-8}$$

给定长度为 T 的文本序列,其中,时间步 t 处的词表示为 $\omega^{(t)}$。对于上下文窗口 m,连续词袋模型的似然函数是在给定其上下文词的情况下生成所有中心词的概率:

$$\prod_{t=1}^{T} P(\omega^{(t)}, \cdots, \omega^{(t-1)}, \omega^{(t+1)}, \cdots, \omega^{(t+m)}) \tag{13-9}$$

13.9　情感分析

13.9.1　情感分析任务介绍

情感分析又名意见挖掘,主要研究如何从文本中发现或挖掘人们对于某种事物、产品或服务所表达出的情感、意见或情绪。情感分析的结果为主观态度,一般分为三类:积极的、消极的和中立的。随着大数据时代的到来,情感分析已经成为一个活跃的研究领域,目前在产品评论、社交媒体和在线博客等领域均有一定应用。从分析的粒度层次来看,文本情感分析可分为粗粒度和细粒度层次分析,粗粒度层次分析有篇章级(文档级)和句子级情感分析,细粒度层次情感分析则是基于评价对象及其属性的分析。由于实际应用场景中,人们不光要识别一篇文档或者一个句子中包含的观点,还需要识别观点或情感所表达或评价的对象,以及针对这些对象所具体表达的观点倾向。在这种情况下,学者们逐步深入细粒度情感分析领域,研究基于方面、属性或主题、实体的情感抽取、分类。

情感分析问题可以划分为许多个细分的领域,图 13-1 展示了情感分析的细分任务:

其中,词级别和句子级别的分析对象分别是一个词和整个句子的情感正负向,不区分句子中具体的目标,如实体或属性,相当于忽略了五要素(主体、实体、属性、情感和时间)中的实体和属性这两个要素。词级别情感分析,即情感词典构建,研究的是如何给词赋予情感信息。句子级/文档级情感分析研究的是如何给整个句子或文档打情感标签。而目标级情感分析是考虑了具体的目标,该目标可以是实体、某个实体的属性或实体加属性的组合。具体可分为三种:Target-grounded aspect based sentiment analysis(TG-ABSA),Target no aspect based sentiment analysis(TN-ABSA)和 Target aspect based sentiment analysis(T-ABSA)。其中,TG-ABSA 的分析对象是给定某一个实体的情况下该实体给定属性集合下的各个属性的情感;TN-ABSA 的分析对象是文本中出现的实体的情感正负向;T-ABSA 的分析对象是文本中出现的实体和属性组合。表 13-1 列举了不同目标的情感分析任务。

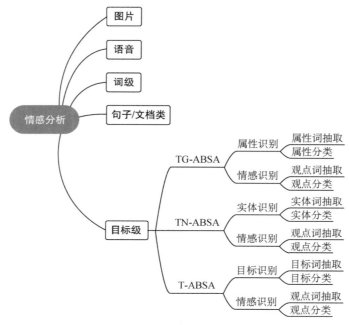

图 13-1 情感分析的细分任务

表 13-1 不同目标的情感分析任务

任务粒度	文本	情感
词级	中奖	正向
句子/文档级	这家外卖分量足,味道好	正向
目标级(TG-ABSA)	2.0T 涡轮增压发动机动力强,高速120 超车没压力;外观是我和老婆都比较喜欢的款;后排空间有点小;有点费油啊	动力:正向 外观:正向 空间:负向 油耗:负向
目标级(TN-ABSA)	丰田汽车比别克汽车更耐用	丰田:正向 别克:负向
目标级(T-ABSA)	三星手机外观漂亮,苹果手机系统流畅	三星外观:正向 苹果系统:正向

13.9.2 文本情感分析方法介绍

根据使用的方法不同,将情感分析方法分为:基于情感词典的情感分析方法、基于传统机器学习的情感分析方法、基于深度学习的情感分析方法。情感分析方法如图 13-2 所示。

13.9.3 基于情感词典的情感分类方法

基于情感词典的情感分类方法,是指根据不同情感词典所提供的情感词的情感极性,来实现不同粒度下的情感极性划分的方法,该方法的一般流程如图 13-3 所示。

首先是将文本输入,对数据预处理(包含去噪、去除无效字符等),其次进行分词操作,再

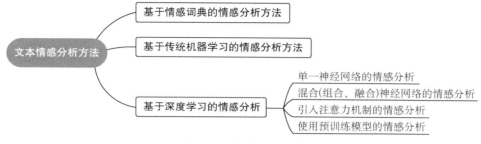

图 13-2 情感分析方法

图 13-3 情感词典方法流程图

次将情感词典中的不同类型和程度的词语放入模型中进行训练,最后根据情感判断规则将情感类型输出。

现有的情感词典大部分都是人工构造的,按照划分粒度的不同,现有的情感分析任务可以划分为词、短语、属性、句子和篇章等级别。

人工构建情感词典需要花费很大的代价,需要阅读大量的相关资料和现有的词典,通过总结概括含有情感倾向的词语,并对这些词语的情感极性和强度进行不同程度的标注。

情感词典方法的优缺点有以下几个。

(1) 优点:基于情感词典的方法可以准确反映文本的非结构化特征,易于分析和理解。在这种方法中,当情感词覆盖率和准确率高时,情感分类效果比较准确。

(2) 缺点:基于情感词典的情感分类方法主要依赖于情感词典的构建,但由于现阶段网络的快速发展,信息更新速度的加快,出现了许多网络新词,对于许多类似于歇后语、成语或网络特殊用语等新词的识别并不能有很好的效果。现有的情感词典需要不断地扩充才能满足需要。且情感词典中的同一情感词可能在不同时间、不同语言或不同领域中所表达的含义不同,因此,基于情感词典的方法在跨领域和跨语言中的效果不是很理想。在使用情感词典进行情感分类时,往往考虑不到上下文之间的语义关系。

13.9.4 基于传统机器学习的情感分类方法

机器学习是一种通过给定的数据训练模型预测结果的学习方法。基于传统机器学习的情感分析方法是指通过大量有标注的或无标注的语料,使用统计机器学习算法,抽取特征,最后再进行情感分析输出结果。基于传统机器学习的情感分类方法主要分为三类:有监督、半监督和无监督的方法。

(1)有监督方法通过给定带有情感极性的样本集,可以分类得到不同的情感类别。有监督的方法对数据样本的依赖程度较高,在人工标记和处理数据样本上花费的时间较多。常见的有监督的方法有:KNN、朴素贝叶斯和 SVM。

(2)半监督方法通过对未标记的文本进行特征提取可以有效地改善文本情感分类结果,这种方法可以有效解决带有标记的数据集稀缺的问题。

(3)无监督方法根据文本间的相似性对未标记的文本进行分类,这种方法在情感分析中使用较少。

基于传统机器学习的情感分类方法的关键在于情感特征的提取和分类器的组合选择,不同分类器的组合选择对情感分析的结果存在一定的影响,这类方法在对文本内容进行情感分析时常常不能充分利用上下文文本的语境信息,存在忽略上下文语义的问题,这会对其分类准确性有一定的影响。但是传统方法在有足够标注数据时是有一定优势的,其能够获得较高的准确性,且其模型训练时间通常比深度学习模型短,适合一些对实时性有要求的应用场景。

13.9.5　基于深度学习的情感分析方法

基于深度学习的情感分析方法是使用神经网络来进行的,典型的神经网络学习方法有:卷积神经网络(CNN)、循环神经网络(RNN)和长短时记忆(LSTM)网络等。基于深度学习的情感分析方法可以细分为:单一神经网络的情感分析方法、混合(组合、融合)神经网络的情感分析方法、引入注意力机制的情感分析和使用预训练模型的情感分析。

2003 年,Bengio 等人提出了神经网络语言模型,主要用于单一神经网络的情感分析,该语言模型使用了一个三层前馈神经网络来建模。神经网络主要由输入层、隐藏层、输出层构成,输入层的每个神经元代表一个特质,隐藏层层数及隐藏层神经元是由人工设定的,输出层代表分类标签的个数。

除了对单一神经网络的方法的研究之外,有不少学者在考虑了不同方法的优点后将这些方法进行了组合和改进,并将其用于情感分析方面,逐步形成了混合(组合、融合)神经网络的情感分析方法。

和使用基于情感词典和传统机器学习的情感分析方法相比,基于深度学习的情感分析方法在文本特征学习方面有显著优势,能主动学习特征,并主动保留文本中的词语的信息,从而更好地提取到相应词语的语义信息,以有效实现文本的情感分类。

由于深度学习概念的提出,许多研究者不断对其进行探索,并得到了不少的成果,因此,基于深度学习的文本情感分类方法也在不断扩充。

13.10　用于预训练词嵌入的数据集

现在我们已经了解了 word2vec 模型的技术细节和大致的训练方法,让我们来看看它们的实现。本节从用于预训练词嵌入模型的数据集开始,数据的原始格式将被转换为可以在训练期间迭代的小批量。

13.10.1 正在读取数据集

这里使用的数据集是 Penn Tree Bank(PTB)。该语料库(数据集)取自"华尔街日报"的文章,分为训练集、验证集和测试集。在原始格式中,文本文件的每一行表示由空格分隔的一句话。在这里,我们将每个单词视为一个词元。

程序清单 13-10   正在读取数据集

```
In [1]:  import math
         import os
         import random
         import torch
         from d2l import torch as d2l
         #书中经常导入和引用的函数、类等封装在 d2l 包中。对于要保存到包中的任何
         代码块,比如,一个函数、一个类或者多个导入,我们都会标记为 #@save

In [2]:  #@save
         d2l.DATA_HUB['ptb'] = (d2l.DATA_URL + 'ptb.zip','123')
         #@save
         def read_ptb():
             """将 PTB 数据集加载到文本行的列表中"""
             data_dir = d2l.download_extract('ptb')
             #Readthetrainingset.
             with open(os.path.join(data_dir,'ptb.train.txt')) as f:
                 raw_text = f.read()
             return [line.split() for line in raw_text.split('\n')]
         sentences = read_ptb()
         f'# sentences 数:{len(sentences)}'

Out[2]:  '# sentences 数:42069'

In [3]:  vocab = d2l.vocab(sentences, min_freq = 10)
         f'vocab size:{len(vocab)}'

Out[3]:  'vocab size:6719'
```

13.10.2 下采样

文本数据通常有"the""a"和"in"等高频词,它们在非常大的语料库中甚至可能出现数十亿次。然而,这些词经常在上下文窗口中与许多不同的词共同出现,提供的有用信息很少。例如,"student"一词与低频单词"intel"的共现比与高频单词"a"的共现在训练中更有用。此外,大量(高频)单词的训练速度很慢。因此,当训练词嵌入模型时,可以对高频单词进行下采样。具体地说,数据集中的每个词将有概率地被丢弃。

概率公式如下:

$$P(\omega_i) = \max\left(1 - \sqrt{\frac{t}{f(\omega_i)}}, \ 0\right) \tag{13-10}$$

其中，$f(\omega_i)$ 是 ω_i 的词数与数据集中的总词数的比率，常量 t 是超参数（在实验中为 10^{-4}）。我们可以看到，只有当相对比率 $f(\omega_i) > t$ 时，（高频）词 ω_i 才能被丢弃，且该词的相对比率越高，被丢弃的概率就越大。

程序清单 13-11　下采样

```
In [1]: #@save
        def subsample(sentences, vocab):
            """下采样高频词"""
            # 排除未知词元'<unk>'
            sentences = [[token for token in line if vocab[token] ! = vocab.unk]
                        for line in sentences]
            counter = d2l.count_corpus(sentences)
            num_tokens = sum(counter.values())
            # 如果在下采样期间保留词元，则返回 True
            def keep(token):
                return (random.uniform(0,1) <
                        math.sqrt(1e - 4 / counter[token] * num_tokens))
            return ([[token for token in line if keep(token)] for line in sentences],
                    counter)
        subsampled, counter = subsample(sentences, vocab)
In [2]: d2l.show_list_len_pair_hist(['origin','subsampled'],'# tokens per sentence',
                        'count', sentences, subsampled)
        #绘制下采样前后每句话的词元数量直方图
Out[2]:
```

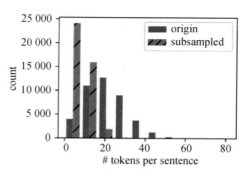

```
In [3]: #对于单个词元，高频词"the"的采样率不到 1/20
        def compare_counts(token):
            return (f'"{token}"的数量:'
                    f'之前 = {sum([l.count(token) for l in sentences])},'
                    f'之后 = {sum([l.count(token) for l in subsampled])}')
```

```
             compare_counts('the')
Out[3]:      '"the"的数量:之前 = 50770,之后 = 2027'
In [4]:      compare_counts('student')
Out[4]:      '"student"的数量:之前 = 43,之后 = 43'
In [5]:      corpus = [vocab[line] for line in subsampled]
             corpus[:3]
Out[5]:      [[], [392, 2115, 274], [5277, 3054, 1580]]
```

13.10.3　中心词和上下文的提取

get_centers_and_contexts()函数从 corpus 中提取所有中心词及其上下文词。它随机采取 1 到 max_window_size 之间的整数作为上下文窗口。对于任一中心词,与其距离不超过采样上下文窗口大小的词为其上下文词。

程序清单 13-12　中心词和上下文的提取

```
In [1]:     #@save
            def get_centers_and_contexts(corpus, max_window_size):
                """返回跳元模型中的中心词和上下文词"""
                centers, contexts = [], []
                for line in corpus:
                    # 要形成"中心词-上下文词"对,每个句子至少需要有 2 个词
                    if len(line) < 2:
                        Continue
                    centers += line
                    for i in range(len(line)):
                        # 上下文窗口中间 i
                        window_size = random.randint(1, max_window_size)
                        indices = list(range(max(0, i - window_size),
                                        min(len(line), i + 1 + window_size)))
                        # 从上下文词中排除中心词
                        indices.remove(i)
                        contexts.append([line[idx] for idx in indices])
                return centers, contexts
In [2]:     all_centers, all_contexts = get_centers_and_contexts(corpus, 5)
            f'# "中心词-上下文词对"的数量:
                {sum([len(contexts) for contexts in all_contexts])}'
Out[2]:     '# "中心词-上下文词对"的数量:1504875'
```

13.10.4　负采样

我们使用负采样进行近似训练。为了根据预定义的分布对噪声词进行采样,我们定义 RandomGenerator 类,其中,(可能未规范化的)采样分布通过变量 *sampling_weights* 传递。

程序清单 13-13　负采样

```
# @save
class RandomGenerator:
    """根据n个采样权重在{1,...,n}中随机抽取"""
    def __init__(self, sampling_weights):
        # Exclude
        self.population = list(range(1, len(sampling_weights) + 1))
        self.sampling_weights = sampling_weights
        self.candidates = []
        self.i = 0
    def draw(self):
        if self.i == len(self.candidates):
            # 缓存k个随机采样结果
            self.candidates = random.choices(
                self.population, self.sampling_weights, k = 10000)
            self.i = 0
        self.i += 1
        return self.candidates[self.i - 1]
```

对于一对中心词和上下文词,我们随机抽取了 k 个噪声词。根据 word2vec 中的建议,将噪声词 ω 的采样概率 $P(\omega)$ 设置为其在字典中的相对频率,其幂为 0.75。

```
# @save
def get_negatives(all_contexts, vocab, counter, K):
    """返回负采样中的噪声词"""
    # 索引为1、2、...(索引0是词表中排除的未知标记)
    sampling_weights = [counter[vocab.to_tokens(i)] ** 0.75
                        for i in range(1, len(vocab))]
    all_negatives, generator = [], RandomGenerator(sampling_weights)
    for contexts in all_contexts:
        negatives = []
        while len(negatives) < len(contexts) * K:
            neg = generator.draw()
            # 噪声词不能是上下文词
            if neg not in contexts:
                negatives.append(neg)
        all_negatives.append(negatives)
    return all_negatives
all_negatives = get_negatives(all_contexts, vocab, counter, 5)
```

13.10.5　小批量加载训练实例

在提取所有中心词及其上下文词和采样噪声词后,将它们转换成小批量的样本,在训练过程中可以迭代加载。

在小批量中，i^{th} 个样本包括中心词及其 n_i 个上下文词和 m_i 个噪声词。由于上下文窗口大小不同，$n_i + m_i$ 对于不同的样本是不同的。因此，对于每个样本，我们在 *contexts_negatives* 个变量中将其上下文词和噪声词连结起来，并填充零，直到连结长度达到 $\max_i n_i + m_i$（max_len）。为了在计算损失时排除填充，我们定义了掩码变量 *masks*。*masks* 中的元素和 *contexts_negatives* 中的元素之间存在一一对应关系，其中，masks 中的 0（否则为 1）对应 *contexts_negatives* 中的填充。

为了区分正反例，我们在 *contexts_negatives* 中通过一个 *labels* 变量将上下文词与噪声词分开。类似于 *masks*，*labels* 中的元素和 *contexts_negatives* 中的元素之间也存在一一对应关系，其中，*labels* 中的 1（否则为 0）对应 *contexts_negatives* 中的上下文词的正例。

上述思想将在下面的 batchify() 函数中实现。其输入 data 是长度等于批量大小的列表，其中每个元素是由中心词 center、其上下文词 context 和其噪声词 negative 组成的样本。此函数返回一个可以在训练期间加载用于计算的小批量，如掩码变量。

程序清单 13-14　小批量加载训练实例

```
In[1]:  #@save
        def batchify(data):
            """返回带有负采样的跳元模型的小批量样本"""
            max_len = max(len(c) + len(n) for _, c, n in data)
            centers, contexts_negatives, masks, labels = [],[],[],[]
            for center, context, negative in data:
                cur_len = len(context) + len(negative)
                centers += [center]
                contexts_negatives += \
                    [context + negative + [0] * (max_len - cur_len)]
                masks += [[1] * cur_len + [0] * (max_len - cur_len)]
                labels += [[1] * len(context) + [0] *
                            (max_len - len(context))]
            return (torch.tensor(centers).reshape((-1, 1)),
                torch.tensor(contexts_negatives),
                torch.tensor(masks), torch.tensor(labels))
```

让我们使用一个小批量的两个样本来测试此函数。

```
In[2]:  x_1 = (1, [2, 2], [3, 3, 3, 3])
        x_2 = (1, [2, 2, 2], [3, 3])
        batch = batchify((x_1, x_2))
        names = ['centers', 'contexts_negatives', 'masks', 'labels']
        for name, data in zip(names, batch):
            print(name, '=', data)

Out[2]: centers = tensor([[1],[1]])
        contexts_negatives = tensor([[2, 2, 3, 3, 3, 3],
```

$$[2, 2, 2, 3, 3, 0]])$$
```
masks = tensor([[1, 1, 1, 1, 1, 1],[1, 1, 1, 1, 1, 0]])
labels = tensor([[1, 1, 0, 0, 0, 0],[1, 1, 1, 0, 0, 0]])
```

13.10.6 整合代码

我们定义了读取 PTB 数据集并返回数据迭代器和词表的 load_data_ptb() 函数。

程序清单 13-15 整合代码

```
In [1]: #@save
        def load_data_ptb(batch_size, max_window_size,
            num_noise_words):
            """下载 PTB 数据集,然后将其加载到内存中"""
            num_workers = d2l.get_dataloader_workers()
            sentences = read_ptb()
            vocab = d2l.Vocab(sentences, min_freq = 10)
            subsampled, counter = subsample(sentences, vocab)
            corpus = [vocab[line] for line in subsampled]
            all_centers, all_contexts = get_centers_and_contexts(
                corpus, max_window_size)
            all_negatives = get_negatives(
                all_contexts, vocab, counter, num_noise_words)
            class PTBDataset(torch.utils.data.Dataset):
                def __init__(self, centers, contexts, negatives):
                    assert len(centers) == len(contexts)
                        == len(negatives)
                    self.centers = centers
                    self.contexts = contexts
                    self.negatives = negatives
                def __getitem__(self, index):
                    return (self.centers[index],
                        self.contexts[index],self.negatives[index])
                def __len__(self):
                    return len(self.centers)
            dataset = PTBDataset(all_centers, all_contexts,
                                all_negatives)
            data_iter = torch.utils.data.DataLoader(
                dataset, batch_size, shuffle = True,
                collate_fn = batchify, num_workers = num_workers)
            return data_iter, vocab
```

让我们打印数据迭代器的第一个小批量。
```
In [2]: data_iter, vocab = load_data_ptb(512, 5, 5)
```

```
for batch in data_iter:
        for name, data in zip(names, batch):
                print(name,'shape:', data.shape)
        Break
```

Out[2]:　centers shape：torch.Size([512,1])

　　　contexts_negatives shape：torch.Size([512,60])

　　　masks shape：torch.Size([512,60])

　　　labels shape：torch.Size([512,60])

价值塑造与能力提升

本章示例 1：基于 XGBoost 的文本分类与评分预测　　本章示例 2：基于 LDA 新闻文本主题分类　　本章示例 3：基于 IMBD 数据库的评论情感分析　　本章习题

13.11　本章小结

　　文本分析是对文本进行表示和特征选取的过程。在文本挖掘和信息检索中，文本分析是一个基本问题。它通过量化从文本中抽取的特征词来表示文本信息，将无结构的原始文本转化为计算机可以识别和处理的结构化信息，从而对文本进行科学抽象和建模，以代替原始文本。这使计算机能够通过对这种模型进行计算和操作来实现对文本的识别。由于文本数据的非结构化特性，要从大量的文本中挖掘有用的信息，必须先将文本转化为可处理的结构化形式。

　　通常情况下，文本语料库和其他原始文本数据并没有被很好地格式化或标准化。我们可以意识到这一点，因为文本数据是高度非结构化的。文本处理，更具体地说，是指使用各种技术将原始文本转换为具有标准结构和标记的语言成分序列的过程。本章介绍了文本分析的基本操作，并讨论了各种文本整理技术，包括文本分词、停用词去除、词干提取、词形还原、命名实体识别、词袋模型、TF-IDF 表示法等。此外，还介绍了两个文本分析的经典案例。通过掌握这些技术，您可以在后续的自然语言处理任务中应用它们。

　　词向量是用于表示单词意义的向量，也可以视为单词的特征向量。将词映射到实数向量的技术称为词嵌入。在进行预训练词嵌入时，高频词在训练中可能不那么有用。因此，可以对它们进行下采样以加快训练速度。为了提高计算效率，可以以小批量的方式加载样本。此外，还可以定义其他变量来区分填充标记和非填充标记，以及正例和负例。

　　RNN 可被用于时间序列回归（如预测未来值）、时间序列分类、时间序列异常检测和序列标记（如找出句子中的人名或日期）。预训练的词向量可以表示文本序列中的每个词元。双向循环神经网络可以表示整个文本序列。例如，通过连接初始和最终时间步的隐藏状态，并使用全连接层将该单个文本表示转换为类别。

第 14 章　机器学习的应用
——计算机视觉

汽车经过路口时,指示灯旁的"电子警察"——摄像头会进行拍摄。作为日常安保最重要的工具之一,随着时代更迭,摄像头的诞生节约了人力成本,大街小巷都能看到它的身影。一开始只能记录监控地场景,现在已可以对场景中的人物进行识别及行为分析,这离不开计算机视觉技术的发展。

计算机视觉是一门研究如何使机器学会"看"的科学,通俗点来说就是让摄影机、电脑这些设备具有等同于"人眼看世界"的能力,并且更强。利用计算机视觉技术代替人眼对目标进行识别、跟踪和测量等,并进一步做图形处理,使电脑处理成为更适合人眼观察或传送给仪器检测的图像。由于该技术的重要性,其已广泛应用于各大领域,如制造业检验、文档分析、医疗诊断及军事等领域,涵盖了计算机科学和工程、信号处理、物理学、应用数学、统计学、神经生理学及认知科学等多种学科。

作为一门综合性科学,计算机视觉与图像处理、图像分析、机器人视觉及机器视觉存在千丝万缕的关系,它们具有共同的基础理论,所以,想要深入了解计算机视觉等学科,就需要了解及学习卷积神经网络,并在其基础上拓展一些其他图像处理技术。本章将简单介绍计算机视觉的一些知识并结合案例进行演示。

14.1　数据预处理

本节将介绍计算机视觉中的图像属性及结构、图像预处理、结构张量和图像平滑与去噪。

14.1.1　图像属性及结构

人类正在进入信息时代,计算机将越来越广泛地进入几乎所有领域。一方面,更多未经计算机专业训练的人也需要应用计算机;另一方面,计算机的功能越来越强,使用方法越来越复杂。这就使人类在进行交谈和通信时的灵活性与在使用计算机时所要求的严格和死板之间产生了尖锐的矛盾。人类可通过视觉和听觉,用语言与外界交换信息,并且可用不同的方式表示相同的含义,而计算机却要求严格按照各种程序语言来编写程序,只有这样计算机才能运行。

给出一张图片,人类能够理解和描述图片中的场景。以图 14-1 所示的风景园林图为例,人类不仅能检测到图片情景中有树木、假山和水等,还可以描述树木的品种、房屋的颜色、池子的建材与纹理等,除了这些基本信息,人类还能够看出图像中的树木生长状态良好,池子里的水不会突然溢出等信息。

221

而这也是计算机视觉系统需要的技能。简单来说,计算机视觉解决的主要问题是:给出一张二维图像,计算机视觉系统必须识别出图像中的对象及其特征,如形状、纹理、颜色、大小、空间排列等,从而尽可能完整地描述该图像。

图 14-1　风景园林图

计算机视觉的应用可以从语义感知和几何属性上分类,如图 14-2 所示。在语义感知方面,通常包括物体、属性、场景等的分类;物体、行人、人脸等的检测;物体的车牌和文本及人的人脸、指纹、虹膜、步态、行为等的识别;分割;以文搜图、以图搜图、图文搜索等的检索;图片描述、图片问答等的语言等。在几何属性方面,包括 3D 建模、双目视觉、增强现实等。

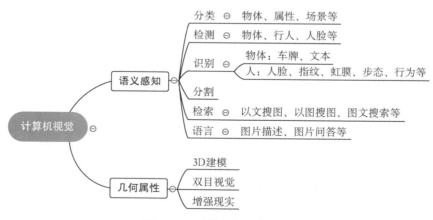

图 14-2　计算机视觉应用图

此外,计算机视觉应用的实例还包括用于系统。例如,在控制方面,有工业机器人的应用;在导航方面,有自动汽车或移动机器人等;在检测的事件方面,有视频监控和人数统计;在组织信息方面,有图像和图像序列的索引数据库等;在造型对象或环境方面,有医学图像分析系统或地形模型;在人机交互方面,有自动检测、面部识别等。

在深入学习计算机视觉的实战之前,我们先要了解计算机图像结构存储、图像属性及图像表示等内容。

在计算机图像结构方面,彩色图片的数据存储为先宽后高、先行后列,即 cv. Image [HeightMax-1][Width-1][rgb];灰度图片的数据存储先行后列,以像素值表示数组,接近零的较小数字表示较深的阴影,而接近 255 的较大数字表示较浅或白色的阴影,即 gray. Image [HeightMax-1][Width-1]。存储的三通道值的顺序为:[b,g,r]。

图像的属性通常包括形状、像素数目和图像的数据类型,其中,形状包括我们常见的行、列、通道数。在 Python 中,我们通常使用 shape()函数来获取图像的形状,返回包含行数、列数和通道数的元组。在程序清单 14-1 中,我们使用 shape()函数查看图像的原图、彩色图像和灰度图像。其中参数含义如下:

cv2. IMREAD_COLOR:默认参数,读入一幅彩色图片,忽略 alpha 通道,可用 1 作为实参替代。

cv2. IMREAD_GRAYSCALE:读入灰度图片,可用 0 作为实参替代。

cv2. IMREAD_UNCHANGED:读入完整图片,包括 alpha 通道,可用−1 作为实参替代。

程序清单 14-1　图像属性

```
In [1]:   import cv2
In [2]:   img = cv2.imread("1.png")
          print('img.shape',img.shape)
          # 查看图像类型
Out[2]:   img.shape (464, 413, 3)
In [3]:   rows = img.shape[0]
          cols = img.shape[1]
          channel = img.shape[2]
          print('rows = %d,cols = %d,channel = %d'%(rows,cols,channel))
Out[3]:   rows = 464,cols = 413,channel = 3
In [4]:   cv2.imshow("rgb",img)
          cv2.waitKey()
Out[4]:
```

```
In [5]:   img = cv2.imread("C:1.png",−1)
          print('img.shape',img.shape)
          # 以原图像形式查看图像类型,包含精度
Out[5]:   img.shape (464, 413, 3)
```

In [6]：　rows = img.shape[0]
　　　　　cols = img.shape[1]
　　　　　channel = img.shape[2]
　　　　　print('rows = % d,cols = % d,channel = % d'%(rows,cols,channel))
Out[6]：　rows = 464,cols = 413,channel = 3
In [6]：　cv2.imshow("yuantu",img)
　　　　　cv2.waitKey()
Out[6]：

In [7]：　img = cv2.imread("1.png", − 1)
　　　　　print('img.shape',img.shape)
　　　　　♯ 以灰度图像形式查看图像类型,结果为二维数组
Out[7]：　img.shape (464, 413)
In [8]：　rows = img.shape[0]
　　　　　cols = img.shape[1]
　　　　　print('rows = % d,cols = % d (rows,cols))
Out[8]：　rows = 464,cols = 413
In [9]：　cv2.imshow("huidu",img)
　　　　　cv2.waitKey()
Out[9]：

　　图像的表示通常是一个矩阵,每个像素的颜色是由一个尺度上的数字表示的。从概念上讲,形式最简单的图像(单通道,如二值或单色,灰度或黑白图像)是一个二维函数 $f(x, y)$,即将坐标点映射到表示亮度、颜色相关的整数或实数。点称为像素或图像基本单位,即图像元素。一幅图像可以有多个通道。例如,对于彩色 RGB 图像,可以使用颜色表示三通道——红、绿、蓝。彩色 RGB 图像的像素点 (x, y) 可以表示为三元组 (rx, y, gx, y, bx, y)。

　　为了能够在计算机上描述图像,对于图像 $f(x, y)$,必须在空间和振幅两方面进行数字

化。空间坐标 (x, y) 的数字化称为图像抽样,振幅数字化称为灰度量化。在计算机中,通常将像素通道所对应的值表示为整数 $(0\sim255)$ 或浮点数 $(0\sim1)$。可以将图像存储为不同类型(格式)的文件。每个文件通常包括元数据和多维数组的数据。例如,二值或灰度图像的二维数组,RGB 和 YUV 彩色图像的三维数组。

14.1.2 图像预处理

图像预处理是将每一个文字图像分拣出来交给识别模块识别的过程。

在图像分析中,图像质量的好坏直接影响识别算法的设计与效果的精度,因此,在进行图像分析、特征提取、分割、匹配和识别等任务前,需要进行预处理。图像预处理的主要目的是消除图像中无关的信息,恢复有用的真实信息,增强有关信息的可检测性,最大限度地简化数据,从而改进特征提取、图像分割、匹配和识别的可靠性。

一般的图像预处理步骤为:灰度化、几何变换和图像增强。本节将介绍图像灰度化和几何变换,图像增强将与图像增广一起在 14.3 节分别介绍。

1. 灰度化

对彩色图像进行处理时,我们往往需要对三个通道依次进行处理,计算成本将会很大。因此,为了达到提高整个应用系统的处理速度的目的,需要对彩色图像进行灰度化以减少所需处理的数据量。

在 RGB 模型中,如果 R=G=B 时,则彩色表示一种灰度颜色,其中,R=G=B 的值叫灰度值。因此,灰度图像每个像素只需一个字节存放灰度值,又称强度值或亮度值,灰度范围为 $0\sim255$。一般有分量法、最大值法、平均值法和加权平均法四种方法对彩色图像进行灰度化。

(1) 分量法。

分量法是指三个灰度图像的灰度值是彩色图像三分量中任意一个分量的亮度值的方法,可以用 R 分量作为灰度值,也可以用 G 分量和 B 分量。

程序清单 14-2 分量法图像灰度化

```python
import numpy as np
from PIL import Image
def image2array(image):
    image = np.array(image)
    return image
    # 输入图片,转换为图片的数组
def array2image(arrimg):
    image = Image.fromarray(arrimg.astype('uint8')).convert('RGB')
    return image
    # 将图片的数组转换为图片
def convert2gray(img):
    if len(img.shape) > 2:
        r, g, b = img[:, :, 0], img[:, :, 1], img[:, :, 2]
        gray = r   # 可以是r,也可以是g,b
```

```
            return gray
        else：
            return img
    # 将数组形式的图片转换为分量法灰度化后的图片数组
In [1]：  if __name__ == = '__main__'：
        image = Image.open(r"1.png")
        image = image2array(image)
        image = convert2gray(image)
        image = array2image(image)
        image.show()
Out[1]：
```

（2）最大值法。

最大值法是指三个灰度图像的灰度值是彩色图像三分量中任意一个分量的亮度值，选择其中亮度值最大的分量的方法。

程序清单 14-3　最大值法图像灰度化

```
import numpy as np
from PIL import Image
def image2array(image)：
    image = np.array(image)
    return image
    # 输入图片，转换为图片的数组
def array2image(arrimg)：
    image = Image.fromarray(arrimg.astype('uint8')).convert('RGB')
    return image
    # 将图片的数组转换为图片
def convert2gray(img)：
    grayimg = np.zeros(shape = (img.shape[0],img.shape[1]))
    if len(img.shape) > 2：
        for i in range(img.shape[0])：
            for j in range(img.shape[1])：
                grayimg[i,j] = max(img[i,j][0], img[i,j][1], img[i,j][2])
        return grayimg
    else：
```

```
              return img
        # 将数组形式的图片转换为最大值法灰度化后的图片数组
In [1]:   if __name__ == '__main__':
              image = Image.open(r"1.png")
              image = image2array(image)
              image = convert2gray(image)
              image = array2image(image)
              image.show()
Out[1]:
```

（3）平均值法。

平均值法是指三个灰度图像的灰度值是彩色图像三分量中任意一个分量的亮度值，选择其中三种分量的平均值作为灰度值的方法。

也就是将程序清单中的 convert2gray() 函数中 for 循环的 grayimg[i,j] = max(img[i, j][0], img[i,j][1], img[i,j][2]) 替换为 grayimg[i, j] = (int(img[i, j][0])+int(img[i, j][1])+int(img[i, j][2]))/3。使用平均值法灰度结果如图 14-3 所示。

图 14-3　平均值法灰度结果图

（4）加权平均法。

加权平均法的权值是固定的，分别将 R 分量乘以 0.298 9、G 分量乘以 0.587 0、B 分量乘以 0.114 0 作为灰度值。

将程序清单中的 convert2gray() 函数中 if 语句替换为如下代码即可。

```
r, g, b = img[:, :, 0], img[:, :, 1], img[:, :, 2]
gray = 0.2989 * r + 0.5870 * g + 0.1140 * b
```

使用加权平均法灰度结果如图 14-4 所示。

扫一扫，
查看原图

图 14-4　加权平均法灰度结果图

2. 几何变换

图像几何变换又称为图像空间变换,通过平移、转置、镜像、旋转、缩放等几何变换对采集的图像进行处理,用于改正图像采集系统的系统误差和仪器位置(成像角度、透视关系乃至镜头自身原因)的随机误差。此外,还需要使用灰度插值算法,因为按照这种变换关系进行计算,输出图像的像素可能被映射到输入图像的非整数坐标上。通常采用的方法有最近邻插值算法、双线性插值算法和双三次插值算法。本小节将分别介绍图像的几何变换及灰度插值算法中的双线性插值算法。

在程序清单 14-4 中介绍了图像的几何变换。

程序清单 14-4　几何变换

```python
import cv2
import numpy as np
from matplotlib import pyplot as plt
from pylab import mpl
mpl.rcParams['font.sans-serif'] = ['FangSong']
    # 指定默认字体
mpl.rcParams['axes.unicode_minus'] = False
    # 解决保存图像是负号'-'显示为方块的问题
img1 = cv2.imread("1.png")
    # 绝对尺寸
height,width = img1.shape[:2]
res = cv2.resize(img1,(2 * width,2 * height),interpolation = cv2.INTER_CUBIC)
    # 相对尺寸
res1 = cv2.resize(img1,None,fx = 0.3,fy = 0.3)
tx = 500
ty = 100
M = np.float32([[1,0,tx],[0,1,ty]])
dst = cv2.warpAffine(img1,M,(img1.shape[1] + tx,img1.shape[0] + ty))
tx = 500
```

```
ty = 200
M = np.float32([[1,0,tx],[0,1,ty]])
dst1 = cv2.warpAffine(img1,M,(1300,1000))
rows,cols = img1.shape[:2]
    # 这里(cols / 2, rows / 2)为旋转中心,第三个为旋转后的缩放因子
    # 可以通过设置旋转中心,缩放因子,以及窗口大小来防止旋转后超出边界的问题
M = cv2.getRotationMatrix2D((cols / 2, rows / 2), 60, 1)
dst2 = cv2.warpAffine(img1, M, (cols, rows))
    # 旋转
dst3 = cv2.flip(img1, 1)
    # 水平翻转
dst4 = cv2.flip(img1, 0)
    # 垂直翻转
dst5 = cv2.flip(img1, -1)
    # 水平垂直翻转
pts1 = np.float32([[500,500],[2000,500],[500,2000]])
pts2 = np.float32([[100,1000],[2000,500],[1000,2500]])
M = cv2.getAffineTransform(pts1,pts2)
img2 = cv2.warpAffine(img1,M,(rows,cols))
    # 仿射变换
pts1 = np.float32([[200,200],[200,3000],[4800,200],[4800,3000]])
pts2 = np.float32([[200,200],[200,3000],[4800,600],[4800,2000]])
M = cv2.getPerspectiveTransform(pts1,pts2)
img3 = cv2.warpPerspective(img1,M,(cols,rows),0.6)
    # 透视变换
In [1]:  plt.figure()
         plt.subplot(431)
         plt.title("原始")
         plt.imshow(img1)
         # 原始图像显示
         plt.subplot(432)
         plt.title("绝对扩大")
         plt.imshow(res)
         # 绝对扩大图像显示
         plt.subplot(433)
         plt.title("相对缩小多少倍")
         plt.imshow(res1)
```

```
          # 相对缩小图像显示
          plt.subplot(434)
          plt.title("平移(右移500,下移100)")
          plt.imshow(dst)
          # 平移图像1显示
          plt.subplot(435)
          plt.title("平移(右移500,下移200)")
          plt.imshow(dst1)
          # 平移图像2显示
          plt.subplot(436)
          plt.title("旋转60度")
          plt.imshow(dst2)
          # 旋转图像显示
In [2]:   plt.subplot(437)
          plt.title("水平翻转")
          plt.imshow(dst3)
          # 水平翻转图像显示
          plt.subplot(438)
          plt.title("垂直翻转")
          plt.imshow(dst4)
          # 垂直翻转图像显示
          plt.subplot(439)
          plt.title("水平垂直翻转")
          plt.imshow(dst5)
          # 水平垂直图像显示
          plt.subplot(4,3,10)
          plt.title("仿射变换")
          plt.imshow(img2)
          # 仿射变换图像显示
          plt.subplot(4,3,11)
          plt.title("透视变换")
          plt.imshow(img3)
              # 透视变换图像显示
          plt.show()
Out[1]:
```

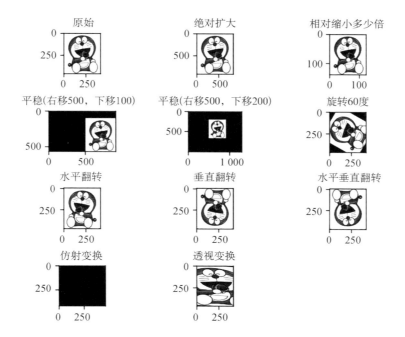

几何变换可表示如下：设(u,v)为原始图像上的点，(x,y)为目标图像上的点，则空间变换就是将源图像上(u,v)处的颜色值与目标图像上(x,y)处的颜色对应起来。

计算机所处理的图像都是指点阵图，也就是用一个像素矩阵描述的一幅图像。举个简单的图像例子：3×3 的 256 级灰度图，也就是高为 3 个像素，宽也是 3 个像素的图像，每个像素的取值可以是 0～255，代表该像素的亮度，255 代表最亮，也就是白色，0 代表最暗，即黑色。

双线性插值算法就是一种比较好的图像缩放算法，它充分地利用了原始图像中虚拟点四周的四个真实存在的像素值来共同决定目标图中的一个像素值，因此，缩放效果比简单的最邻近插值要好很多。虽然它的计算量比零阶插值大，但缩放后图像质量高，不会出现像素值不连续的情况。

对于一个目的像素，设置坐标通过反向变换得到的浮点坐标为$(i+u, j+v)$（其中，i,j为浮点坐标的整数部分，u,v为浮点坐标的小数部分，是取值$[0,1)$区间的浮点数），则这个像素的值$f(i+u, j+v)$可由原图像中坐标为(i,j)，$(i+1,j)$，$(i,j+1)$，$(i+1,j+1)$所对应的周围四个像素的值决定。

双线性插值算法的工作流程如下：

① 通过原始图像和比例因子得到新图像的大小，并创建新图像；

② 由新图像的某个像素(x,y)映射到原始图像(x',y')处；

③ 对 $x'，y'$取整得到(xx, yy)、$(xx+1, yy)$、$(xx, yy+1)$和$(xx+1, yy+1)$的值；

④ 利用双线性插值得到像素点(x,y)的值并写回新图像；

⑤ 重复步骤②直到新图像的所有像素写完。

代码运行示例如下：

程序清单 14-5   双线性插值法

```
import cv2
import numpy as np
def bilinear_interpolation(img, out_dim):
src_h, src_w, channel = img.shape
        # 原图片的高、宽、通道数
dst_h, dst_w = out_dim[1], out_dim[0]
        # 输出图片的高、宽
print('src_h,src_w =', src_h, src_w)
print('dst_h,dst_w =', dst_h, dst_w)
if src_h == dst_h and src_w == dst_w:
        return img.copy()
dst_img = np.zeros((dst_h, dst_w, 3), dtype = np.uint8)
scale_x, scale_y = float(src_w) / dst_w, float(src_h) / dst_h
for i in range(3):   # 指定 通道数,对 channel 循环
    for dst_y in range(dst_h):   # 指定 高,对 height 循环
        for dst_x in range(dst_w):   # 指定 宽,对 width 循环
            # 源图像和目标图像几何中心的对齐
            # src_x = (dst_x + 0.5) * srcWidth/dstWidth - 0.5
            # src_y = (dst_y + 0.5) * srcHeight/dstHeight - 0.5
            src_x = (dst_x + 0.5) * scale_x - 0.5
            src_y = (dst_y + 0.5) * scale_y - 0.5
            # 计算在源图上四个近邻点的位置
            src_x0 = int(np.floor(src_x))
            src_y0 = int(np.floor(src_y))
            src_x1 = min(src_x0 + 1, src_w - 1)
            src_y1 = min(src_y0 + 1, src_h - 1)
            # 双线性插值
            temp0 = (src_x1 - src_x) * img[src_y0, src_x0, i] + (src_x - src_
                x0) * img[src_y0, src_x1, i]
            temp1 = (src_x1 - src_x) * img[src_y1, src_x0, i] + (src_x - src_
                x0) * img[src_y1, src_x1, i]
            dst_img[dst_y, dst_x, i] = int((src_y1 - src_y) * temp0 + (src_y -
                                src_y0) * temp1)
return dst_img
```

输入完上述代码,输入图像输出代码,运行如下。

```
In [1]:   = cv2.imread("1.png")
```

```
        dst = bilinear_interpolation(img, (1000,500))
        cv2.imshow("blinear", dst)
        cv2.waitKey()
Out[1]:
```

14.1.3　结构张量

初始的结构张量利用梯度算子计算符合人类视觉特性的空间结构特征。而图像结构张量表达方法很好地避免了梯度计算时的正负抵消效应，且具有半正定性，在经线性高斯滤波后即使在有噪声的情况下也可以具有稳定的特性。

利用平滑后的矩阵场的特征值和特征向量等信息，可以快速地提取图像中的结构信息，如图像内目标边缘。目标形状角点特征等结构张量技术可以很好地将结构信息突出的部分和结构信息弱的部分区分开。例如，区分开图像中的边缘轮廓等细节与平坦光滑的部分。

结构的判断条件如下：

平坦区域：$H = 0$；

边缘区域：$H > 0\ \&\&\ K = 0$；

角点区域：$H > 0\ \&\&\ K > 0$。

然而在实际应用中，H 与 K 的值都不会太理想，所以用的是近似判断。

代码示例如下：

程序清单 14-6　图像结构张量

```
from skimage.feature import structure_tensor
from skimage.feature import structure_tensor_eigenvalues
import matplotlib.pyplot as plt
import cv2 as cv
file_path = "1.png"
image = cv.imread(file_path)
img = cv.cvtColor(image, cv.COLOR_BGR2GRAY)
plt.imshow(img,cmap ='gray')
A_elems = structure_tensor(img,sigma = 1.5,order ='rc')
eigen = structure_tensor_eigenvalues(A_elems)
K = eigen.prod(axis = 0)
```

```
H = eigen. sum(axis = 0)
sd = H<0.01
sdf = sd. astype(float)
# 张量结构判断
```

运行上述代码,输入结果展示代码如下。

```
In [1]: cv. imshow("image", image)
        cv. waitKey()
```

Out[1]:

```
In [2]: plt. imshow(sdf)
        plt. colorbar()
        plt. show()
```

Out[2]:

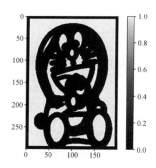

14.1.4 图像平滑与去噪

现实中的图像会受到各种因素的影响而含有一定的噪声,噪声主要有以下几类:椒盐噪声、加性噪声、乘性噪声和高斯噪声。

"平滑处理"也称"模糊处理",是一项简单且使用频率很高的图像处理方法。平滑处理的用途有很多,但最常见的是用来减少图像上的噪声或者失真。降低图像分辨率时,平滑处理是很重要的方法。

图像平滑处理的基本原理是:将噪声所在像素点的像素值处理为其周围邻近像素点的

值的近似值。取近似值的方式很多，主要的方法有均值滤波、方框滤波、高斯滤波、中值滤波、双边滤波和 2D 卷积（自定义滤波）等。此外，还有基于频域的小波去噪方法。均值滤波、中值滤波这些基础的去噪算法以其快速、稳定等特性，非常受欢迎，在很多成熟的软件或者工具包中也集成了这些算法。

本小节主要介绍四种图像平滑方法：邻域平均法、超限像素平滑法、有选择保边缘平滑法和中值滤波法。

1. 邻域平均法

邻域平均法，又称均值滤波法，可以直接在空间域上进行平滑处理。

（1）原理：假设图像由许多灰度恒定的小块组成，相邻的像素之间存在很高的空间相关性，而噪声则是统计独立的。所以可以用邻域内各像素的灰度平均值代替像素原来的灰度值，实现图像的平滑。

（2）方法特点：均值滤波算法比较简单，但在降低噪声的同时会使图像产生模糊，特别是在边缘和细节处，而且邻域越大，去噪能力增强的同时模糊程度越严重。

2. 超限像素平滑法

（1）原理：超限像素平滑法是对邻域平均法的改进，是把 $f(x,y)$ 和邻域平均得到的 $g(x,y)$ 值做一个差的绝对值运算，再将绝对值与一个选定的阈值进行比较，用比较结果决定像素的灰度值。

（2）方法特点：超限像素平滑法对抑制椒盐噪声比较有效，对保护仅有微小灰度差的细节和纹理也有效。

3. 有选择保边缘平滑法

（1）原理：高灰度方差通常表明区域内存在尖锐边缘或显著的灰度变化，而低方差则指示区域内灰度较为均匀。因此，有选择保边缘平滑法通过识别具有最小方差的区域，在有效地平滑图像的同时保持边缘和细节的清晰度。

（2）方法特点：在每个像素点的 5×5 邻域内应用 9 种不同的掩膜，包括 1 个 3×3 的正方形、4 个五边形和 4 个六边形。这些掩膜帮助分析和比较不同形状区域的灰度变化。对每个掩膜计算得出的灰度值均值和方差进行计算和排序，可以定量评估每个区域内的灰度一致性。

4. 中值滤波法

（1）原理：中值滤波法是一种基于排序统计理论的非线性信号处理技术，通过利用邻域像素值的中值来替换原始像素值，从而达到抑制噪声的效果。这种方法特别适用于消除图像或数字序列中的孤立噪声点，保持图像的边缘清晰，同时平滑非边缘区域的细节。

（2）方法特点：中值滤波法通过对邻域内像素值进行排序并选取中值来替换中心像素，通过非线性的操作方式使得它在处理含有噪声的图像时比线性滤波器（如均值滤波）更能保留图像的边缘信息。此外，中值滤波法使用一个滑动窗口在图像上逐点移动，为每个像素点计算窗口内的像素值的中值，以此来决定新的像素值。这个窗口通常是方形或矩形，但也可以采用其他形状，如圆形、十字形或菱形等。

本次实验在程序清单 14-7 中加入噪声,并在程序清单 14-8 中用邻域平均法(均值滤波法)、超限像素平滑法、有选择保边缘平滑法和中值滤波法四种平滑方法进行去噪处理,对比效果。

先将原始图片进行灰度化,得到灰度图片,并且添加椒盐噪声。

程序清单 14-7　图像加入噪声

```
import cv2 as cv
import numpy as np
img = cv.imread("1.png")
h = img.shape[0]
w = img.shape[1]
# 将彩色图片转换为灰度图片
grayimage = np.zeros((h, w), np.uint8)
for i in range(h):
    for j in range(w):
        grayimage[i, j] = 0.11 * img[i, j, 0] + 0.59 * img[i, j, 1] + 0.3 * img[i, j, 2]
        # python中以BGR存储图像
        noiseimage = grayimage.copy()
        SNR = 0.95
        # 信噪比
        pixels = h * w
        # 计算图像像素点个数
        noise_num = int(pixels * (1 - SNR))
        # 计算图像椒盐噪声点个数
for i in range(noise_num):
    randx = np.random.randint(1, h-1)
    # 生成一个 1 至 h-1 之间的随机整数
    randy = np.random.randint(1, w-1)
    # 生成一个 1 至 w-1 之间的随机整数
if np.random.random() <= 0.5:
    # np.random.random()生成一个 0 至 1 之间的浮点数
    noiseimage[randx, randy] = 0
else:
    noiseimage[randx, randy] = 255
```

将图片灰度化,得到灰度图片,并且添加椒盐噪声,输入代码,运行结果如 Out[1]所示,从左至右分别是原图、灰度化图和椒盐噪声图。输出代码如下:

```
In[1]:  cv.imshow("image",img)
        cv.imshow("grayimage", grayimage)
        cv.imshow("noiseimage", noiseimage)
        cv.imwrite("grayimage.jpg", grayimage)
        cv.imwrite("noiseimage.jpg", noiseimage)
```

```
cv.waitKey(0)
cv.destroyAllWindows()
```

Out[1]:

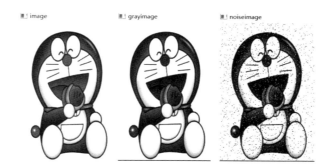

用邻域平均法(均值滤波法)、超限像素平滑法、有选择保边缘平滑法和中值滤波法四种平滑方法进行去噪处理,并对比效果。

程序清单 14-8　图像平滑去除噪声

```
import cv2 as cv
import numpy as np
img = cv.imread("noiseimage.jpg", 0)
h = img.shape[0]
w = img.shape[1]
img_Blur_3 = cv.blur(img, (3, 3))
# 3 * 3 均值滤波
img_Blur_5 = cv.blur(img, (5, 5))
# 5 * 5 均值滤波
img_MedianBlur_3 = cv.medianBlur(img, 3)
# 3 * 3 中值滤波
img_MedianBlur_5 = cv.medianBlur(img, 5)
# 5 * 5 中值滤波
def overrun_pixel_smoothing(kernel, image):
img_overrun = image.copy()
filter = np.zeros((kernel, kernel), np.uint8)
average = np.zeros((h - kernel + 1, w - kernel + 1), np.uint8)
    # 平均值矩阵
for i in range(h - kernel + 1):
    for j in range(w - kernel + 1):
        for m in range(kernel):
            for n in range(kernel):
                filter[m, n] = img_overrun[i + m, j + n]
        average[i, j] = 1 / (kernel * kernel) * filter.sum()
        # 求平均
```

```
        T = 50
            # 设定阈值
        for i in range(h - kernel + 1):
            for j in range(w - kernel + 1):
                if abs(img[i + kernel - 2, j + kernel - 2] - average[i, j]) > T:
                    img_overrun[i + kernel - 2, j + kernel - 2] = average[i, j]
        return img_overrun
        # 超限像素平滑法
        img_overrun_3 = overrun_pixel_smoothing(3, img)
        # 核大小为 3 * 3
        img_overrun_5 = overrun_pixel_smoothing(5, img)
        # 核大小为 5 * 5
        img_EdgeKeeping = img.copy()
        filter = np.zeros((5, 5), np.uint8)
        for i in range(h - 4):
        for j in range(w - 4):
            for m in range(5):
                for n in range(5):
                    filter[m, n] = img_EdgeKeeping[i + m, j + n]
            mask = []
            # 3 * 3 掩膜
            mask.append([filter[1, 1], filter[1, 2], filter[1, 3], filter[2, 1], filter[2,
                    2], filter[2, 3], filter[3, 1], filter[3, 2], filter[3, 3]])
            # 5 * 5 掩膜
            mask.append([filter[2, 2], filter[1, 1], filter[1, 2], filter[1, 3], filter[0,
                    1], filter[0, 2], filter[0, 3]])
            mask.append([filter[2, 2], filter[1, 1], filter[2, 1], filter[3, 1], filter[1,
                    0], filter[2, 0], filter[3, 0]])
            mask.append([filter[2, 2], filter[3, 1], filter[3, 2], filter[3, 3], filter[4,
                    1], filter[4, 2], filter[4, 3]])
            mask.append([filter[2, 2], filter[1, 3], filter[2, 3], filter[3, 3], filter[1,
                    4], filter[2, 4], filter[3, 4]])
            # 6 * 6 掩膜
            mask.append([filter[2, 2], filter[3, 2], filter[2, 3], filter[3, 3], filter[4,
                    3], filter[3, 4], filter[4, 4]])
            mask.append([filter[2, 2], filter[2, 3], filter[1, 2], filter[1, 3], filter[1,
                    4], filter[0, 3], filter[0, 4]])
            mask.append([filter[2, 2], filter[1, 2], filter[2, 1], filter[1, 1], filter[0,
                    1], filter[1, 0], filter[0, 0]])
            mask.append([filter[2, 2], filter[2, 1], filter[3, 2], filter[3, 1], filter[3,
```

```
                            0], filter[4, 1], filter[4, 0]])
    # 求各掩膜的方差
    var = []
    for k in range(9):
        var.append(np.var(mask[k]))
    index = var.index(min(var))    # 方差最小的掩膜对应的索引号
    img_EdgeKeeping[i + 2, j + 2] = np.mean(mask[index])
```

运行上述代码后，输入图像显示代码如下：

```
In [1]:   cv.imshow("image", img)
          cv.imshow("img_Blur_3", img_Blur_3)
          cv.imshow("img_Blur_5", img_Blur_5)
          cv.imshow("img_MedianBlur_3", img_MedianBlur_3)
          cv.imshow("img_MedianBlur_5", img_MedianBlur_5)
          cv.imshow("img_overrun_3", img_overrun_3)
          cv.imshow("img_overrun_5", img_overrun_5)
          cv.imshow("img_EdgeKeeping", img_EdgeKeeping)
          cv.waitKey(0)
          cv.destroyAllWindows()
Out[1]:
```

扫一扫，
查看原图

　　对添加了椒盐噪声的图像运用邻域平均法进行处理，Out[1]分别为添加椒盐噪声处理的图像，为 3×3 邻域平滑和 5×5 邻域平滑。可以看出，5×5 的邻域比 3×3 的邻域的图像模糊更严重，如图 14-5 所示。

图 14-5　中值滤波法处理后图像

　　对图像运用中值滤波法进行处理,图 14-5 分别为 3×3 模板和 5×5 模板进行中值滤波的结果,可见中值滤波法能有效削弱椒盐噪声,而且比邻域、超限像素平滑法更为有效,可以保留更多的图像细节,减少图像模糊。

　　对图像运用超限像素平滑法进行处理,取阈值 T=50,图 14-6 分别为 3×3 超限像素平滑和 5×5 超限像素平滑。同邻域平滑法相比,超限像素平滑法去椒盐噪声的效果更好,而且一定程度上可以保护细节,减少图像模糊。

　　对图像运用有选择保边缘平滑法进行去噪处理,结果如图 14-7 所示,可以有效去椒盐噪声。

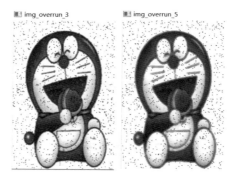

图 14-6　超限像素平滑法处理后图像

图 14-7　有选择保边缘平滑法处理后图像

　　上面已经介绍了噪声及去除噪声的四种平滑方法,但是对于不同的噪声,选择不同的平滑方法对去除噪声结果也会产生影响。

　　高斯噪声的噪声概率密度函数服从高斯分布,即正态分布,即某个强度的噪声点个数越多,离这个强度越远噪声点个数越少。高斯噪声是一种加性噪声,即噪声直接加到原始图像上,因此,可以用线性滤波器滤除。

　　椒盐噪声是由图像传感器、传输信道、解码处理等产生的黑白相间的亮暗点噪声,往往由图像切割引起。椒盐噪声是指两种噪声,盐噪声和胡椒噪声。其中,盐噪声是指高灰度噪声,胡椒噪声是指低灰度噪声。两种噪声同时出现时,在图像上呈现为黑白杂点。

　　考虑不同平滑方法对去噪的影响,分别用均值滤波与中值滤波对高斯噪声椒盐噪声分别处理并对比效果。

程序清单 14-9　使用均值滤波与中值滤波对不同噪声降噪

```python
import numpy as np
from PIL import Image
import matplotlib.pyplot as plt
import random
import scipy.misc
import scipy.signal
import scipy.ndimage
from matplotlib.font_manager import FontProperties
font_set = FontProperties(fname = r"simsun.ttc", size = 10)
def medium_filter(im, x, y, step):
sum_s = []
for k in range( - int(step / 2), int(step / 2) + 1):
    for m in range( - int(step / 2), int(step / 2) + 1):
        sum_s.append(im[x + k][y + m])
sum_s.sort()
return sum_s[(int(step * step / 2) + 1)]
def mean_filter(im, x, y, step):
sum_s = 0
for k in range( - int(step / 2), int(step / 2) + 1):
    for m in range( - int(step / 2), int(step / 2) + 1):
        sum_s + = im[x + k][y + m] / (step * step)
    return sum_s
def convert_2d(r):
    n = 3
    # 3 * 3 滤波器，每个系数都是 1/9
    window = np.ones((n, n)) / n * * 2
    # 使用滤波器卷积图像
    # mode = same 表示输出尺寸等于输入尺寸
    # boundary 表示采用对称边界条件处理图像边缘
    s = scipy.signal.convolve2d(r, window, mode = 'same', boundary = 'symm')
    return s.astype(np.uint8)
def convert_3d(r):
    s_dsplit = []
    for d in range(r.shape[2]):
        rr = r[:, :, d]
        ss = convert_2d(rr)
        s_dsplit.append(ss)
    s = np.dstack(s_dsplit)
    return s
```

```python
def add_salt_noise(img):
    rows, cols, dims = img.shape
    R = np.mat(img[:, :, 0])
    G = np.mat(img[:, :, 1])
    B = np.mat(img[:, :, 2])
    # rows, cols = img.shape
    # R = np.mat(img[:, :])
    # G = np.mat(img[:, :])
    # B = np.mat(img[:, :])
    Grey_sp = R * 0.299 + G * 0.587 + B * 0.114
    Grey_gs = R * 0.299 + G * 0.587 + B * 0.114
    snr = 0.9
    noise_num = int((1 - snr) * rows * cols)
    for i in range(noise_num):
        rand_x = random.randint(0, rows - 1)
        rand_y = random.randint(0, cols - 1)
        if random.randint(0, 1) == 0:
            Grey_sp[rand_x, rand_y] = 0
        else:
            Grey_sp[rand_x, rand_y] = 255
    # 给图像加入高斯噪声
    Grey_gs = Grey_gs + np.random.normal(0, 48, Grey_gs.shape)
    Grey_gs = Grey_gs - np.full(Grey_gs.shape, np.min(Grey_gs))
    Grey_gs = Grey_gs * 255 / np.max(Grey_gs)
    Grey_gs = Grey_gs.astype(np.uint8)
    # 中值滤波
    Grey_sp_mf = scipy.ndimage.median_filter(Grey_sp, (7, 7))
    Grey_gs_mf = scipy.ndimage.median_filter(Grey_gs, (8, 8))
    # 均值滤波
    Grey_sp_me = convert_2d(Grey_sp)
    Grey_gs_me = convert_2d(Grey_gs)
    plt.subplot(321)
    plt.title('加入椒盐噪声', fontproperties = font_set)
    plt.imshow(Grey_sp, cmap = 'gray')
    plt.subplot(322)
    plt.title('加入高斯噪声', fontproperties = font_set)
    plt.imshow(Grey_gs, cmap = 'gray')
    plt.subplot(323)
    plt.title('中值滤波去椒盐噪声(8 * 8)', fontproperties = font_set)
    plt.imshow(Grey_sp_mf, cmap = 'gray')
```

```
plt.subplot(324)
plt.title('中值滤波去高斯噪声(8 * 8)', fontproperties = font_set)
plt.imshow(Grey_gs_mf, cmap = 'gray')
plt.subplot(325)
plt.title('均值滤波去椒盐噪声', fontproperties = font_set)
plt.imshow(Grey_sp_me, cmap = 'gray')
plt.subplot(326)
plt.title('均值滤波去高斯噪声', fontproperties = font_set)
plt.imshow(Grey_gs_me, cmap = 'gray')
plt.show()
```

输入完成上述代码,执行,结果如下:

In [1]: def main():
　　　　img = np.array(Image.open("1.bmp"))
　　　　add_salt_noise(img)

In [2]: if __name__ == '__main__':
　　　　main()

Out[2]:

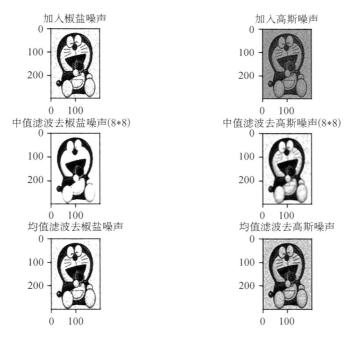

对比结果,处理椒盐噪声用中值滤波比较好,首先是椒盐噪声是幅值近似相等但是随机地分布在不同位置,图中既有污染的点,也有干净的点;其次图中噪声的均值不为零,所以不适合均值滤波;最后图中有干净的点也有污染的点,所以,中值滤波可以用干净的点代替污染的点。

处理高斯噪声用均值滤波比较好,首先是高斯噪声的幅值近似正态分布,但是分布在每个点上;其次是所有的点都被污染所以不能中值滤波选不到正确的干净的点;最后高斯噪声服从正态分布所以均值噪声为零可以选用均值滤波处理噪声。

14.2 图像识别及分割

本节将介绍计算机视觉中的图像识别及图像分割。

14.2.1 图像识别

图像识别是计算机视觉的一个重要领域。图像识别的发展经历了三个阶段:文字识别、数字图像处理与识别和物体识别。图像识别就是对图像作出各种处理和分析,最终识别所要研究的目标。现在所指的图像识别并不仅仅是用人类的肉眼进行识别,而是借助计算机技术进行识别。虽然人类的识别能力很强大,但是对于高速发展的社会,人类自身识别能力已经满足不了我们的需求,于是就产生了基于计算机的图像识别技术。这就像人类研究生物细胞,完全靠肉眼观察细胞是不现实的,这样自然就产生了显微镜等用于精确观测的仪器。通常一个领域有固有技术无法解决的需求时,就会产生相应的新技术。图像识别技术也是如此,此技术的产生就是为了让计算机代替人类去处理大量的物理信息,解决人类无法识别或者识别率特别低的信息。

本小节将介绍行人识别案例。

程序清单 14-10 行人识别

```
import cv2 as cv
src = cv.imread("walker.jpg")
cv.imshow("input", src)
# 读取图像
hog = cv.HOGDescriptor()
hog.setSVMDetector(cv.HOGDescriptor_getDefaultPeopleDetector())
# HOG + SVM
(rects, weights) = hog.detectMultiScale(src, winStride = (4, 4), padding = (8, 8),
scale = 1.25, useMeanshiftGrouping = False)
# 检测行人
for (x, y, w, h) in rects:
    cv.rectangle(src, (x, y), (x + w, y + h), (0, 255, 0), 2)
# 矩形框
```

上述代码输入完成后,输入结果展示代码。输出第一张图片为原始图片,第二张图片为行人识别检测图片,识别的行人结果用矩形框线图框出。

```
In [1]:  cv.imshow("result", src)
         cv.waitKey(0)
         cv.destroyAllWindows()
Out[1]:
```

扫一扫，
查看原图

14.2.2　图像分割

图像分割是计算机领域中一个重要的分支,是机器视觉技术中关于图像理解的重要一环。近几年兴起的自动驾驶技术中也用到了这种技术,车载摄像头探查到图像,后台计算机自动将图像分割归类,以避让行人和车辆等障碍。

本小节将介绍基于边缘检测的图像分割,基于 K-means 聚类的图像分割和基于分水岭算法的图像分割。首先读取图像信息,如程序清单 14-11。

程序清单 14-11　图像分割

```
import cv2
import numpy as np
img0 = cv2.imread("1.png")
# 图像读取
img1 = cv2.resize(img0, dsize = None, fx = 0.5, fy = 0.5)
img2 = cv2.cvtColor(img1, cv2.COLOR_BGR2GRAY)
h, w = img1.shape[:2]
```

读取图像信息,并显示图像大小,输入下述代码即可。

In [1]:　print(h, w)
　　　　cv2.namedWindow("W0")
　　　　cv2.imshow("W0", img2)
　　　　cv2.waitKey(delay = 0)
Out[1]:　150 100

（1）基于边缘检测的图像分割。

图像的大部分信息都存在于图像的边缘，主要表现为图像局部特征的不连续性，即图像中灰度变化比较剧烈的地方。因此，把图像的边缘定义为图像中灰度发生急剧变化的区域边界。根据灰度变化的剧烈程度，通常将边缘划分为阶跃状和屋顶状两种类型。阶跃边缘两边的灰度值变化明显，而屋顶边缘位于灰度值增加与减少的交界处。

使用基于边缘检测的图像分割，添加如下代码。

In [2]:　img3 = cv2.Sobel(img2, cv2.CV_64F, 0, 1, ksize = 5)
　　　　cv2.namedWindow("W1")
　　　　cv2.imshow("W1", img3)
　　　　cv2.waitKey(delay = 0)
　　　　# 边缘检测之 Sobel 算子
Out[2]:

（2）基于 K-means 算法的图像分割。

K-means 算法是一种无监督学习，同时也是基于划分的聚类算法，一般用欧式距离，即两点间的直线距离作为衡量数据对象间相似度的指标。相似度与数据对象间的距离成反比，相似度越大，距离越小。算法需要预先指定初始聚类数目 k（需要分割的份数），即 k 个初始聚类中心，根据数据对象与聚类中心之间的相似度，不断更新聚类中心的位置，不断降低类簇的误差平方和（sum of squared error，SSE），当 SSE 不再变化或目标函数收敛时，聚类结束，得到最终结果。

使用基于 K-means 算法的图像分割,添加代码如下即可。

```
In [3]:   Z = img1.reshape((-1, 3))
          Z = np.float32(Z)
          # 转化数据类型
          c = (cv2.TERM_CRITERIA_EPS + cv2.TERM_CRITERIA_MAX_ITER, 10, 1.0)
          k = 4
          # 聚类中心个数,一般来说也代表聚类后的图像中的颜色的种类
          ret, label, center = cv2.kmeans(Z, k, None, c, 10, cv2.KMEANS_RANDOM_CENTERS)
          center = np.uint8(center)
          res = center[label.flatten()]
          img4 = res.reshape((img1.shape))
          cv2.namedWindow("W2")
          cv2.imshow("W2", img4)
          cv2.waitKey(delay = 0)
Out [3]:
```

（3）基于分水岭算法的图像分割。

任何灰度图像都可以视为地形表面,其中,高强度表示山峰和丘陵,而低强度表示山谷。当用不同颜色的水,即标签,填充每个孤立的山谷,即局部最小值时,随着水位上升,以附近的山峰(梯度)作为基础,来自不同山谷、明显不同颜色的水会开始融合。为了避免这种情况,可以在水汇合的位置建立障碍。继续填水和建造屏障,直到所有的山峰都在水下时,得到分割结果。

但如果图像中噪声比较多,就会出现很多的"山谷",这样就分割出了太多的区域。所以,我们在进行分水岭操作时,一般也会对图像进行平滑处理或者形态学操作,来使得图像上的噪声点减少,可使分割效果更加明显。

使用基于分水岭的图像分割,添加如下代码即可。

```
In [4]:   ret1, img10 = cv2.threshold(img2, 0, 255, cv2.THRESH_BINARY_INV + cv2.
                          THRESH_OTSU)
          # 图像阈值分割,先将背景设为黑色
          cv2.namedWindow("W3")
          cv2.imshow("W1", img10)
```

```
cv2.waitKey(delay = 0)
```
Out[4]:

使用图像形态学的操作,先腐蚀后膨胀,即开运算操作,去除噪声,后进行分水岭操作,并标记边界区域。

In [4]:
```
kernel = np.ones((3, 3), np.uint8)
opening = cv2.morphologyEx(img10, cv2.MORPH_OPEN, kernel, iterations = 2)
# sure background area(确定背景图像,使用膨胀操作)
sure_bg = cv2.dilate(opening, kernel, iterations = 3)
# Finding sure foreground area(确定前景图像,也就是目标)
dist_transform = cv2.distanceTransform(opening, cv2.DIST_L2, 5)
ret2, sure_fg = cv2.threshold(dist_transform, 0.7 * dist_transform.max(), 255, 0)
# Finding unknown region(找到未知的区域)
sure_fg = np.uint8(sure_fg)
unknown = cv2.subtract(sure_bg, sure_fg)
# Marker labelling
ret3, markers = cv2.connectedComponents(sure_fg)
# 用 0 标记所有背景像素点
# 将背景设为 1
markers = markers + 1
markers[unknown == 255] = 0
# 将未知区域设为 0
markers = cv2.watershed(img1, markers)
# 进行分水岭操作
img1[markers == -1] = [0, 0, 255]
 # 边界区域设为 -1,颜色设置为红色
cv2.namedWindow("W4")
cv2.imshow("W4", img1)
cv2.waitKey(delay = 0)
```

Out[4]:

14.3 图像增广及图像增强

本节将介绍计算机视觉中的图像增广及图像增强。

14.3.1 图像增广

成功应用深度神经网络的先决条件是具有大型数据集,图像增广技术通过对训练图像作一系列随机改变,来产生相似但不同的训练样本,从而扩大训练数据集的规模。使用图像增广技术能够随机改变训练样本,这样可以减小模型对某些属性的依赖,从而提升模型的泛化能力。

本小节将会对图片进行裁剪反转、调整图片颜色亮度等。

程序清单 14-12 图像增广

```
In [1]:  % matplotlib inline
         import torch
         import torchvision
         from torch import nn
         from d2l import torch as d2l
         import os
         os.environ["CUDA_VISIBLE_DEVICES"] = "0"
```

采用一张普通尺寸图片进行常用图像增广示例。

```
In [2]:  d2l.set_figsize()
         #设置 matplotlab 的图表大小
In [3]:  img = d2l.Image.open('小狗.jpg')
         #打开图片
In [4]:  d2l.plt.imshow(img)
         #显示图片
```

Out[4]:

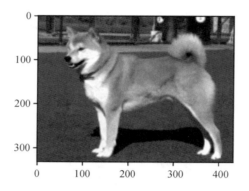

由于图像增广技术在使用中具有一定的随机性,所以我们设定一个 apply()函数,此函数在进行多次图像增广后,可以显示所有图像增广 aug 结果。

In [5]:
```
def apply(img,aug,num_rows = 2,num_cols = 4,scale = 1.5):
    Y = [aug(img) for _ in range(num_rows * num_cols)]
    d2l.show_images(Y,num_rows,num_cols,scale = scale)
```

图片的翻转及裁剪是最早最广泛的图像增广方法之一,该方法并不会改变图像的类别,通过 transforms 模块创建 RandomFlipLeftRight 实例,使图片往左往右的概率均保持在 50%。

In [6]:
```
apply(img,torchvision.transforms.RandomHorizontalFlip())
```
Out[6]:

图片通常是采用左右旋转,但是上下旋转并不会妨碍示例图片的识别,接下来创建一个 RandomFlipTopBottom 实例,同样保证图片上下旋转的概率均为 50%。

In [7]:
```
apply(img,torchvision.transforms.RandomVerticalFlip())
```
Out[7]:

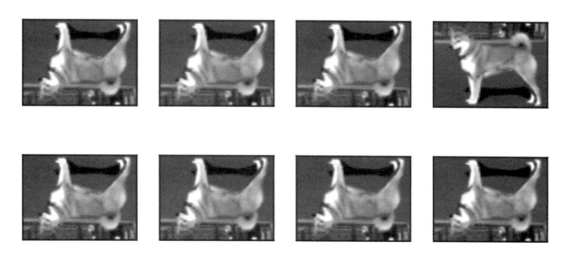

示例图片中的小狗位于图片正中央,但是在进行图片识别检测时,目标物体并非都位于正中央,它们可能分布在图片的角落中。所以,为了方便图像的识别,通常都会对图片进行随机裁剪,使物体以不同比例出现在图片的不同位置以降低模型对目标位置的敏感性。

将示例图片随机裁剪出一个占比 $10\%\sim100\%$ 的区域,该区域的宽高比从 0.5 到 2 之间随机取值,区域的宽度和高度都被缩放到 200 像素。

```
In [8]:    shape_aug = torchvision.transforms.RandomResizedCrop(
               (200, 200), scale = (0.1, 1), ratio = (0.5, 2))
           apply(img, shape_aug)
```

Out[8]:

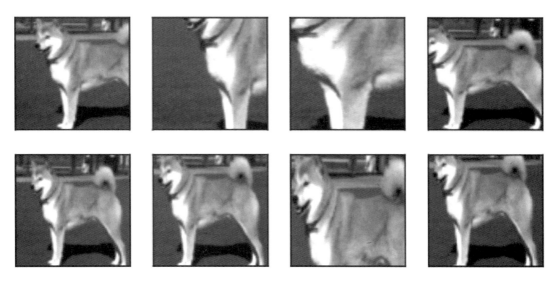

图像增广的另一种方法就是改变图像的颜色,通常是改变图片的亮度、对比度、饱和度和色调。

改变图像亮度,随机值为原始图像的 $50\%(1-0.5)$ 到 $150\%(1+0.5)$ 之间。

In [9]: apply(img, torchvision.transforms.ColorJitter(brightness = 0.5, contrast = 0, saturation = 0, hue = 0))

Out[9]:

随机更改图像色调。

In [10]: apply(img, torchvision.transforms.ColorJitter(brightness = 0, contrast = 0, saturation = 0, hue = 0.5))

Out[10]:

  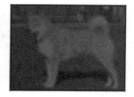 

同时可以创建一个 RandomColorJitter 实例,并设置同时随机改变图像的亮度、对比度、饱和度和色调。

In [11]: color_aug = torchvision.transforms.ColorJitter(brightness = 0.5, contrast = 0.5, saturation = 0.5, hue = 0.5)

apply(img, color_aug)

Out[11]:

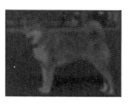

采用一个 Compose 实例综合上述介绍的多种图像增广方法。

```
In [12]: augs = torchvision.transforms.Compose([torchvision.transforms.
             RandomHorizontalFlip(),color_aug, shape_aug])
         apply(img, augs)
Out[12]:
```

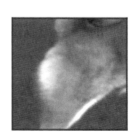

图像增广技术是基于现有的训练数据生成随机图像,来提高模型的泛化能力;为了提高图像预测的结果,通常只对训练样本采取图像增广技术,而在预测过程中不适用带随机操作的图像增广。

14.3.2 图像增强

图像增强是指通过某种图像处理方法对退化的某些图像特征,如边缘、轮廓、对比度等进行处理,以改善图像的视觉效果,提高图像的清晰度,或是突出图像中某些"有用"信息,压缩其他"无用"信息,将图像转换为更适合人或计算机分析处理的形式。

图像增强可以分为两类:空间域法和频域法。

空间域法可以简单地理解为包含图像像素的空间,它是指空间域中,也就是图像本身,直接对图像进行各种线性或非线性运算,对图像的像素灰度值做增强处理。

频域法则是在图像的变换域中把图像看成一种二维信号,对其进行基于二维傅立叶变换的信号增强。

空间域法又分为点运算和模板处理两大类。点运算是作用于单个像素邻域的处理方法,包括图像灰度变换、直方图修正和伪彩色增强技术等技术;模板处理是作用于像素领域的处理方法,包括图像平滑和图像锐化等技术。

频域法常用的方法包括低通滤波、高通滤波以及同态滤波等。

图 14-8 概括了常用的图像增强方法:

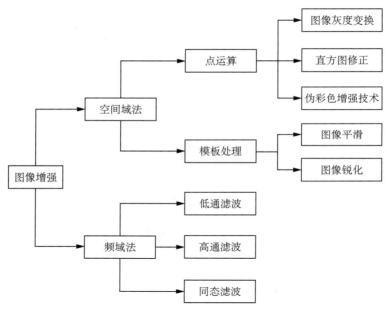

图 14-8 常见图像增强方法

程序清单 14-13 图像增强

灰度直方图是关于灰度级分布的函数,是对图像中灰度级分布的统计。灰度直方图将数字图像中的所有像素,按照灰度值的大小,统计其出现的频率。灰度直方图是灰度级的函数,它表示图像中具有某种灰度级的像素的个数,反映了图像中某种灰度出现的频率。

出现频率可以表现为:

$$P(k) = \frac{n_k}{k}, \ k = 0, 1, \cdots, L-1 \tag{14-1}$$

并且，

$$\sum_{k=0}^{L-1} P(k) = 1 \tag{14-2}$$

式中，k 为图像 $f(m，n)$ 的第 k 级灰度值，n_k 则为 $f(m，n)$ 中灰度值为 k 的像素个数，n 为图像的总像素个数，L 为灰度级数。不同的灰度分布对应着不同的图像质量。灰度直方图能反映图像的概貌和质量，也是图像增强处理的重要依据。

直方图的性质包括以下几个。

（1）直方图的位置缺失性。灰度直方图仅仅反映了数字图像中各灰度级出现频数的分布，即取某灰度值的像素个数占图像总像素个数的比例，但对那些具有同一灰度值的像素在图像中的空间位置一无所知，即其具有位置缺失性。

（2）直方图与图像的一对多特性。任一幅图像都能唯一地确定与其对应的一个直方图，但由于直方图的位置缺失性，对于不同的多幅图像来说，只要其灰度级出现频数的分布相同，则都具有相同的直方图，即直方图与图像是一对多的关系。

（3）直方图的可叠加性。由于灰度直方图是各灰度级出现频数的统计值，若一图像分成几个子图，则该图像的直方图就等于各子图直方图的叠加。

构建灰度直方图代码中，采用 opencv 包中提供的 calcHist() 函数实现直方图的构建，但在计算 8 位图的灰度直方图时使用起来略显复杂。灰度直方图中，灰度级范围越大代表对比度越高；反之，对比度越低给人的感觉是看起来不够清晰。

```
In [1]:    import cv2
           import numpy as np
           import sys
           import matplotlib.pyplot as plt
In [2]:    #计算灰度直方图
           def calcGrayHist(image):
               rows,clos = image.shape
               #创建一个矩阵用于存储灰度值
               grahHist = np.zeros([256],np.uint64)
               print('这是初始化矩阵')
               print(grahHist )
               for r in range(rows):
                   for c in range(clos):
                       #通过图像矩阵的遍历来将灰度值信息放入我们定义的矩阵中
                       grahHist[image[r][c]] += 1
               print('这是赋值后的矩阵')
               print(grahHist)
               return grahHist
           if __name__ == "__main__":
```

```
image = cv2. imread('aa. jpg', cv2. IMREAD_GRAYSCALE)
grahHist = calcGrayHist(image)
x_range = range(256)
plt. plot(x_range, grahHist, '-', linewidth = 3, c = 'k')
#设置坐标轴的范围
y_maxValue = np. max(grahHist)
plt. axis([0, 255, 0, y_maxValue])
#设置标签
plt. xlabel('gray Level')
plt. ylabel("number of pixels")
#显示灰度直方图
plt. show()
```

结果显示灰度值初始矩阵、赋值矩阵以及灰度直方图。

Out[2]: [0 0 0 0 0 0 0 0 0 0 0 0 0 0 0 0 0 0 0 0 0 0 0 0 0 0 0 0 0 0 0 0 0 0 0 0 0

0 0 0 0 0 0 0 0 0 0 0 0 0 0 0 0 0 0 0 0 0 0 0 0 0 0 0 0 0 0 0 0 0 0 0 0

0 0 0 0 0 0 0 0 0 0 0 0 0 0 0 0 0 0 0 0 0 0 0 0 0 0 0 0 0 0 0 0 0 0 0 0

0 0 0 0 0 0 0 0 0 0 0 0 0 0 0 0 0 0 0 0 0 0 0 0 0 0 0 0 0 0 0 0 0 0 0 0

0 0 0 0 0 0 0 0 0 0 0 0 0 0 0 0 0 0 0 0 0 0 0 0 0 0 0 0 0 0 0 0 0 0 0 0

0 0 0 0 0 0 0 0 0 0 0 0 0 0 0 0 0 0 0 0 0 0 0 0 0 0 0 0 0 0 0 0 0 0 0 0

0 0 0 0 0 0 0 0 0]

[0   0   0   0   0   0   0   0   0   1   5   10   11   51   89 158 205 194

 126   83   43   50   29   32   35   23   21   26   25   34   20   14   28   23   30   20

  29   37   45   32   53   38   54   54   41   50   48   52   47   46   45   42   35   49

  46   58   61   65   65   73   89   84   77   81   72   92   90 116 100   87   76   74

  67   71   69   65   94   78   98 123 145 174 236 252 317 351 397 436 542 567

 607 640 691 709 708 693 697 693 658 658 609 588 417 347 247 195 191 157

 160 135 132 119   95 120   87   88   98   94   78   76   79   78   81   80   83   78

  74   66   82   90   70   60   88 102   68   83   94   84   74 118 107 109 125 131

 115 184 188 194 162 178 204 195 201 172 193 169 159 185 185 174 176 179

 172 207 200 184 190 193 191 184 188 176 151 155 163 134 135 144 139 132

 160 129 150 134 145 125 126 110   95 122   92   86   77   86   59   72   71   53

  60   54   54   60   53   56   47   77   56   70   69   71   63   58   64   50   41   54

  54   48   26   44   44   34   36   40   29   35   40   39   43   33   38   50   43   50

  57   41   39   51   48   50   51   52   60   48   50   48   48   50   35   19   23   18

  12   8   8   6]

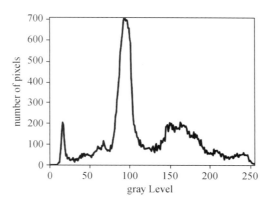

线性变换是最简单的一种对比度增强方式。

线性变换公式：

$$O(r, c) = a * I(r, c) + b, 0 \leqslant r \leqslant R, 0 \leqslant c < W \qquad (14\text{-}3)$$

其中，a 控制的是图像的对比度，而 b 控制的是图像的亮度。对比度随着 a 增大而增大，亮度随着 b 增大而增大，显然，$a=1$，$b=0$ 时图像不变，若 $a<1$ 则对比度减弱，$b<0$ 则亮度减小。

利用 Python 实现图像增强中的线性变换是非常容易的。

```
In [1]:   import numpy as np
          I = np.array([[200, 10], [0, 20]], np.uint8)
          O = I * 2
          print(O)
Out[1]:   [[144  20]
          [  0  40]]
```

从上述程序中我们可以看出，仅仅利用 NumPy 算法就可以进行运算。下面我们通过新的程序来进行图像增强中的线性变换。

```
In [1]:   import cv2
          import numpy as np
          import sys
In [2]:   if __name__ == "__main__":
              img = cv2.imread('aa.jpg', cv2.IMREAD_GRAYSCALE)
              a = 2
              #线性变换　定义 float 类型
              O = float(a) * img
              #数据截取　如果大于 255 取 255
              O[O>255] = 255
              #数据类型的转换
              O = np.round(O)
              O = O.astype(np.uint8)
              cv2.imshow("img",img)
```

```
cv2.imshow(' enhance',0)
cv2.waitKey(0)
cv2.destroyAllWindows()
```

Out[2]:

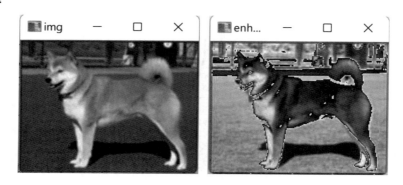

灰度级范围越大就代表对比度越高；反之，对比度越低视觉上清晰度就越低。我们通过 $a=2$ 的线性对比度拉伸将灰度级范围扩大到[0,255]之间，如上图我们改变灰度级的范围后图像、轮廓变得明亮清晰。

伽马变换又叫幂律变换，是一种图像增强的方法。其基本形式为：

$$y = (x + esp)^r \qquad (14\text{-}4)$$

其中，x 和 y 取值都是[0,1]，esp 为补偿系数，r 为伽马系数。r 的取值决定了输入图像和输出图像之间的灰度映射方式，即决定了是增强低灰度（阴影区域）还是增强高灰度（高亮区域）。

（1）改变图片对比度。

$r>1$ 时，图像的高灰度区域对比度得到了增强；

$r<1$ 时，图像的低灰度区域对比度得到了增强；

$r=1$ 时，灰度变换时线性的，即不改变原图像。

通俗地来讲，灰度变换中改变斜率就是改变对比度，增强区域的对比度还是得看曲线的特点。

（4）改变亮度。

部分 r 的幂律曲线将较窄范围的暗色输入映射为较宽范围的输出值，或将较宽范围的高灰度输入值映射较窄范围的输出值。即相同灰度值分布的范围越宽则图像越亮，分布的范围越窄则图像越暗。

在图像处理中，人们常常利用伽马变换来对过曝或者曝光不足（过暗）的灰度图进行对比度调节。具体来讲就是通过非线性变换，让图像中较暗的区域的灰度值得到增强，图像中灰度值过大的区域的灰度值得到降低。经过伽马变换，图像整体的细节表现会得到增强。

In [1]:
```
import cv2
import numpy as np
import sys
```
In [2]:
```
if __name__ == "__main__":
    img = cv2.imread("ae.jpg", cv2.IMREAD_GRAYSCALE)
    # 归1
```

```
Cimg = img / 255
# 伽马变换
gamma = 0.5
O = np.power(Cimg,gamma)
#效果
cv2.imshow('img',img)
cv2.imshow('O',O)
cv2.waitKey(0)
cv2.destroyAllWindows()
```

Out[2]:

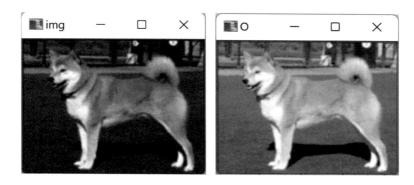

　　场景条件的影响导致图像拍摄的视觉效果不佳,这就需要图像增强技术来改善人的视觉效果,比如,突出图像中目标物体的某些特点、从数字图像中提取目标物的特征参数,等等,这些都有利于对图像中目标的识别、跟踪和理解。图像增强处理的主要内容是突出图像中感兴趣的部分,减弱或去除不需要的信息。这样使有用信息得到加强,从而得到一种更加实用的图像或者转换成一种更适合人或机器进行分析处理的图像。

14.4　微调方法

14.4.1　微调方法简介

　　计算机视觉技术在人们日常生活中的用途越来越广。例如,在网上购物时,消费者可以利用拍图识别物品。假设现在一个消费者需要购买书桌,那购物平台就需要从消费者上传的图像中识别不同种类的书桌,然后找到对应的书桌购买链接推荐给用户。

　　此过程的操作有两种方案:

　　① 拍摄 100 种常见的书桌,然后对每种书桌拍摄近 1 000 张不同角度的图像,并进行模型训练;

　　② 扩充数据集,即收集更多的图像数据。

　　上述两种方案是常见的处理方式,但是存在相应的缺点。例如,在方案①中,看似数据集很庞大,但是样本类型以及数据集仍然不足,并且在模型训练中由于数据量不足,过拟合现场出现,同时模型精度达不到实用的要求;方案②扩充数据集,收集和标注的成本巨大。

所以处理类似情况时,可以采用迁移学习技术中的微调。

迁移学习是一种机器学习的方法,是指一个预训练的模型被重新用在另一个任务中。在深度学习中,计算机视觉任务和自然语言处理任务将预训练的模型作为新模型的起点是一种常用的方法,通常这些预训练的模型在开发神经网络的时候已经消耗了巨大的时间资源和计算资源,迁移学习可以将已习得的强大技能迁移到相关的问题上。

微调是迁移学习的一种常用技术,包括以下四个步骤(图 14-9)。

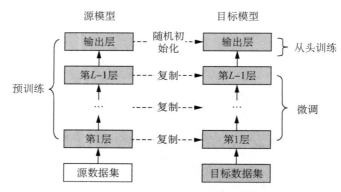

图 14-9　微调步骤

(1) 在源数据集上训练一个神经网络模型,即源模型。

(2) 创建一个新的神经网络模型,即目标模型。这将复制源模型上的所有模型设计及其参数(输出层除外)。假定这些模型参数包含从源数据集中学到的知识,这些知识也将适用于目标数据集;同时假设源模型的输出层与源数据集的标签密切相关,因此,不在目标模型中使用该层。

(3) 为目标模型添加一个输出大小为目标数据集类别个数的输出层,并随机初始化该层的模型参数。

(4) 在目标数据集上训练目标模型。输出层将从头开始进行训练,而所有其他层的参数将根据源模型的参数进行微调。

当目标数据集比源数据集小得多时,微调有助于提高模型的泛化能力。

14.4.2　识别猫咪

程序清单 14-14　微调

我们将在一个小型数据集上微调 ResNet 模型。该模型已在 ImageNet 数据集上进行了预训练。这个小型数据集包含数千张包含猫咪和不包含猫咪的图像,我们将使用微调模型来识别图像中是否包含猫咪。

```
In [1]: % matplotlib inline
        import os
        import torch
        import torchvision
        from torch import nn
```

```
from d2l import torch as d2l
```

加载数据集,创建两个实例来分别读取训练和测试数据集中的所有图像文件。

In [2]：　train_imgs = torchvision.datasets.ImageFolder('D:…')

　　　　　test_imgs = torchvision.datasets.ImageFolder('D:…')

显示前 8 张正类样本图片和最后 8 张负类样本图片。如下图所示,图像的大小和纵横比各有不同。

In [3]：　cats = [train_imgs[i][0] for i in range(8)]

　　　　　dogs = [train_imgs[-i - 1][0] for i in range(8)]

　　　　　d2l.show_images(cats + dogs, 2, 8, scale = 1.4)

Out[3]：

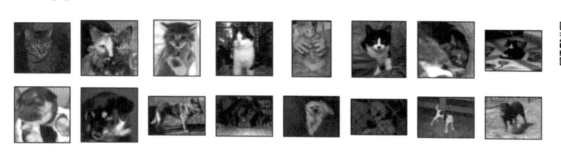

扫一扫,
查看原图

在训练期间,我们首先从图像中裁切随机大小和随机长宽比的区域,然后将该区域缩放为 224×224 的输入图像。在测试过程中,我们将图像的高度和宽度都缩放到 256 像素,然后裁剪中央 224×224 区域作为输入。此外,对于 RGB(红、绿和蓝)颜色通道,我们分别标准化每个通道。具体而言,该通道的每个值减去该通道的平均值,然后将结果除以该通道的标准差。

In [4]：normalize = torchvision.transforms.Normalize([0.485,0.456,0.406],[0.229,
　　　　　　　　0.224,0.225])

　　　　train_augs = torchvision.transforms.Compose([
　　　　　　　torchvision.transforms.RandomResizedCrop(224),
　　　　　　　torchvision.transforms.RandomHorizontalFlip(),
　　　　　　　torchvision.transforms.ToTensor(),normalize])

　　　　test_augs = torchvision.transforms.Compose([
　　　　　　　torchvision.transforms.Resize(256),
　　　　　　　torchvision.transforms.CenterCrop(224),
　　　　　　　torchvision.transforms.ToTensor(),normalize])

使用在 ImageNet 数据集上预训练的 ResNet-18 作为源模型。指定 pretrained＝True 以自动下载预训练的模型参数。首次使用此模型时,需要连接互联网才能下载。

In [5]：　pretrained_net = torchvision.models.resnet18(pretrained = True)

In [6]：　pretrained_net.fc

Out[6]：　Linear(in_features = 512, out_features = 1000, bias = True)

在 ResNet 的全局平均汇聚层后,全连接层转换为 ImageNet 数据集的 1 000 个类输出。

之后,我们构建一个新的神经网络作为目标模型。它的定义方式与预训练源模型的定义方式相同,只是最终层中的输出数量被设置为目标数据集中的类数(而不是 1 000 个)。

在下面的代码中,目标模型 finetune_net 中成员变量 *features* 的参数被初始化为源模型相应层的模型参数。由于模型参数是在 ImageNet 数据集上预训练的,"兵器"足够好,因此,通常只需要较小的学习率即可微调这些参数。

成员变量 *output* 的参数是随机初始化的,通常需要更高的学习率才能从头开始训练。假设 Trainer 实例中的学习率为 η,我们将成员变量 *output* 中参数的学习率设置为 10η。

```
In [7]:  finetune_net = torchvision.models.resnet18(pretrained = True)
         finetune_net.fc = nn.Linear(finetune_net.fc.in_features, 2)
         nn.init.xavier_uniform_(finetune_net.fc.weight)
Out[7]:  Parameter containing:
         tensor([[  0.0833,  0.0186, -0.0369, ..., -0.0097, -0.0782,  0.0948],
                 [ -0.0318,  0.0979,  0.0133, ..., -0.0265, -0.0451, -0.0607]],
                requires_grad = True)
```

首先,定义一个训练函数 train_fine_tuning(),该函数使用微调,因此可以多次调用。

```
In [8]: def train_fine_tuning(net, learning_rate, batch_size = 128,
                              num_epochs = 5, param_group = True):
            train_iter =
            torch.utils.data.DataLoader(torchvision.datasets.ImageFolder('D:…',
            transform = train_augs), batch_size = batch_size, shuffle = True)
            test_iter =
            torch.utils.data.DataLoader(torchvision.datasets.ImageFol
            der('D:…', transform = test_augs), batch_size = batch_size)
        devices = d2l.try_all_gpus()
        loss = nn.CrossEntropyLoss(reduction = "none")
        if param_group:
            params_1x = [param for name, param in net.named_parameters()
                if name not in ["fc.weight", "fc.bias"]]
            trainer = torch.optim.SGD([{'params': params_1x},
                                       {'params': net.fc.parameters(),
                                        'lr': learning_rate * 10}],
                                      lr = learning_rate,
                                      weight_decay = 0.001)
        else:
            trainer = torch.optim.SGD(net.parameters(),
                      lr = learning_rate, weight_decay = 0.001)
        d2l.train_ch13(net, train_iter, test_iter, loss, trainer,
                num_epochs, devices)
```

我们使用较小的学习率,通过微调预训练获得的模型参数。

```
In [9]:  train_fine_tuning(finetune_net, 5e-5)
```

Out[9]:

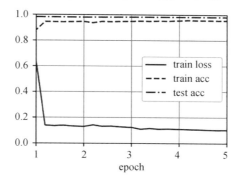

loss 0.103, train acc 0.955, test acc 0.982
16.4 examples/sec on [device (type='cpu')]

　　为了进行比较,我们定义了一个相同的模型,但是将其所有模型参数初始化为随机值。由于整个模型需要从头开始训练,因此我们需要使用更大的学习率。

In [10]:　scratch_net = torchvision.models.resnet18()

　　　　　scratch_net.fc = nn.Linear(scratch_net.fc.in_features, 2)

　　　　　train_fine_tuning(scratch_net, 5e − 4, param_group = False)

Out[10]:

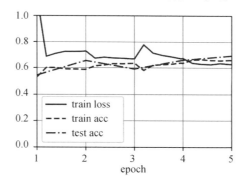

loss 0.630, train acc 0.660, test acc 0.695
17.4 examples/sec on [device (type='cpu')]

　　通常,微调参数使用较小的学习率,从头开始训练输出层可以使用更大的学习率。

 价值塑造与能力提升

本章示例:基于卷积神经
网络的图像分类

本章习题

14.5 本章小结

　　数据预处理是在进行图像识别和分割任务之前的一项重要步骤。它包括对原始图像数据进行清洗、归一化、缩放和裁剪等操作,以提高后续算法的性能和准确性。数据预处理还可以包括去除图像噪声、平衡数据集、处理缺失值等操作,以确保输入数据的质量和一致性。图像识别与分割是计算机视觉领域的两个重要任务。图像识别旨在通过对图像进行分类或标注来识别图像中的对象或场景,常用的方法包括卷积神经网络(CNN)和深度学习模型。图像分割则是将图像中的不同区域进行像素级别的分割,以实现对图像的更精细地理解和处理。图像增广与图像增强是一些常用的技术,用于扩充训练数据集和提高图像质量。图像增广包括平移、旋转、缩放、翻转等操作,以生成更多样化的训练样本。图像增强则通过调整图像的亮度、对比度、色彩等属性来改善图像的质量和视觉效果。微调方法是在已经训练好的模型基础上进行进一步优化的一种技术。它通常通过在预训练模型的基础上进行有限的训练,以适应特定的任务或数据集。微调方法在图像识别和分割任务中被广泛应用,可以帮助提高模型的性能和泛化能力。本章介绍了基于卷积神经网络(CNN)的图像分类方法。首先,我们介绍了数据预处理的重要性,并说明了常见的数据预处理操作。其次,我们讨论了图像识别和分割的概念和应用,以及使用 CNN 进行这些任务的原理和步骤。再次,我们介绍了图像增广和图像增强的技术,以及它们在提升模型性能方面的作用。最后,我们介绍了微调方法的原理和应用,以及如何利用微调方法对已训练好的 CNN 模型进行优化。通过本章的学习,读者将了解到图像分类任务的基本概念和常用方法,并能够应用这些方法。

主要参考文献

［1］王娟,华东,罗建平. Python 编程基础与数据分析[M].南京:南京大学出版社,2019.

［2］腾讯研究院,中国信息通信研究院互联网法律研究中心,腾讯 AI Lab,等. 人工智能[M].北京:中国人民大学出版社,2017.

［3］姚海鹏,王露瑶,刘韵洁. 大数据与人工智能导论[M].北京:人民邮电出版社,2017.

［4］哈林顿. 机器学习实战[M].北京:人民邮电出版社,2013.

［5］威滕,Witten,董琳,等. 数据挖掘实用机器学习技术[M].北京:机械工业出版社,2006.

［6］吴晓婷,闫德勤. 数据降维方法分析与研究[J].计算机应用研究,2009(8):4.

［7］Crookston N L, Finley A O. yaImpute:An R Package for kNN Imputation[J]. Journal of Statistical Software,2008,23(10):1265-1276.

［8］徐鹏,林森. 基于 C4.5 决策树的流量分类方法[J].软件学报,2009(10):13.

［9］肖秦琨,高嵩,高晓光. 动态贝叶斯网络推理学习理论及应用[M].北京:国防工业出版社,2007.

［10］Cristianini, N., Shawe-Taylor, J. 李国正,译. 支持向量机导论[M].北京:电子工业出版社,2004.

［11］张培倩,王志海. 基于迭代加权线性模型的网络回归算法[J].计算机工程,2014,40(6):5.

［12］于玲,吴铁军. 集成学习:Boosting 算法综述[J].模式识别与人工智能,2004,17(1):8.

［13］周志华,陈世福. 神经网络集成[J].计算机学报,2002,25(1):8.

［14］陈肇雄,高庆狮. 自然语言处理[J].计算机研究与发展,1989,26(11):16.

［15］王积分,等.计算机图像识别[M].北京:中国铁道出版社,1988.